系统生物学问题的时滞动力学分析

闫　芳　刘海鸿　著

科学出版社

北　京

内 容 简 介

本书简要介绍时滞动力学方法在系统生物学问题中的应用，侧重于时滞在某些生物问题中的重要作用。采用专题形式编排，包括四个具体热点问题（传染病模型、基因调控、神经网络以及细胞应对 DNA 损伤的调控机制）的研究背景及意义、动力学理论分析以及数值模拟分析等。其中理论部分主要集中在正平衡点的稳定性、Hopf 分岔的存在性以及 Hopf 分岔的性质等内容。

本书可供从事系统生物学和动力系统领域研究的学者和工作人员使用，也可以作为应用数学、系统生物学专业的研究生的教材和参考书。

图书在版编目(CIP)数据

系统生物学问题的时滞动力学分析 / 闫芳，刘海鸿著. —北京：科学出版社，2020.3

ISBN 978-7-03-061884-9

Ⅰ.①系… Ⅱ.①闫… ②刘… Ⅲ.时滞系统–应用–系统生物学–研究 Ⅳ.①TP13

中国版本图书馆 CIP 数据核字（2019）第 150755 号

责任编辑：莫永国 陈 杰 / 责任校对：彭 映
责任印制：罗 科 / 封面设计：墨创文化

科 学 出 版 社 出版

北京东黄城根北街16号
邮政编码：100717
http://www.sciencep.com

成都锦瑞印刷有限责任公司印刷
科学出版社发行 各地新华书店经销
*
2020 年 3 月第 一 版 开本：787×1092 1/16
2020 年 3 月第一次印刷 印张：11
字数：264 000
定价：109.00 元
（如有印装质量问题，我社负责调换）

前　　言

生物学研究的最终目标是了解生物系统的所有组分及其运行机制,获得对生命系统基本、全面和系统的认识。系统生物学就是以上述思想为基础在整体水平上研究生命现象的科学。这是一门综合了生物、物理、数学、计算机科学和系统科学等学科在内的交叉学科,是一门知识高度集成、在理论和应用方面都具有重要意义的现代生物学新兴学科。人类基因组计划的完成标志着后基因时代的到来,生命科学开始进入系统生物学时代。

系统生物学的目的是研究生命现象,潜在的研究范围极其广泛,主要包括生物个体、器官、组织和细胞的建模与仿真,生化代谢途径的动态分析,各种信号转导途径的相互作用,基因调控网络以及疾病机制等。基因表达调控、细胞周期调控、细胞信号转导以及疾病机制的分析等四个方面是目前系统生物学理论部分研究的热点。

基因调控网络是工程生物领域的基础生物网络,基因表达的调控不是单一的、孤立的,一个基因的表达受到许多其他基因的影响,而这个基因又影响其他一些基因的表达,这种彼此联系、互相制约的关系,构成了复杂的基因表达调控网络。事实上,几乎所有的细胞活动和功能都受基因网络调控。孤立地研究单个基因及其表达往往不能确切地反映生命现象本身和内在规律。因此,科学家们开始从系统的观点研究基因调控网络,期望在整体水平上认识高度复杂的生命现象,具有很高的研究价值。

从系统层面研究基因调控网络的思路通常分为下列两个步骤。第一,系统结构的确定。这包括两方面的内容,首先是网络结构的识别,选定某一生物系统,对系统的所有组分与系统所处的环境进行深入了解,细致分析各组分之间的相互作用关系以及环境和系统之间的相互作用,具体如基因相互作用网络、信号转导通路、代谢途径、细胞内和细胞间的物理结构特性等。其次是参数识别,通过各种参数优化方法,分析各组分之间量的关系,反应成分之间的因果关系,特别是反馈调节和变量控制等有关整个反应体系的问题,找出影响系统的关键组分及参数等,最终描绘出该系统的结构。第二,构建系统模型及其动力学分析。根据上一步得到的系统结构,构造出一个初步的数学模型,通过理论研究或数值仿真分析系统的动力学行为,获得对生物系统的理解,并预测生物系统的动力学行为。动力学行为的分析包括对系统模型的稳定性分析和鲁棒性敏感性分析等。稳定性分析主要指的是吸引子,分叉行为和相空间等的分析,研究系统的基本演化过程和特殊行为的内在机制。鲁棒性敏感性分析主要是指通过系统改变生物体内部组分(如基因突变和表达异常)或外部生长条件(如营养条件和各种物理条件),然后观测在这些情况下系统组分或结构所发生的相应变化,包括基因表达、蛋白质表达和各层次间相互关系、代谢途径等的变化,对网络及其演化路径的动力学性质等加以定量的刻画,寻找普适性规律,在模型研究的基础上进行功能预测,使系统具有目标性和可操作性,进而可以根据需要,调节控制系统的演化,为生物工程、疾病控制和合成生物学提供指导。

蛋白质分子参与并控制着细胞的一切代谢活动,生物学研究最重要的问题是遗传信息如何通过蛋白质转化为控制生物生长发育、分化和死亡的指令,而这样的功能都是通过中心法则来执行的,中心法则是现代分子生物学最基本、最重要的规律之一,它阐明了遗传信息在细胞内生物大分子间传递的基本规律,也即指编码蛋白质的基因中所蕴含的遗传信息是从 DNA 传递给 RNA,再从 RNA 传递给蛋白质,即遗传信息的转录和翻译的过程。而这些转录、翻译、分子变形修饰等过程都不可避免地存在时间延迟(时滞)。大量理论研究表明,时滞的出现往往会引起系统动力学性质上的很大变化,通常会使原始模型从有限维变为无限维,是导致系统不稳定或性能恶化的一个重要原因,它们可以使稳定系统不再稳定,也可能导致系统产生振动、分岔甚至出现混沌等非常复杂的动态性能。因此,为了能够更精确的研究生物系统或基因调控网络的生物功能,时滞是不得不考虑的一个重要因素。

本书的内容均来自作者及其科研团队近年来在系统生物学领域的研究成果。感谢王从华、王润霞、郭婷、李成仙同学为本书出版付出的劳动,同时,特别感谢云南师范大学学术精品文库的资助及国家自然科学基金"MicroRNA 和转录因子共调控模型的构建及其动力学功能分析"(11762022)和"具有非线性扩散的时滞偏微分方程的 Hopf 分叉研究"(11562021)的支持。本书内容侧重论述时滞在某些生物问题中的重要作用。本书有两个主要特色,第一,所研究内容属于该领域的前沿问题;第二,编排采用专题形式,方便读者阅读。

目　录

第 1 章　系统生物学动力学方法 ………………………………………………………1

第 2 章　带有非线性发生率和时滞的 HIV-1 和 HBV 模型的动力学研究 ………………4

2.1　HIV-1 和 HBV 介绍 …………………………………………………………………4

2.1.1　研究背景及意义 ………………………………………………………………4

2.1.2　研究进展及现状 ………………………………………………………………6

2.2　带有饱和发生率和 CTL 免疫的时滞 HIV-1 感染系统的稳定性分析 ……………9

2.2.1　建立 HIV-1 感染系统模型 ……………………………………………………10

2.2.2　HIV-1 感染系统模型的基本性质 ……………………………………………11

2.2.3　HIV-1 感染系统的稳定性分析 ………………………………………………14

2.2.4　数值模拟 ………………………………………………………………………28

2.3　带有扩散和一般发生率的时滞 HBV 感染系统的稳定性分析 ……………………32

2.3.1　建立 HBV 感染系统模型 ……………………………………………………33

2.3.2　HBV 感染系统模型的基本性质 ……………………………………………34

2.3.3　HBV 感染系统稳定性分析 …………………………………………………37

2.3.4　数值模拟 ………………………………………………………………………43

2.4　总结 …………………………………………………………………………………46

第 3 章　时滞基因调控模型的稳定性和分岔分析 ……………………………………48

3.1　基因调控介绍 ………………………………………………………………………48

3.2　多时滞同步振荡子模型的稳定性和分岔分析 ……………………………………49

3.2.1　多时滞同步振荡子模型介绍 ………………………………………………49

3.2.2　多时滞同步振荡子模型正平衡点的稳定性和 Hopf 分岔的存在性 ………52

3.2.3　多时滞同步振荡子模型 Hopf 分岔的性质 …………………………………53

3.2.4　图像分析 ………………………………………………………………………61

3.3　具扩散效应的时滞小 RNA 模型的稳定性和分岔分析 …………………………68

3.3.1　小 RNA 模型的介绍 …………………………………………………………68

3.3.2　小 RNA 模型正平衡点的稳定性和 Hopf 分岔的存在性 …………………70

3.3.3　小 RNA 模型 Hopf 分岔的方向及稳定性 …………………………………76

3.3.4　图像分析 ………………………………………………………………………83

3.4　总结 …………………………………………………………………………………86

第 4 章　余维数为 2 的时滞 FHN 和 BAM 神经网络的分岔研究 …………………88

4.1　研究背景 ……………………………………………………………………………89

　4.1.1　神经网络模型的研究概况 ·····································89
　4.1.2　两类非线性神经网络模型的发展 ··························89
4.2　研究现状 ···92
　4.2.1　时滞神经网络模型的稳定性研究现状 ··················92
　4.2.2　中立型时滞神经网络模型的研究现状 ··················92
　4.2.3　时滞神经网络模型的分岔研究现状 ·····················93
4.3　时滞耦合 FHN 神经元网络模型的 Hopf 分岔分析 ·······93
　4.3.1　Hopf 分岔的存在性 ···94
　4.3.2　Hopf 分岔的规范型 ···97
　4.3.3　分岔分析和数值模型 ·······································103
4.4　含有中立型时滞的 BAM 神经网络模型的 B-T 分岔分析 ···108
　4.4.1　B-T 分岔和 Triple zero 分岔的存在性 ·················109
　4.4.2　B-T 分岔的二阶和三阶规范型 ··························115
　4.4.3　分岔图与数值模拟 ···121
4.5　总结 ··125
第 5 章　细胞应对 DNA 损伤调控机制的动力学分析 ···········126
5.1　研究背景 ···127
　5.1.1　p53 及 Mdm2 介绍 ···127
　5.1.2　研究进展及现状 ···128
5.2　含有多时滞的 p53-Mdm2 网络系统的稳定性和分支分析 ···129
　5.2.1　p53 网络模型介绍 ···129
　5.2.2　基因调控网络的稳定性分析 ·····························131
　5.2.3　p53 基因调控网络 Hopf 分支的性质 ··················135
　5.2.4　p53 基因调控网络模型的数值模拟 ·····················140
5.3　p53 基因网络应对 DNA 损伤的建模与分析 ···············143
　5.3.1　p53 基因调控网络模型的改进 ··························143
　5.3.2　模型正平衡点的稳定性和 Hopf 分支存在性 ···········145
　5.3.3　p53 基因调控网络 Hopf 分支的方向和稳定性 ········149
　5.3.4　结果分析 ···156
5.4　总结 ··160
参考文献 ··162

第 1 章　系统生物学动力学方法

在这一部分，我们会以定义、定理和引理的方式展现主要的几个结论作为后面论述的工具。

引理 1.1　对于超越方程

$$p\left(\lambda, \mathrm{e}^{-\lambda\tau_1}, \cdots, \mathrm{e}^{-\lambda\tau_m}\right) = \lambda^n + p_1^{(0)}\lambda^{n-1} + \cdots + p_{n-1}^{(0)}\lambda + p_n^{(0)} + \left[p_1^{(1)}\lambda^{n-1} + \cdots + p_{n-1}^{(1)}\lambda + p_n^{(1)}\right]\mathrm{e}^{-\lambda\tau_1} + \cdots$$
$$+ \left[p_1^{(m)}\lambda^{n-1} + \cdots + p_{n-1}^{(m)}\lambda + p_n^{(m)}\right]\mathrm{e}^{-\lambda\tau_m} = 0$$

其中，$\tau_i(i=1,2,\cdots,m)$ 和 $p_j^{(i)}(i=1,2,\cdots,m; j=1,2,\cdots,n)$ 为常数。在 $(\tau_1, \tau_2, \cdots, \tau_m)$ 变化时，只有在纯虚数解出现或穿过虚轴的情况下，$p\left(\lambda, \mathrm{e}^{-\lambda\tau_1}, \cdots, \mathrm{e}^{-\lambda\tau_m}\right)$ 在右半平面的解的重数之和才会改变。

定理 1.1　(Routh-Hurwitz 判据)[1]考虑多项式方程

$$a_0\lambda^n + a_1\lambda^{n-1} + a_2\lambda^{n-2} + \cdots + a_{n-1}\lambda + a_n = 0 \quad (a_0 > 0)$$

它的所有根具有负实部的充要条件是

$$\Delta_i = \begin{pmatrix} a_1 & a_0 & 0 & 0 & \cdots & 0 \\ a_3 & a_2 & a_1 & a_0 & \cdots & 0 \\ a_5 & a_4 & a_3 & a_2 & \cdots & 0 \\ \vdots & \vdots & \vdots & \vdots & & \vdots \\ a_{2k-1} & a_{2k-2} & a_{2k-3} & a_{2k-4} & \cdots & a_k \end{pmatrix} > 0 \tag{1.0.1}$$

其中，$k=1,2,\cdots,n$, 当 $j > n$ 时，$a_j = 0$。

定理 1.2　(Lyapunov 间接法)将非线性系统在平衡点 E 处线性化，得到的线性化方程的特征值为 $\lambda_i(i=1,2,\cdots,n)$，则：

(i) 如果 $\forall i \in 1,2,\cdots,n$，$\lambda_i$ 都存在负实部，则 E 是渐近稳定的；

(ii) 如果 $\exists i \in 1,2,\cdots,n$，使 λ_i 具有正实部，则 E 是不稳定的；

(iii) 如果 $\exists i \in 1,2,\cdots,n$，使 λ_i 具有零实部，则 E 的稳定性由 $F(x)$ 在 E 的 Taylor 级数展开式的高阶项确定。

在判断不动点的全局渐近稳定性时，用到的方法有：

定理 1.3　(LaSalle 不变集原理)[2]设 $C = C\left([a,b], R^n\right)$ 是从区间 $[a,b]$ 到 R^n 的全体连续函数形成的 Banach 空间，考虑自治系统

$$\frac{\mathrm{d}x}{\mathrm{d}t} = f(x_t)$$

其中，$f : C \to R^n$ 是全连续的。让 Ω 是 C 中的一个集合，而 $V : C \to R$ 则是李雅普诺夫泛

函，如果 V 在 $\overline{\Omega}$ 上连续且沿着上述系统解的导数 $\dot{V}(x) \leqslant 0$，同时定义：

$$E = \left\{ \phi \in \overline{\Omega} \middle\| \dot{V}(\phi) = 0 \right\}$$

M 是系统在 E 中的最大不变子集，若 $x_t(\phi)$ 是系统在 Ω 中的有界集，则当 $t \to +\infty$ 时，有 $x_t(\phi) \to M$。特别地，当 $M=0$ 时，零解就称为系统的稳定不动点。

定理 1.4 （波动引理）[3]令 $x(t)$ 是区间 (α, ∞) 上的有界可微函数，那么存在序列 $\gamma_n \to \infty$ 和 $\delta_n \to \infty$ 使得下面的结论成立：

(i)当 $n \to \infty$ 时，$\dot{x}(\gamma_n) \to 0$ 而且 $x(\gamma_n) \to \limsup\limits_{t \to \infty} x(t) = \overline{x}$；

(ii)当 $n \to \infty$ 时，$\dot{x}(\delta_n) \to 0$ 而且 $x(\delta_n) \to \liminf\limits_{t \to \infty} x(t) = \underline{x}$。

然后我们还将对用于制定常微分方程的化学反应动力学建模的一些基本定律进行评述。主要有三个动力学定律：Law of Mass Action、Michaelis-Menten 方程和 Hill 函数。细胞内的大分子如 DNA、mRNA 和蛋白质的相互作用会形成复杂网络。这些网络可以被模拟为一系列化学反应，其中底物(S)被酶(或蛋白质)转化为产物(P)，酶(E)充当加速反应速率的催化剂。

$$S \xrightarrow{E} P$$

定义 1.1 Law of Mass Action[4].

我们考虑下面的可逆反应：

$$A + B \underset{k_{-1}}{\overset{k_1}{\rightleftharpoons}} C$$

质量作用定律表明反应速率与反应物浓度成正比。因此，我们假设正反应的速率与 A 和 B 的浓度呈线性比例关系，反向的反应与 C 的浓度呈线性比例，因此速率方程为

$$\begin{cases} \dfrac{\mathrm{d}[A]}{\mathrm{d}t} = k_{-1}[C] - k_1[A][B] \\[2mm] \dfrac{\mathrm{d}[B]}{\mathrm{d}t} = k_{-1}[C] - k_1[A][B] \\[2mm] \dfrac{\mathrm{d}[C]}{\mathrm{d}t} = k_1[A][B] - k_{-1}[C] \end{cases} \tag{1.0.2}$$

其中，$[A]$，$[B]$ 和 $[C]$ 分别代表 A，B 和 C 的分子种类的浓度。

定义 1.2 Michaelis-Menten Kinetics[5].

对于酶催化的反应，我们考虑下面给出的反应：

$$S + E \underset{k_{-1}}{\overset{k_1}{\rightleftharpoons}} ES \xrightarrow{k_2} P + E$$

酶催化反应的 Michaelis-Menten 机制：E 结合底物 S 形成复合物 ES；在 ES 复合物中，E 将 S 转换为 P；一旦转换完成，E 从 P 解离并且自由地结合另一个底物分子。假定总酶浓度 E_T 远小于初始底物浓度 S_0，酶催化反应的速率由下式给出：

$$\frac{\mathrm{d}P}{\mathrm{d}t} = k_2 \frac{[E_T][S]}{k_m + [S]}$$

其中，$k_m = \dfrac{k_{-1} + k_2}{k_1}$，称为米氏常数；$k_2$ 是速率常数。Michaelis-Menten 公式也通常表示

为 $\dfrac{\mathrm{d}P}{\mathrm{d}t} = V_{\max} \dfrac{[S]}{k_m + [S]}$，其中 $V_{\max} = k_2[E_T]$。

定义 1.3　Hill 函数[6]。

如果一个酶分子有多个结合位点，则可以同时结合多个底物分子。通常，第一底物分子的结合会改变第二底物分子结合的速率。如果第二底物分子的结合率增加了，则称这种现象为正协同性。正协同性的这个性质可以用下面给出的 Hill 函数来近似描述：

$$f(x) = V_{\max} \dfrac{x^n}{k^n + x^n}$$

其中，n 被定义为希尔系数，并且 n 大于 1 表示协作结合。通常假定 n 是正整数，如 1、2、3 或 4。当 $n=1$ 时，其实它就是 Michaelis-Menten 公式。

中心流形定理在微分方程的分岔问题中可以降低维数，下面介绍一下时滞微分方程平衡点附近中心流形定理的存在性。

定理 1.5　考察方程

$$\dot{z}(t) = f(z_t) \equiv L(z_t) + F(z_t) \tag{1.0.3}$$

其中，$x_t(\theta) = x(t+\theta) \in C = C([0,\tau],R)$。$f(0) = 0$，即 $z_t = 0$ 是方程 (1.0.3) 的平衡点，

$$\dot{z}(t) = L(z_t), \tag{1.0.4}$$

为方程 (1.0.3) 关于零平衡点的线性化系统。$F(\cdot)$ 为 $C^r (r \geq 1)$ 函数，且满足 $F(0) = 0$，$DF(0) = 0$。方程 (1.0.4) 的特征方程为

$$\det\left(\lambda - L\left(\mathrm{e}^{\lambda\theta}\right)\right) = 0 \quad (-\tau \leq \theta \leq 0)$$

称流形 $M \subset C, 0 \in M$ 是局部不变的，如果对每个 $z \in M$，式 (1.0.4) 满足初始条件 $\varphi_0(z) = z$ 的解 $\varphi_t(z) \in M, 0 \leq t < \tau$（其中 $\tau = \tau(z) > 0$），在线性算子 L 的作用下，M 在切空间 $T_0 M$ 是不变的。

定义 1.4　称局部不变流形 M 为中心流形，如果 $T_0 M = V_c$，其中 V_c 为方程 (1.0.3) 的具有零实部的特征值所对应的广义的特征空间。假设 L 满足下列条件：

(i) $C = V_s \oplus V_c$，其中 V_s 和 V_c 是两个闭的不变空间，满足 $\Re\sigma(L|V_s < \alpha < 0, \Re\sigma(L|V_c = 0)$。

(ii) 对于一切 $t > 0$ 满足 $\sigma(\mathrm{e}^{Lt}) = \mathrm{e}^{\sigma(L)t} \bigcup 0$，其中 e^{Lt} 表示 C^0 半群。

定理 1.6　(中心流形定理) 在条件 (i) 和 (ii) 的假设下，

(a) 方程 (1.0.3) 有一个 $C^{r-1} (r-1)$ 的中心流形 M；

(b) 中心流形 M 局部吸引，如果存在 0 的开领域 U 使得对任意的 $\varphi_t(z) \in U (t \geq 0)$，当 $t \to \infty$ 时，$\varphi_t(z)$ 趋于 M。

第 2 章　带有非线性发生率和时滞的 HIV-1 和 HBV 模型的动力学研究

艾滋病和乙型肝炎作为目前全世界两种极具危害的传染病,已经给人类的健康造成了很大程度的威胁。本章则从它们的源头——病毒入手,通过分析相应微分方程平衡点的稳定性,探讨 HIV-1 和 HBV 感染系统的动力学行为。本章主要内容如下:

(1)简单叙述传染病的研究背景和研究意义、HIV-1 和 HBV 感染系统的国内外研究状况。

(2)对一个带有 CTL(cytotoxic T lymphocytes,T 淋巴细胞)免疫反应、饱和发生率和三个时滞的五维 HIV-1 感染系统进行动力学研究。首先,给出模型的基本性质,其中包括模型的适定性、基本再生数以及平衡点的存在性。其次,通过分析平衡点的对应特征方程,确定每个可行性平衡点的局部稳定性和出现 Hopf 分岔的条件。再次,运用波动引理和构造适当的李雅普诺夫泛函,验证在局部稳定的条件下前两个不动点仍然是全局稳定的。最后,对系统进行数值计算来检验理论结果。

(3)研究一个新的包含空间扩散、一般发生率和三个时滞的慢性 HBV 感染的动力学模型。首先,分析在有界区域内模型初始值问题的适定性。其次,定义一个被称为基本再生数的阈值参数,并且表明模型存在两个可能的平衡点。再次,通过构造两个适当的李雅普诺夫泛函,说明平衡点的全局动力学行为完全由系统阈值决定。最后,给出数值计算来验证之前所得结论的正确性。

2.1　HIV-1 和 HBV 介绍

2.1.1　研究背景及意义

艾滋病和乙型肝炎(下面简称乙肝)被称为人类健康的"世纪杀手"。艾滋病(acquired immune deficiency syndrome,AIDS)是被人类免疫缺陷病毒(human immunodeficiency virus,HIV)感染后产生的一种致死性传染病。根据世界卫生组织的报道,迄今为止,艾滋病已造成 3400 多万人死亡。到 2014 年,全世界大约有 120 万人因患与艾滋病有关的病症而死亡,有 200 万人首次感染艾滋病毒,有 3690 万人成为艾滋病毒携带者。虽然全球科研工作者为寻找针对艾滋病的治愈方法付出了巨大的努力,但目前并没有研制出任何可以根治艾滋病的特效疗法,也几乎没有被成功救治的病例,故其被认为是"超级癌症"。

乙肝是由乙肝病毒(hepatitis B virus，HBV)感染人体后引发的一种损害肝脏的传染性疾病。乙肝病毒会导致急性或者慢性乙肝，而慢性乙肝则会发展成为肝硬化、肝纤维化以及肝癌。急性乙肝目前没有特异治疗方法而慢性乙肝则可以通过药物进行治疗，但目前的治疗方法只能延缓肝硬化进程，降低肝癌发病率，抑制病毒的复制，并不能够完全治愈乙肝。根据世界卫生组织报道，大约有 2.4 亿人慢性感染乙肝(乙肝表面抗原阳性持续至少 6 个月)，每年有超过 68.6 万人死于乙肝并发症，其中就包括肝硬化和肝癌。据统计，我国约有 10%的人是乙肝表面抗原(hepatitis B surface antigen，HBsAg)阳性的无症状携带者，是乙肝高发国家，所以我们必须重视乙肝给我国人民健康造成的危害。

随着人类行为的改变、科学的发展以及环境的变化，新型传染病不断出现，人类的生命将面临重大的考验。传染病的起因是什么?传染病有什么样的传播规律? 疾病是否会成为该地区的地方病，或者成为无病传播状态进而被消除? 这些都已经成了人们十分关注并迫切需要解决的问题。为了人类更好的未来，传染病的防治就变得非常重要。目前，主要有四种方法被用于传染病的研究中，分别是：①描述性研究，主要描述人群中疾病或健康状况及暴露因素的分布情况，目的在于寻找传染病的发病原因、流行状况等感染情况；②实验性研究[7]，通过采用实验手段，观察影响传染病病情发展的细胞内组织结构，并得出相关结论；③分析性研究[8]，根据实验数据建立相应的模型，利用数值模拟画出图像并分析其性质；④数学模型研究[9]，采用针对微分方程的各种数学方法来探索系统的动力学行为。当然，在研究传染病的过程中，离不开数学工作者的努力。他们利用自己的聪明才智，把各种各样的实际问题转换成数学问题，并且由此抽象出具体的数学模型，再通过解决微分动力系统中的问题得出该模型的性态，最终确定防治传染病的最优策略。他们还总结了一套研究传染病的方法——从理论出发定量研究传染病，被称为传染病动力学。而传染病动力学研究的一个重要内容就是平衡点的稳定性分析，其稳定性包含局部稳定性、全局稳定性和一致持久性。局部稳定性是当初始值取在平衡点附近时，以后任意时刻的值都位于平衡点附近[1]；全局稳定性是指对于任意的初始值，在时间充分大的时候，系统的解都将收敛到平衡点[10]，对应的疾病将灭绝或者流行，一致持久性则说明系统最终是存在正下界的，表明传染病最终在该种群中流行[11]；研究平衡点的稳定性，有助于人们发现传染病的流行规律，这对传染病的预防和控制有着重要的意义。另外，他们研究了参数的变化对系统动力学行为的影响并且将结果应用在实际操作中，也就是说，他们通过改变参数的值来对分岔进行控制，使系统呈现出人们所希望的状态并向有利方向演化。总之，数学方法与传染病模型的合理结合将有助于学者们发现更有效的切合实际的控制传染病的策略。

在传染病模型的研究中，一个十分重要的课题就是利用数学模型来定性研究传染病。1937 年，Kermack 和 McKendrick 建立了一个对后来的研究十分具有影响力的 SIR 仓室系统[12]，他们主要从宏观角度出发，针对某类传染病把总人口分成易感人群(S)、染病人群(I)和恢复人群(R)三种，在建立数学模型后采用动力学的理论来讨论传染病蔓延和消失的临界条件。这一系统为传染病的研究奠定了一定的基础，现在仍然被广泛使用和进一步完善。近三十年来，越来越多的学者开始关注传染病的根源——病毒，并且从微观的角度分析建立传染病模型。

2.1.2　研究进展及现状

进入 21 世纪以来，由于免疫学、微生物学、生物学、传染病学等多种学科的交叉与融合，为生物学的研究与发展提供了更广阔的平台。因为动力学方法能很好地从病毒入侵方面反映细胞感染的一些全局性质，因此已有很多研究者将主要精力集中在动力学稳定性方面。

2.1.2.1　HIV-1 模型的进展

按照遗传学和血清学特性，HIV 包括 HIV-1 型和 HIV-2 型病毒株，它们都是逆转录病毒科 (retroviridae) 中的慢病毒 (lentivirus) 且具有相同的传播方式。尽管如此，HIV-1 型与 HIV-2 型病毒株之间也存在一些显著差异，主要表现为：①HIV-2 型相较于 HIV-1 型有一定的局限性，这是因为 HIV-2 型大多数存在于西欧、非洲西部以及美洲的一些地区，而由 HIV-1 型感染引起的艾滋病则在世界各地流行；②二者对人体的致病性有很大的差别，在感染了 HIV-1 并且成为感染者几年之后就会发展成艾滋病，而感染 HIV-2 型病毒后基本上是一种缓慢进展的状态，可以长时间不发展到艾滋病的阶段。从这些差异上讲，目前激发艾滋病的主要病原体应该是 HIV-1，因此 HIV-1 感染成为 HIV 感染动力系统的主要研究内容。由于 HIV-1 表面的特殊结构，它的攻击对象主要是 T 细胞 (全称是胸腺依赖淋巴细胞，thymus dependent lymphocyte) 中的 CD4 细胞。T 细胞的作用是杀死外来细菌、抵御疾病感染和肿瘤形成等，而 CD4 细胞则是 T 细胞的辅助细胞，它能够识别并激发自身免疫系统去抑制和杀死外来病毒。一旦 CD4 细胞遭到攻击，HIV-1 就会侵入人体细胞并大量繁殖，最终使人体免疫系统衰竭从而导致各种疾病。

1996 年，Nowak 等 [13] 构造了一个刻画病毒在体内感染、复制和清除过程的三维数学模型，该模型被广泛地应用于 HIV-1 感染动力学

$$\begin{cases} \dot{x} = s - dx(t) - \beta x(t)v(t) \\ \dot{y} = \beta x(t)v(t) - ay(t) \\ \dot{v} = ky(t) - uv(t) \end{cases} \tag{2.1.1}$$

其中，易感 CD4+T 细胞、被感染的 CD4+T 细胞以及 HIV-1 在 t 时刻的浓度分别用状态变量 $x(t)$、$y(t)$、$v(t)$ 表示；s 和 dx 分别是易感细胞的产生率和自然死亡率；这些细胞被病毒 $v(t)$ 感染后则以 βxv 的速率变成自然死亡率为 ay 的被感染细胞；自由病毒的产生率为 ky，自然死亡率为 uv。出现在该系统中的所有参数都是正常数。在 2004 年，学者 Korobeinikov[14] 研究了模型 (2.1.1) 的全局稳定性。

随着免疫学的不断发展，越来越多的动力学研究者开始将他们的注意力集中在抗原和宿主免疫系统的相互关系上。正如 Wang 等 [15] 在 2014 年提出的那样，一旦 HIV-1 进入人体，人体的自然宿主免疫反应 (抗体，细胞因子，自然杀伤细胞，T 细胞) 就会为了抵抗这种病毒的感染而被激活。而且，实验表明细胞毒素 T 淋巴细胞 CTLs (cytotoxic T lymphocytes，T 淋巴细胞) 是人体内控制和清除疾病的主要免疫系统 [16]。这里所说的 CTLs 其实是一种 T 细胞，这种 T 细胞不但能够识别和杀死被 HIV-1 感染的细胞，而且由于其

自身缺少 CD4+受体[17]，所以一般不会被 HIV-1 感染。基于上述原因，Perelson 和 Nelson[18]
为了研究病毒感染过程中的细胞免疫反应，于 1999 年确立了一个如下形式的四维常微分
系统

$$\begin{cases} \dot{x} = s - dx(t) - \beta x(t)v(t) \\ \dot{y} = \beta x(t)v(t) - ay(t) - py(t)z(t) \\ \dot{v} = ky(t) - uv(t) \\ \dot{z} = f(x,y,z) - hz(t) \end{cases} \tag{2.1.2}$$

其中，变量 x、y、v 和参数 s、d、β、a、k、u 代表的含义与模型 (2.1.1) 中描述的一致。
而增加的变量 z 表示 CTLs 在 t 时刻的浓度，CTLs 杀死被感染细胞的速率用 pyz 来表示。
表达式 $f(x, y, z)$ 和 hz 分别表示 CTLs 的形成率与灭亡率，而且在不同的假设下 $f(x, y,
z)$ 就会出现不同的表达式。譬如，论文 [19] 的作者就认为 CTLs 的存在只和被感染的细胞
有联系，而文献 [13] 的研究者则认为 CTLs 的出现不仅仅依赖于被感染细胞，还和 CTLs
本身有关。此外，Culshaw 等[20]认为 CTLs 的形成还和健康细胞有一定的关系。

　　到目前为止，大多数的数学模型都是将 CTLs 作为一个整体 z 来进行研究的。然而，
事实上一旦病毒入侵人体的免疫系统，CTLs 就会被激活，随后 CTLp (cytolytic T lymphoc
precursor，细胞毒性 T 淋巴细胞前体) 的数量就会增加。随着感染的持续，只要 CTLp 与
病毒接触，它们中的一部分就会分化出 CTLe (cytolytic T lymphoc effectors，细胞毒性 T
淋巴细胞效应子)，而 CTLe 可以通过细胞溶解的作用杀死被病毒入侵的细胞，起到免疫
的效果[21]。因此，为了更准确地描述 CTL 免疫反应动力学，一些研究者在模型 (2.1.2) 的
基础上进行了修改。他们假设病毒的浓度处于准稳态 (也就是 $v=(k/u)y$)，而且还引入了新
变量 w (代表 CTLp) 和 z (表示 CTLe)。于是就有了下列模型

$$\begin{cases} \dot{x} = s - dx(t) - \beta x(t)y(t) \\ \dot{y} = \beta x(t)y(t) - ay(t) - py(t)z(t) \\ \dot{w} = cy(t)w(t) - cqy(t)w(t) - bw(t) \\ \dot{z} = cqy(t)w(t) - hz(t) \end{cases} \tag{2.1.3}$$

对比模型 (2.1.2)，在这个模型中健康细胞以速率 βxy 转变成被感染的细胞。CTLp 的产生
速率为 cyw，自然死亡率为 bw，转变成 CTLe 的速率为 $cqyw$。相似地，CTLe 的产生速
率以及清除速率分别是 $cqyw$ 和 hz。已经确定了模型 (2.1.3)，Chan 和 Yu[21]对它的动力学
形态进行了完整的分析。

　　为了避免系统 (2.1.3) 丢失某些重要的动力学性质，Yu 等[22]将模型 (2.1.3) 以及病毒的
浓度结合在一起就有了下面的 5 维模型

$$\begin{cases} \dot{x} = s - dx(t) - \beta x(t)v(t) \\ \dot{y} = \beta x(t)v(t) - ay(t) - py(t)z(t) \\ \dot{v} = ky(t) - uv(t) \\ \dot{w} = cy(t)w(t) - cqy(t)w(t) - bw(t) \\ \dot{z} = cqy(t)w(t) - hz(t) \end{cases} \tag{2.1.4}$$

其中 $0 < q < 1$[22]，而且该模型中的所有变量及参数的意义与模型(2.1.2)和模型(2.1.3)中的完全相同。此外，文献[22]的作者已经详细地研究了系统(2.1.4)的动力学性质。

2.1.2.2 HBV 模型的进展

乙肝是由乙肝病毒(HBV)在感染人体后形成的肝脏疾病，该病毒是包膜的嗜肝病毒且包含了 3.2 千碱基自由循环的部分双链 DNA 基因[23]。虽然 HBV 是 DNA 病毒，但是它却是通过反转录来进行复制的，因此我们有必要了解整个病毒复制过程。首先，一旦病毒成功进入肝细胞，那么在细胞质中的病毒颗粒就会通过脱壳过程来释放它的核包核酸。随后，病毒的核包核酸被转移到细胞核中，在这里病毒 DNA 基因被释放，经历修复后，该基因变成一个共价封闭循环的 DNA(convalently closed circular DNA, cccDNA)，而它则是所有病毒 RNA 转录的模板[24]。我们至少可以找到四种病毒 RNA，一种是前体基因RNA(pregenomic RNA, pgRNA)，另外三种是亚基因信使 RNA，其中 pgRNA 既可以当作反转录的模板又可以作为核心蛋白，而其他三种则可以编码 HBV 包膜蛋白和 X 蛋白[25]。接下来，pgRNA 被再次转移到细胞质中，在这里聚合酶(P)和 pgRNA 经过衣壳化成为病毒核包核酸，这就意味着基因复制的开始[25]。在核颗粒成熟的过程中，pgRNA 在反转录的作用下转变成一个双链的 DNA 分子[8]。最终，一部分新生成的核颗粒被 HBsAg进一步装配形成完整的病毒颗粒(然后从细胞中释放)，另一部分核颗粒则被用于下一次复制的循环中。图 2.1 就反映了 HBV 的生命循环过程。

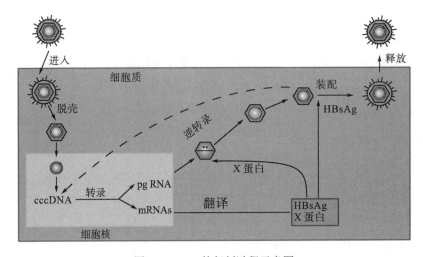

图 2.1　HBV 的复制过程示意图

Nowak 等[26]在 1996 年定量分析了一个包含健康细胞(假定为肝细胞，下同)、被感染细胞和自由病毒的 HBV 感染模型。随后为了准确研究三只急性感染黑猩猩体内的感染与清除动力学，Murray 等[8]提出了带有所有细胞成分的 HBV 感染模型，后来 Murray 等[27]又在前一个模型的基础上研究了一个简化的 HBV 感染模型，而且发现 HBV 的半衰期大约为 4 天。然而这些模型并没有同时包括带有 DNA 的 HBV 核衣壳(下面简称核衣壳)及健康细胞，出于这一原因，Manna 和 Chakrabarty[28]首次在被感染细胞和自由病毒的基础

上将核衣壳以及健康细胞加入模型中作为状态变量，相应的模型为

$$
\begin{cases}
\dfrac{\mathrm{d}H(t)}{\mathrm{d}t} = s - \mu H(t) - kH(t)V(t) \\[2mm]
\dfrac{\mathrm{d}I(t)}{\mathrm{d}t} = kH(t)V(t) - \delta I(t) \\[2mm]
\dfrac{\mathrm{d}D(t)}{\mathrm{d}t} = aI(t) - \beta D(t) - \delta D(t) \\[2mm]
\dfrac{\mathrm{d}V(t)}{\mathrm{d}t} = \beta D(t) - cV(t)
\end{cases}
\tag{2.1.5}
$$

其中，状态变量 H、I、D 和 V 分别代表健康细胞、被感染细胞、核衣壳以及自由病毒在 t 时刻的浓度。在模型 (2.1.5) 的第一个方程中，易感细胞的产生率为常数 s，消亡速率为 μH，而 k 则表示感染效率；在模型 (2.1.5) 的第二个方程中，δI 代表被感染细胞的死亡率；在模型 (2.1.5) 的第三个方程中，aI 是来自被感染细胞的核衣壳的产生率，βD 表示核衣壳被传输到血液中的速率，δD 则是核衣壳的死亡率；出现在模型 (2.1.5) 的第四个方程中的 cV 代表了血液中病毒的清除速率。我们假设方程 (2.1.5) 中所有的参数都为正数，而且 $\mu \leqslant \delta$ [28]。

注意到在系统 (2.1.5) 中，作者假定一旦健康细胞被病毒感染就会立即成为被感染的细胞，而且核衣壳的成熟过程是瞬时的，但是事实上这两个过程都存在时滞[28]。因此，为了使上述模型更加接近真实情况，Manna 和 Chakrabarty[29] 在模型中加入了潜伏期以及核衣壳成熟周期，并且分别用 τ_1 和 τ_2 来表示。更具体地说，他们假设健康细胞在 $t - \tau_1$ 时刻被病毒感染而在 t 时刻变成积极感染的细胞，同时被感染的细胞在 $t - \tau_2$ 时刻被病毒渗透而在 t 时刻才能够产生新的核衣壳。所以，他们考虑了如下带有两个时滞的修改模型

$$
\begin{cases}
\dfrac{\mathrm{d}H(t)}{\mathrm{d}t} = s - \mu H(t) - kH(t)V(t) \\[2mm]
\dfrac{\mathrm{d}I(t)}{\mathrm{d}t} = kH(t-\tau_1)V(t-\tau_1) - \delta I(t) \\[2mm]
\dfrac{\mathrm{d}D(t)}{\mathrm{d}t} = aI(t-\tau_2) - \beta D(t) - \delta D(t) \\[2mm]
\dfrac{\mathrm{d}V(t)}{\mathrm{d}t} = \beta D(t) - cV(t)
\end{cases}
\tag{2.1.6}
$$

在得出系统 (2.1.6) 的平衡点后利用构造 Lyapunov functional 的方法证明了它们的全局稳定性。

2.2　带有饱和发生率和 CTL 免疫的时滞 HIV-1 感染系统的稳定性分析

本节对一个带有 CTL 免疫反应、饱和发生率和三个时滞的五维 HIV-1 感染模型进行动力学研究，其中三个时滞分别表示潜伏期、病毒产生周期与免疫反应时滞。在引出模型

之后，首先证明了模型的适定性，然后给出系统的三个不动点以及使各个不动点有意义的条件，接下来研究每个不动点的局部或者全局稳定性，最终用数值计算来检验获得的理论结果。

2.2.1　建立 HIV-1 感染系统模型

以模型 (2.1.4) 为研究基础，一方面我们注意到被感染细胞的生成率是一个关于健康细胞 x 和病毒 v 的双线性函数，这说明该模型的感染服从质量作用原则[30]，也就是说，每个健康细胞和每个病毒的感染率是一个常数。但是，正如 Ebert 等[31]报道的那样，微寄生物感染的感染率是寄生虫量的一个递增函数，而且通常是 S 形的。因此，一个更加合理的发生率-饱和发生率：$\dfrac{\beta x(t)v(t)}{1+rv(t)}$（这里的 r 为正常数）被引入。由于它不仅包含了被感染个体的拥挤效应，而且避免了常数发生率无界性这一弊端，所以有学者[30]已经在文章中使用过这一发生率。另一方面，模型 (2.1.4) 的一个潜在的假设是认为细胞的感染、病毒的产生以及免疫反应激活等过程都是瞬时的。事实上，目前有很多研究者都将时滞看成了模型中必不可少的组成部分，这样做的目的是为了更加真实地反映生物过程。例如，为了说明从靶细胞被病毒接触到被接触细胞可以产生新病毒这两个时间点之间的时间差，Herz 等[32]首次将一个细胞内时滞引入所研究的模型中，并且得出结论：在模型中加入时滞的确可以改变病毒的清除速率。此外，Zhu 和 Zou[33]的研究表明从病毒入侵细胞的时刻到细胞中产生并释放新病毒的时刻之间也存在一段时间差。正如 Canabarro 等[34]以及 Wang 等[35]所讨论的那样，在带有 CTL 免疫反应的病毒感染模型中，从病毒感染细胞的时刻到被感染的细胞被细胞毒性 CD8+T 细胞识别的时刻之间的时间差也是必不可少的。针对这个原因，我们假设：在 $t-\tau_1$ 时间点被病毒感染的细胞是在 t 时间点变成了可以产生病毒的细胞；在 $t-\tau_2$ 时刻被病毒入侵的细胞在 t 时刻产生新的病毒颗粒；t 时刻的 CTL 免疫反应依赖于 $t-\tau_3$ 时刻抗原的数量。我们假设从 $t-\tau_1$ 时刻到 t 时刻被感染细胞的存活率、从 $t-\tau_2$ 时刻到 t 时刻未成熟病毒的存活率以及从 $t-\tau_3$ 时刻到 t 时刻 CTLp 的存活率都满足指数递减函数。结合上述两方面的修改，我们得到了下面带有饱和发生率和三个时滞的更加一般的 HIV-1 感染系统

$$\begin{cases} \dot{x}(t)=s-dx(t)-\beta\dfrac{x(t)v(t)}{1+rv(t)} \\ \dot{y}(t)=\beta e^{-a_1\tau_1}\dfrac{x(t-\tau_1)v(t-\tau_1)}{1+rv(t-\tau_1)}-ay(t)-py(t)z(t) \\ \dot{v}(t)=ke^{-a_2\tau_2}y(t-\tau_2)-uv(t) \\ \dot{w}(t)=ce^{-a_3\tau_3}y(t-\tau_3)w(t-\tau_3)-cqy(t)w(t)-bw(t) \\ \dot{z}(t)=cqy(t)w(t)-hz(t) \end{cases} \quad (2.2.1)$$

其中，τ_1、τ_2、τ_3 分别代表潜伏期、病毒产生周期以及 CTLp 的反应时间；参数 r 表示半饱和常数；模型 (2.2.1) 中其余参数的生物意义与模型 (2.1.4) 中的相同。由于模型 (2.2.1)

包含了多时滞，而且模型的维数高于二，所以它可能展现更多有趣的动力学行为[36]。因此，接下来就主要研究模型的动力学性质。

2.2.2 HIV-1 感染系统模型的基本性质

在这一部分，我们将给出模型的基本性质。首先，对于生物模型(2.2.1)，正性表明细胞或者病毒是存在的，而有界性说明细胞或者病毒的增长被限制在一定的范围内，因此，证明模型的适定性就显得尤为重要了。其次，我们还给出了模型的再生数以及平衡点的存在条件。

2.2.2.1 模型的适定性

从生物角度看，我们先选取一个适当的相空间。令 $\tau = \max\{\tau_1, \tau_2, \tau_3\}$，$X = C\left([-\tau, 0], R_+^5\right)$ 是从区间 $[-\tau, 0]$ 到 R_+^5 的所有连续函数的 Banach 空间，并且带有上确界范数。根据泛函微分方程的标准理论，我们知道对于任意的 $\phi \in C\left([-\tau, 0], R_+^5\right)$，这里存在模型 (2.2.1) 满足条件 $H_0 = \phi$ 的唯一解

$$H(t, \phi) = \left(x(t, \phi), y(t, \phi), v(t, \phi), w(t, \phi), z(t, \phi)\right)$$

系统 (2.2.1) 相应的初始条件为

$$\begin{cases} x(\theta) = \phi_1(\theta), \ y(\theta) = \phi_2(\theta), \ v(\theta) = \phi_3(\theta) \\ w(\theta) = \phi_4(\theta), \ z(\theta) = \phi_5(\theta), \ \theta \in [-\tau, 0] \end{cases} \qquad (2.2.2)$$

其中，$\phi = (\phi_1, \cdots, \phi_5) \in R_+^5$，并且当 $\theta \in [-\tau, 0], i = 1, \cdots, 5$ 时，条件 $\phi_i(\theta) \geqslant 0$ 以及 $\phi_i(0) > 0$ 成立。那么下面的定理就说明了对于任意正初始值，系统的解是正有界的。

定理 2.1 令 $H(t, \phi)$ 是时滞系统 (2.2.1) 带有条件 (2.2.2) 的唯一解，然后对于所有的 $t \geqslant 0, x(t)$、$y(t)$、$v(t)$、$w(t)$ 和 $z(t)$ 都是正的。不仅如此，那些满足 $x(t) > 0$、$y(t) > 0$、$v(t) > 0$、$w(t) > 0$ 和 $z(t) > 0$ 的所有解 $(x(t), y(t), v(t), w(t), z(t))$ 也将是一致有界的。

证明 首先，可以得出结论：对于所有的 $t \geqslant 0$，解 $x(t)$ 是正的。这是因为，若是假设矛盾，并且令 $t_1 > 0$ 是第一个使 $x(t_1) = 0$ 以及 $\dot{x}(t_1) \leqslant 0$ 的时间点。从模型 (2.2.1) 的方程一，我们可以得到 $\dot{x}(t_1) = s > 0$，这和 $\dot{x}(t_1) \leqslant 0$ 相矛盾。因此，对于所有的 $t \geqslant 0$，不等式 $x(t) > 0$ 成立。其次，可以证明 $y(t)$ 和 $v(t)$ 也是正的。根据相似的方法，可以令首个使 $y(t) = 0$ 满足的时间点是 $t_2 > 0$，由模型 (2.2.1) 的方程三，可以得到不等式：

$$v(t_2 - \tau_1) = v(0)e^{-u(t_2 - \tau_1)} + \int_0^{t_2 - \tau_1} ke^{-a_2\tau_2 - u(t_2 - \tau_1)} y(\eta - \tau_2)e^{u\eta} d\eta > 0$$。另一方面，根据模型 (2.2.1) 的

方程二，同样可以获得另一个不等式：$\dot{y}(t_2) = \beta e^{-a_1\tau_1} \dfrac{x(t_2 - \tau_1)v(t_2 - \tau_1)}{1 + rv(t_2 - \tau_1)} > 0$。因此这里存在

无穷小的正常数 ε，以致于当 $t \in (t_2 - \varepsilon, t_2)$ 时，不等式 $y(t) < 0$ 成立 (这和 $y(t) > 0$ 相互矛盾)。因此 $y(t) > 0, v(t) > 0$。相似地，根据模型 (2.2.1) 的第四和第五个方程，可以清楚地知道对于所有的 $t \geqslant 0$，不等式 $w(t) > 0$、$z(t) > 0$ 成立。

接下来，我们来说明模型(2.2.1)存在一致有界的解。从模型(2.2.1)的第一个方程，我们可以得到 $\dot{x}(t) \leqslant s - dx(t)$，这意味着 $\limsup\limits_{t \to \infty} x(t) \leqslant \dfrac{s}{d}$ 成立。因此，$x(t)$ 是一致有界的。为了说明 $y(t)$ 和 $v(t)$ 也一定是有界的，我们定义一个如下形式的 Lyapunov functional

$$U(t) = x(t) + \mathrm{e}^{a_1\tau_1}y(t+\tau_1) + \frac{a}{2k}\mathrm{e}^{a_1\tau_1+a_2\tau_2}v(t+\tau_1+\tau_2)$$

明显地，对于 $t \geqslant 0$，不等式 $U(t) \geqslant 0$ 成立。沿着模型(2.2.1)的解对 $U(t)$ 求导数，可以得到

$$\begin{aligned}
\frac{\mathrm{d}U(t)}{\mathrm{d}t} &= s - dx(t) - \mathrm{e}^{a_1\tau_1}\Big[ay(t+\tau_1) + py(t+\tau_1)z(t+\tau_1)\Big] \\
&\quad + \frac{a}{2k}\mathrm{e}^{a_1\tau_1+a_2\tau_2}\Big[k\mathrm{e}^{-a_2\tau_2}y(t+\tau_1) - uv(t+\tau_1+\tau_2)\Big] \\
&\leqslant s - nU(t)
\end{aligned}$$

其中，$n = \min\left\{d, \dfrac{a}{2}, u\right\}$。因此 $\limsup\limits_{t \to \infty} U(t) \leqslant \dfrac{s}{n}$，这表明 $U(t)$ 是一致有界的。也就是说 $y(t)$、$v(t)$ 是有界的。

然后我们可以证明 $w(t)$ 和 $z(t)$ 是有界的。首先，我们假设 $z(t)$ 是无界的。那么，根据模型(2.2.1)的第二个方程，有 $\lim\limits_{t \to \infty} y(t) = 0$。而且，由模型(2.2.1)的第四个方程，我们知道等式 $\lim\limits_{t \to \infty} w(t) = 0$ 也是成立的。因此，结合模型(2.2.1)的第五个方程，我们可以得出 $\lim\limits_{t \to \infty} z(t) = 0$ 的结论，但这一结论和假设是矛盾的，那么 $z(t)$ 必须有界。相似地，假设 $w(t)$ 是无界的。根据 $z(t)$ 的有界性以及模型(2.2.1)的第五个方程，我们再一次得到了 $\lim\limits_{t \to \infty} y(t) = 0$。在这种情况下，利用模型(2.2.1)的第四个方程，很容易得出等式 $\lim\limits_{t \to \infty} w(t) = 0$。然而这又给出了另一个矛盾，因此 $w(t)$ 也是有界的。这就说明了 $x(t)$、$y(t)$、$v(t)$、$w(t)$ 和 $z(t)$ 都是最终有界的。因此，带有正初始条件的模型(2.2.1)的解不但是正的，而且还是有界的，这也表明了我们的模型是适定的。

2.2.2.2 再生数和平衡点

在这一部分，我们将要说明模型(2.2.1)有三个可能的平衡点。而且，这些平衡点的存在性被两个阈值参数完全决定。这两个参数就是

$$R_0 = \frac{k\mathrm{e}^{-a_2\tau_2}}{u} \cdot \frac{\beta\mathrm{e}^{-a_1\tau_1}}{a} \cdot \frac{s}{d} = \frac{ks\beta\mathrm{e}^{-a_1\tau_1-a_2\tau_2}}{adu}$$

和

$$R_1 = \frac{c\left(\mathrm{e}^{-a_3\tau_3} - q\right)\left(ks\beta\mathrm{e}^{-a_1\tau_1-a_2\tau_2} - adu\right)}{abk\mathrm{e}^{-a_2\tau_2}(dr+\beta)} = \frac{duc\left(\mathrm{e}^{-a_3\tau_3} - q\right)}{bk\mathrm{e}^{-a_2\tau_2}(dr+\beta)}(R_0 - 1)$$

其中，R_0 被称作病毒基本再生数，而且利用疾病系统基本再生数的常用数学理论，就可以确定 R_0 的表达式。接着我们确定了 R_1，它被称为免疫基本再生数。更准确地说，R_0 描述了当所有细胞未被感染的时候，由一个被感染细胞产生的二次感染细胞的平均数目；R_1 则表达当病毒感染成功的时候，由被感染细胞激活的 CTLp 的平均数量。

对于模型 (2.2.1) 平衡点的存在性，有下列定理：

定理 2.2　模型 (2.2.1) 始终存在一个无感染平衡点：

$$E_0 = \left(x_0^*, y_0^*, v_0^*, w_0^*, z_0^*\right) = \left(\frac{s}{d}, 0, 0, 0, 0\right)$$

在 $R_0 > 1$ 的时候，还会有一个感染无免疫平衡点：

$$E_1 = \left(x_1^*, y_1^*, v_1^*, w_1^*, z_1^*\right)$$

$$= \left(\frac{skr + aue^{a_1\tau_1 + a_2\tau_2}}{k(\beta + dr)}, \frac{sk\beta e^{-a_1\tau_1} - adue^{a_2\tau_2}}{ak(\beta + dr)}, \frac{sk\beta e^{-a_1\tau_1 - a_2\tau_2} - adu}{au(\beta + dr)}, 0, 0\right)$$

在 $R_1 > 1$ 以及 $0 \leqslant \tau_3 \leqslant -\dfrac{\ln(q)}{a_3}$ 的情况下，一个感染免疫平衡点：

$$E_2 = \left(x_2^*, y_2^*, v_2^*, w_2^*, z_2^*\right)$$

出现。其中，

$$x_2^* = \frac{s\left(uce^{-a_3\tau_3} - ucq + bkre^{-a_2\tau_2}\right)}{duc\left(e^{-a_3\tau_3} - q\right) + bkdre^{-a_2\tau_2} + bk\beta e^{-a_2\tau_2}}$$

$$y_2^* = \frac{b}{ce^{-a_3\tau_3} - cq}$$

$$v_2^* = \frac{kbe^{-a_2\tau_2}}{uce^{-a_3\tau_3} - ucq}$$

$$w_2^* = \frac{hc\left(e^{-a_3\tau_3} - q\right)^2\left(ks\beta e^{-a_1\tau_1 - a_2\tau_2} - adu\right) - abkhe^{-a_2\tau_2}\left(e^{-a_3\tau_3} - q\right) + (dr + \beta)}{qbp\left[duc\left(e^{-a_3\tau_3} - q\right) + kbe^{-a_2\tau_2}(dr + \beta)\right]}$$

$$z_2^* = \frac{c\left(e^{-a_3\tau_3} - q\right)\left(ks\beta e^{-a_1\tau_1 - a_2\tau_2} - adu\right) - abke^{-a_2\tau_2}(dr + \beta)}{p\left[duc\left(e^{-a_3\tau_3} - q\right) + kbe^{-a_2\tau_2}(dr + \beta)\right]}$$

证明　首先，模型 (2.2.1) 的平衡点应该满足下列等式

$$\begin{cases} s - dx(t) - \beta\dfrac{x(t)v(t)}{1 + rv(t)} = 0 \\[2mm] \beta e^{-a_1\tau_1}\dfrac{x(t)v(t)}{1 + rv(t)} - ay(t) - py(t)z(t) = 0 \\[2mm] ke^{-a_2\tau_2}y(t) - uv(t) = 0 \\[2mm] ce^{-a_3\tau_3}y(t)w(t) - cqy(t)w(t) - bw(t) = 0 \\[2mm] cqy(t)w(t) - hz(t) = 0 \end{cases} \tag{2.2.3}$$

应用 Maple 中的内置命令 "solve" 解上面的方程组，得到变量 $x(t)$、$y(t)$、$v(t)$、$w(t)$ 以及 $z(t)$ 的表达式，从而确定平衡点 E_0、E_1 和 E_2 的坐标。明显地，模型 (2.2.1) 总拥有无病平衡点 E_0，这意味着病毒处于灭亡的状态。接下来，通过一个简单的计算，我们发现

$$y_1^* = \frac{due^{a_2\tau_2}}{k(dr + \beta)}(R_0 - 1), \qquad v_1^* = \frac{d}{dr + \beta}(R_0 - 1)$$

由于模型(2.2.1)中的任意参数都是正的，那么感染无免疫平衡点 E_1 是否存在就取决于表达式 $R_0 > 1$ 是否成立。这里，E_1 代表病毒存在而 CTL 免疫并不存在的状态。相似地，我们看到

$$x_2^* = \frac{s\left[uc\left(e^{-a_3\tau_3} - q\right) + bkre^{-a_2\tau_2}\right]}{duc\left(e^{-a_3\tau_3} - q\right) + bke^{-a_2\tau_2}\left(dr + \beta\right)}$$

$$y_2^* = \frac{b}{c\left(e^{-a_3\tau_3} - q\right)}$$

$$v_2^* = \frac{kbe^{-a_2\tau_2}}{uc\left(e^{-a_3\tau_3} - q\right)}$$

$$w_2^* = \frac{akhe^{-a_2\tau_2}\left(e^{-a_3\tau_3} - q\right)\left(dr + \beta\right)}{qp\left[duc\left(e^{-a_3\tau_3} - q\right) + kbe^{-a_2\tau_2}\left(dr + \beta\right)\right]}\left(R_1 - 1\right)$$

$$z_2^* = \frac{abke^{-a_2\tau_2}\left(dr + \beta\right)}{p\left[duc\left(e^{-a_3\tau_3} - q\right) + kbe^{-a_2\tau_2}\left(dr + \beta\right)\right]}\left(R_1 - 1\right)$$

因此，当且仅当 $R_1 > 1$ 以及 $0 \leqslant \tau_3 < -\dfrac{\ln(q)}{a_3}$ 都成立的时候，平衡点 E_2 存在(病毒与 CTL 细胞都存在的状态)。证明完成。

注　在 $R_0 > 1$、$R_1 > 1$ 和 $0 \leqslant \tau_3 < -\dfrac{\ln(q)}{a_3}$ 都成立的情况下，模型存在三个平衡点：E_0、E_1 和 E_2。而且由于等式

$$x_2^* - x_1^* = \frac{abue^{a_1\tau_1 + a_2\tau_2}}{duce^{a_2\tau_2}\left(e^{-a_3\tau_3} - q\right) + bk\left(\beta + dr\right)}\left(R_1 - 1\right)$$

$$y_1^* - y_2^* = \frac{b}{c\left(e^{-a_3\tau_3} - q\right)}\left(R_1 - 1\right)$$

和

$$v_1^* - v_2^* = \frac{bke^{-a_2\tau_2}}{uc\left(e^{-a_3\tau_3} - q\right)}\left(R_1 - 1\right)$$

都正确，所以我们有不等式 $x_2^* > x_1^*$、$y_1^* > y_2^*$ 及 $v_1^* > v_2^*$ 成立。因此，在平衡点都存在的条件下，免疫激活对增加健康细胞、减少被感染细胞和病毒方面有积极的作用。

2.2.3　HIV-1 感染系统的稳定性分析

在下面的内容中，针对各个不动点来探讨它们的稳定性。为了确定模型(2.2.1)在 $E = (\tilde{x}, \tilde{y}, \tilde{v}, \tilde{w}, \tilde{z})$（这里 E 代表 E_0、E_1 或者 E_2 中的任何一个）处的局部稳定性，我们需要线性化模型，从而得到了(2.2.1)的雅可比矩阵，具体如下：

$$
A = \begin{vmatrix} \lambda+d+\dfrac{\beta\tilde{v}}{1+r\tilde{v}} & 0 & \dfrac{\beta\tilde{x}}{\left(1+r\tilde{v}\right)^2} & 0 & 0 \\[3mm] -\beta e^{-(\lambda+a_1)\tau_1}\dfrac{\tilde{v}}{1+r\tilde{v}} & \lambda+a+p\tilde{z} & -\beta e^{-(\lambda+a_1)\tau_1}\dfrac{\tilde{x}}{\left(1+r\tilde{v}\right)^2} & 0 & p\tilde{y} \\[3mm] 0 & -k e^{-(\lambda+a_2)\tau_2} & \lambda+u & 0 & 0 \\[3mm] 0 & -c\tilde{w}e^{-(\lambda+a_3)\tau_3}+cq\tilde{w} & 0 & \lambda-c\tilde{y}e^{-(\lambda+a_3)\tau_3}+cq\tilde{y}+b & 0 \\[3mm] 0 & -cq\tilde{w} & 0 & -cq\tilde{y} & \lambda+h \end{vmatrix}
$$

明显地，模型 (2.2.1) 在 E 处的特征方程就是

$$
\Delta(\lambda)=|\lambda I-A|=0 \tag{2.2.4}
$$

其中，λ 是模型 (2.2.1) 的特征值，而方程 (2.2.4) 的值决定了平衡点 E 的局部稳定性。其次，在符合局部稳定的条件下，我们则采用两种手段来说明不动点的全局稳定性。

2.2.3.1　无感染平衡点 E_0 的稳定性

首先，我们思考 E_0 的稳定性，而且得到下面的定理。

定理 2.3　倘若 $R_0<1$ 成立，那么无感染平衡点 E_0 是全局渐近稳定的，这意味着没有病毒成功入侵人体。

证明　第一步，我们需要说明对于任意的时滞 τ_1、τ_2、$\tau_3 \geqslant 0$，不动点 E_0 都是局部渐近稳定的。由式 (2.2.4)，我们可以得出 E_0 处的如下特征多项式：

$$
(\lambda+h)(\lambda+b)(\lambda+d)\left[\lambda^2+(a+u)\lambda+au-\dfrac{sk\beta}{d}e^{-a_1\tau_1-a_2\tau_2-\lambda(\tau_1+\tau_2)}\right]=0 \tag{2.2.5}
$$

E_0 的稳定性由式 (2.2.5) 的解的实部符号决定：当且仅当式 (2.2.5) 的所有解都有负实部的时候，E_0 是渐近稳定的；否则，当式 (2.2.5) 至少有一个解有正实部的时候，E_0 是不稳定的。明显地，E_0 的稳定性又完全依赖于如下方程的解：

$$
\lambda^2+(a+u)\lambda+au-\dfrac{sk\beta}{d}e^{-a_1\tau_1-a_2\tau_2-\lambda(\tau_1+\tau_2)}=0 \tag{2.2.6}
$$

令

$$
f(\lambda)=\lambda^2+(a+u)\lambda+au-\dfrac{sk\beta}{d}e^{-a_1\tau_1-a_2\tau_2-\lambda(\tau_1+\tau_2)}
$$

当 $R_0>1$ 时，容易看到对于实数 λ 有 $f(0)=au(1-R_0)<0$，$\lim\limits_{\lambda\to+\infty}f(\lambda)=+\infty$。因此，在 $R_0>1$ 的时候，$f(\lambda)=0$ 至少有一个正实根。

假如 $R_0<1$，而且 $\tau_1=\tau_2=\tau_3=0$ 成立，方程 (2.2.6) 变成

$$
\lambda^2+(a+u)\lambda+au-\dfrac{sk\beta}{d}=0 \tag{2.2.7}
$$

在 $R_0<1$ 的前提下有 $au>\dfrac{sk\beta}{d}$。这也就说明了，平衡点 E_0 在时滞不存在的时候是局部渐近稳定的。

如果 $\lambda(\tilde{\tau})=i\omega$（其中 $\omega>0$，而且 $\tilde{\tau}=(\tilde{\tau}_1,\tilde{\tau}_2,\tilde{\tau}_3)$ 是方程 (2.2.6) 的解，那么将实部及虚部分开后得到

$$\begin{cases} -\omega^2 + au = \dfrac{sk\beta}{d}\mathrm{e}^{-a_1\tilde{\tau}_1 - a_2\tilde{\tau}_2}\cos\left[\omega\left(\tilde{\tau}_1 + \tilde{\tau}_2\right)\right] \\ -a\omega - u\omega = \dfrac{sk\beta}{d}\mathrm{e}^{-a_1\tilde{\tau}_1 - a_2\tilde{\tau}_2}\sin\left[\omega\left(\tilde{\tau}_1 + \tilde{\tau}_2\right)\right] \end{cases} \tag{2.2.8}$$

方程组(2.2.8)第一、第二式左右两边分别平方相加有

$$\omega^4 + \left(a^2 + u^2\right)\omega^2 + a^2 u^2 - \frac{\beta^2 s^2 k^2}{\mathrm{d}^2}\mathrm{e}^{-2a_1\tilde{\tau}_1 - 2a_2\tilde{\tau}_2} = 0 \tag{2.2.9}$$

明显地,当$R_0 < 1$时,方程(2.2.9)没有正根。因此在$R_0 < 1$成立时,方程(2.2.9)的所有解对于τ_1、τ_2、$\tau_3 \geq 0$都有负实部。也就是说,在$R_0 < 1$的条件下,对于任意时滞τ_1、τ_2、$\tau_3 \geq 0$,E_0都是局部渐近稳定的。

第二步,利用波动引理,可以证明平衡点E_0在$R_0 < 1$时是全局渐近稳定的。在开始证明之前,先引出下列符号:对于定义在区间$[0, \infty)$上的连续有界函数$l(t)$,令

$$l^\infty \overset{\text{def}}{=} \limsup_{t \to \infty} l(t), \quad l_\infty \overset{\text{def}}{=} \liminf_{t \to \infty} l(t)$$

现在,假设$\left(x(t), y(t), v(t), w(t), z(t)\right)$是模型(2.2.1)和模型(2.2.2)的任意解。通过本章 2.2 小节的说明,我们知道

$$\begin{aligned} &0 \leq x_\infty \leq x^\infty \leq \infty, \quad 0 \leq y_\infty \leq y^\infty \leq \infty, \quad 0 \leq v_\infty \leq v^\infty \leq \infty, \\ &0 \leq w_\infty \leq w^\infty \leq \infty, \quad 0 \leq z_\infty \leq z^\infty \leq \infty \end{aligned} \tag{2.2.10}$$

由波动引理得出,存在一个序列t_n,它在$n \to \infty$时也趋于无穷,同时

$$x(t_n) \to x^\infty, \quad \dot{x}(t_n) \to 0, \quad n \to \infty \tag{2.2.11}$$

成立。将序列t_n带入模型(2.2.1)的第一个方程,并且取极限得到:

$$dx^\infty \leq \left(d + \beta\frac{v_\infty}{1 + rv^\infty}\right)x^\infty \leq s \tag{2.2.12}$$

对模型(2.2.1)的其余方程应用相似的做法有

$$ay^\infty \leq \left(a + pz_\infty\right)y^\infty \leq \beta\mathrm{e}^{-a_1\tau_1}\frac{x^\infty v^\infty}{1 + rv^\infty} \tag{2.2.13}$$

$$uv^\infty \leq k\mathrm{e}^{-a_2\tau_2}y^\infty \tag{2.2.14}$$

$$bw^\infty \leq c\left(\mathrm{e}^{-a_3\tau_3} - q\right)y^\infty w^\infty \tag{2.2.15}$$

$$hz^\infty \leq cqy^\infty w^\infty \tag{2.2.16}$$

结合不等式(2.2.12)、式(2.2.13)和式(2.2.14)得到

$$\frac{1}{ay^\infty} \geq \frac{1 + rv^\infty}{\beta\mathrm{e}^{-a_1\tau_1}x^\infty v^\infty} \geq \frac{d\left(1 + rv^\infty\right)}{s\beta\mathrm{e}^{-a_1\tau_1}v^\infty} \geq \frac{d}{s\beta\mathrm{e}^{-a_1\tau_1}v^\infty} \geq \frac{du}{sk\beta\mathrm{e}^{-a_1\tau_1 - a_2\tau_2}y^\infty}$$

如果$y^\infty > 0$,那么根据上面的不等式就有$a \leq \dfrac{sk\beta}{du}\mathrm{e}^{-a_1\tau_1 - a_2\tau_2}$成立,但是这和条件$R_0 < 1$相矛盾,因此$y^\infty = 0$。再结合不等式(2.2.10),这就说明了$\lim_{t \to \infty} y(t) = y_\infty = y^\infty = 0$成立。由式(2.2.14)、式(2.2.15)和式(2.2.16),依次得到$v^\infty = w^\infty = z^\infty = 0$,再次利用式(2.2.10)得出当条件$t \to \infty$成立时,$v(t)$、$w(t)$和$z(t)$全部趋于 0。因此,式(2.2.1)的第一个方程变成$\dot{x} = s - dx$。最终,在上述方程的基础上应用渐近自治系统的理论就可以得出

$\lim\limits_{t\to\infty} x(t) = \dfrac{s}{d}$ 这一结论。

总结上述结果，该定理得证。

2.2.3.2　感染无免疫平衡点 E_1 的稳定性

根据上述分析，我们知道当 $R_0 > 1$ 时，E_0 变得不稳定而且出现平衡点 E_1。为了使 E_1 具有生物意义，我们在这一部分假设条件 $R_0 > 1$ 总是成立的。对于 E_1 我们有下面的结论：

定理 2.4　假如 $R_1 < 1 < R_0$ 和 τ_1、τ_2、$\tau_3 \geqslant 0$ 成立，那么感染无免疫平衡点 E_1 是全局渐近稳定的，这意味着在这个时候感染是成功的，但是 CTL 免疫并没有被成功激活。

证明　相似地，根据方程 (2.2.4)，模型 (2.2.1) 在 E_1 处的特征方程有 $g_1(\lambda)g_2(\lambda)g_3(\lambda) = 0$ 的形式，其中

$$
\begin{cases}
g_1(\lambda) = \lambda + h \\[2mm]
g_2(\lambda) = \lambda + b + \dfrac{cdue^{a_2\tau_2}\left(q - e^{-(\lambda+a_3)\tau_3}\right)}{k(\beta + dr)}(R_0 - 1) \\[3mm]
g_3(\lambda) = \lambda^3 + \left[a + u + \dfrac{dR_0(\beta + dr)}{\beta + drR_0}\right]\lambda^2 + \left[-\dfrac{\beta e^{-\lambda(\tau_1+\tau_2)}(\beta + dr)\left(au + skre^{-a_1\tau_1 - a_2\tau_2}\right)}{(\beta + drR_0)^2}\right. \\[3mm]
\qquad\left. + au + \dfrac{dR_0(a+u)(\beta + dr)}{\beta + drR_0}\right]\lambda - \dfrac{d\beta e^{-\lambda(\tau_1+\tau_2)}(\beta + dr)\left(au + skre^{-a_1\tau_1 - a_2\tau_2}\right)}{(\beta + drR_0)^2} + \dfrac{(\beta + dr)aduR_0}{\beta + drR_0}
\end{cases}
$$

这样的话，模型 (2.2.1) 在 E_1 处的一个特征值就是 $-h$，然后剩下的特征值被下面的超越方程所确定，其方程为

$$g_2(\lambda) = 0 \tag{2.2.18}$$

和

$$g_3(\lambda) = 0 \tag{2.2.19}$$

由于模型 (2.2.1) 所有的参数都是正的，那么第一个解明显是稳定的。也就是说，我们只需要去考虑其余根的分布情况。

首先，我们考虑方程 (2.2.18)。在 $\tau_1 = \tau_2 = \tau_3 = 0$ 的情况下，方程 (2.2.18) 简化为

$$\lambda + b + \frac{cqdu(R_0 - 1)}{k(\beta + dr)} - \frac{cdu(R_0 - 1)}{k(\beta + dr)} = \lambda + b(1 - R_1) = 0 \tag{2.2.20}$$

因此，当 $R_1 < 1$ 满足时，方程 (2.2.20) 只有负实根；当 $R_1 > 1$ 时，方程 (2.2.20) 存在正实根。接下来，我们假设 (2.2.18) 在 $\varpi > 0$ 和 τ_1、τ_2、$\tau_3 > 0$ 时有纯虚根 $\lambda = \pm i\varpi$，同时根据方程 (2.2.17) 和方程 (2.2.18) 有

$$
b + \frac{cqdue^{a_2\tau_2}(R_0 - 1)}{(\beta + dr)k} - \frac{cdue^{-a_3\tau_3}e^{a_2\tau_2}(R_0 - 1)}{k(\beta + dr)}\cos(\varpi\tau_3)
$$
$$
+ i\left[\frac{cdue^{-a_3\tau_3 - a_2\tau_2}(R_0 - 1)}{k(\beta + dr)}\cdot\sin(\varpi\tau_3) + \varpi\right] = 0
$$

上面的方程可以等价地表示成

$$
\begin{cases}
b + \dfrac{cqdue^{a_2\tau_2}(R_0-1)}{(\beta+dr)k} = \dfrac{cdue^{-a_3\tau_3}e^{a_2\tau_2}(R_0-1)}{k(\beta+dr)}\cos(\varpi\tau_3) \\[4mm]
\varpi = -\dfrac{cdue^{-a_3\tau_3}e^{a_2\tau_2}(R_0-1)}{k(\beta+dr)}\sin(\varpi\tau_3)
\end{cases}
\tag{2.2.21}
$$

经过简化可以得到

$$
\varpi^2 + \left[b + \frac{cqdue^{a_2\tau_2}}{k(\beta+dr)}(R_0-1)\right]^2 - \frac{c^2d^2u^2e^{2a_2\tau_2-2a_3\tau_3}}{k^2(\beta+dr)^2}(R_0-1)^2 = 0
$$

为了表示方便，引入记号 g_4 和 g_5，这样上面的方程就可以被重新写成 $\varpi^2 + g_4 \cdot g_5 = 0$，其中，

$$
g_4 = b + \frac{cqdue^{a_2\tau_2}}{k(\beta+dr)}(R_0-1) + \frac{cdue^{a_2\tau_2-a_3\tau_3}}{k(\beta+dr)}(R_0-1)
$$

$$
g_5 = b + \frac{cqdue^{a_2\tau_2}}{k(\beta+dr)}(R_0-1) - \frac{cdue^{a_2\tau_2-a_3\tau_3}}{k(\beta+dr)}(R_0-1) = b(1-R_1)
$$

因为 $R_0>1$，而且模型 (2.2.1) 中所有的参数都是正的，所以不等式 $g_4>0$ 成立。明显地，当且仅当 $R_1<1$ 时，不等式 $g_5>0$ 满足。故在 $R_1<1<R_0$ 时，方程 (2.2.18) 的全部解对任意时滞 τ_1、τ_2、$\tau_3 \geq 0$ 都有负实部。

接下来，我们研究方程 (2.2.19) 解的情况。当 $\tau_1=\tau_2=\tau_3=0$ 时，方程 (2.2.19) 变成

$$
\lambda^3 + c_1\lambda^2 + c_2\lambda + c_3 = 0
\tag{2.2.22}
$$

其中，

$$
c_1 = a + u + \frac{dR_0(\beta+dr)}{\beta+drR_0}
$$

$$
c_2 = au + \frac{dR_0(\beta+dr)(a+u)}{\beta+drR_0} - \frac{\beta(\beta+dr)(au+skr)}{(\beta+drR_0)^2}
$$

$$
c_3 = \frac{aduR_0(\beta+dr)}{\beta+drR_0} - \frac{\beta\delta(\beta+dr)(au+skr)}{(\beta+drR_0)^2}
$$

容易看出：

$$
c_1 = a + u + \frac{dR_0(\beta+dr)}{\beta+drR_0} > 0
$$

$$
c_3 = \frac{\beta d(\beta+dr)(au+skr)}{(\beta+drR_0)^2}(R_0-1) > 0
$$

而且经计算

$$
c_1c_2 - c_3 > 0
$$

根据 Routh-Hurwitz 判据，我们得出方程 (2.2.22) 的任意解在 $R_0>1$ 以及不存在时滞的情况下都有负实部。在 τ_1、τ_2、$\tau_3>0$ 时，我们假设方程 (2.2.19) 存在一对纯虚根。也就是说，这里存在 $\omega>0$ 以致于 $\lambda=i\omega$，那么：

$$-\left[a+u+\frac{dR_0(\beta+dr)}{\beta+drR_0}\right]\omega^2-\frac{\beta(\beta+dr)(au+skre^{-a_1\tau_1-a_2\tau_2})\omega}{(\beta+drR_0)^2}\sin[\omega(\tau_1+\tau_2)]-\beta d$$

$$\cdot\frac{(\beta+dr)(au+skre^{-a_1\tau_1-a_2\tau_2})}{(\beta+drR_0)^2}\cos[\omega(\tau_1+\tau_2)]+\frac{adu(\beta+dr)R_0}{\beta+drR_0}$$

$$+i\left\{-\omega^3+\left[-(\beta+dr)\cdot\frac{\beta\cos[\omega(\tau_1+\tau_2)](au+skre^{-a_1\tau_1-a_2\tau_2})}{(\beta+drR_0)^2}+\frac{R_0d(\beta+dr)(a+u)}{\beta+drR_0}+au\right\}\omega$$

$$+\sin[\omega(\tau_1+\tau_2)]\cdot\beta d(\beta+dr)\frac{(au+skre^{-a_1\tau_1-a_2\tau_2})}{(\beta+drR_0)^2}=0$$

对上面的式子取模得到

$$\omega^6+d_1\omega^4+d_2\omega^2+d_3=0 \tag{2.2.23}$$

其中，

$$d_1=a^2+u^2+\frac{d^4r^2R_0^2}{(\beta+drR_0)^2}+\frac{d^2\beta^2R_0^2}{(\beta+drR_0)^2}+\frac{2d^3\beta rR_0^2}{(\beta+drR_0)^2}$$

$$d_2=\frac{(d^2raR_0+d\beta aR_0)^2}{(\beta+drR_0)^2}-\frac{\beta^2(au\beta+drau+\beta skre^{-a_1\tau_1-a_2\tau_2}+dr^2ske^{-a_1\tau_1-a_2\tau_2})^2}{(\beta+drR_0)^4}+\frac{(d\beta uR_0+d^2ruR_0)^2}{(\beta+drR_0)^2}$$

$$d_3=\frac{(d^2rauR_0+d\beta auR_0)^2}{(\beta+drR_0)^2}-\frac{\beta^2(adu\beta+d^2rau+\beta skdre^{-a_1\tau_1-a_2\tau_2}+d^2r^2ske^{-a_1\tau_1-a_2\tau_2})^2}{(\beta+drR_0)^4}$$

令 $z=\omega^2$，方程 (2.2.23) 可以被重新写成

$$z^3+d_1z^2+d_2z+d_3=0 \tag{2.2.24}$$

直接计算表明

$$d_1=a^2+u^2+\frac{(d^2rR_0+d\beta R_0)^2}{(\beta+drR_0)^2}>0$$

$$d_2=\left[\frac{\beta(au\beta+drau+\beta skre^{-a_1\tau_1-a_2\tau_2}+dr^2ske^{-a_1\tau_1-a_2\tau_2})}{(\beta+drR_0)^2}+au\right]\cdot\frac{(au+skre^{-a_1\tau_1-a_2\tau_2})}{(\beta+drR_0)^2}$$

$$\cdot r\beta d(R_0-1)+\frac{(d\beta uR_0+d^2ruR_0)^2}{(\beta+drR_0)^2}+\frac{(d^2raR_0+d\beta aR_0)^2}{(\beta+drR_0)^2}>0$$

$$d_3=\left[\frac{\beta(adu\beta+d^2rau+\beta skdre^{-a_1\tau_1-a_2\tau_2}+d^2r^2ske^{-a_1\tau_1-a_2\tau_2})}{(\beta+drR_0)^2}+\frac{d^2rauR_0+d\beta auR_0}{(\beta+drR_0)}\right]$$

$$\cdot\frac{d\beta(\beta+dr)(au+skre^{-a_1\tau_1-a_2\tau_2})}{(\beta+drR_0)^2}(R_0-1)>0$$

因此，当 $R_0>1$ 时，方程 (2.2.19) 对于任意的时滞 τ_1、τ_2、$\tau_3\geqslant0$ 都不存在正解。即在 $R_1<1<R_0,\tau_1$、τ_2、$\tau_3\geqslant0$ 时，E_1 是局部渐近稳定的。

最终，我们想要验证在 $R_1<1<R_0$ 时，E_1 是全局渐近稳定的。在给出证明之前，引入

如下符号：

$$h(x) = x - 1 - \ln x$$

其中，$x \in (0, +\infty)$。而且，我们有必要说明函数 $h(x)$ 的一个性质：在 $x = 1$ 时函数取到最小值 0。受 Xu[30] 工作的启发，定义如下的 Lyapunov 函数：

$$M(t) = M_1(t) + M_2(t) + M_3(t)$$

其中，

$$M_1 = m\left\{ e^{-a_1\tau_1} x_1^* h\left[\frac{x(t)}{x_1^*}\right] + y_1^* h\left[\frac{y(t)}{y_1^*}\right] + \frac{a}{ke^{-a_2\tau_2}} v_1^* h\left[\frac{v(t)}{v_1^*}\right] \right\},$$

$$M_2 = \tilde{m}\left[w(t) + z(t) \right]$$

$$M_3 = m\beta e^{-a_1\tau_1} \frac{x_1^* v_1^*}{1 + rv_1^*}\left(\int_{t-\tau_1}^{t} h\left\{\frac{(1+rv_1^*)x(s)v(s)}{x_1^* v_1^*[1+rv(s)]}\right\}ds + \int_{t-\tau_2}^{t} h\left[\frac{y(s)}{y_1^*}\right]ds \right) + \tilde{m}ce^{-a_3\tau_3}$$
$$\cdot \int_{t-\tau_3}^{t} y(s)w(s)ds$$

这里的 m 和 $\tilde{m}$ 是待定正系数。沿着模型 (2.2.1) 的解，计算 M_1、M_2 和 M_3 的导数，得到

$$\left.\frac{dM_1}{dt}\right|_{(7)} = m\left[e^{-a_1\tau_1}\left(1-\frac{x_1^*}{x}\right)\dot{x} + \left(1-\frac{y_1^*}{y}\right)\dot{y} + \frac{a}{ke^{-a_2\tau_2}}\left(1-\frac{v_1^*}{v}\right)\dot{v} \right]$$

$$= m\left\{ e^{-a_1\tau_1}\left(1-\frac{x_1^*}{x}\right)\left[-d(x-x_1^*) + \frac{\beta x_1^* v_1^*}{1+rv_1^*} - \frac{\beta xv}{1+rv}\right] + \left(1-\frac{y_1^*}{y}\right)\left[-\frac{\beta e^{-a_1\tau_1} x_1^* v_1^*}{1+rv_1^*}\frac{y}{y_1^*}\right.\right.$$

$$\left.+\beta e^{-a_1\tau_1}\frac{x(t-\tau_1)v(t-\tau_1)}{1+rv(t-\tau_1)} - pyz\right] + \left[ay(t-\tau_2) - \frac{au}{ke^{-a_2\tau_2}}v\right]\left(1-\frac{v_1^*}{v}\right)\right\}$$

$$= m\left\{ -de^{-a_1\tau_1}\frac{(x-x_1^*)^2}{x} + \beta e^{-a_1\tau_1}\frac{x_1^* v_1^*}{1+rv_1^*}\left(1-\frac{x_1^*}{x}\right) - \beta e^{-a_1\tau_1}\frac{x_1^* v_1^*}{1+rv_1^*}\left(\frac{xv}{1+rv}\frac{1+rv_1^*}{x_1^* v_1^*}\right.\right.$$

$$\left.-\frac{1+rv_1^*}{v_1^*}\frac{v}{1+rv}\right) + \beta e^{-a_1\tau_1}\frac{x_1^* v_1^*}{1+rv_1^*}\left[1 + \frac{x(t-\tau_1)v(t-\tau_1)}{1+rv(t-\tau_1)}\frac{1+rv_1^*}{x_1^* v_1^*} - \frac{x(t-\tau_1)v(t-\tau_1)}{1+rv(t-\tau_1)}\right.$$

$$\left.\cdot\frac{1+rv_1^*}{x_1^* v_1^*}\frac{y_1^*}{y} - \frac{y}{y_1^*}\right] - pyz + py_1^* z + \beta e^{-a_1\tau_1}\frac{x_1^* v_1^*}{1+rv_1^*}\left[\frac{y(t-\tau_2)}{y_1^*} - \frac{v}{v_1^*} - \frac{v_1^*}{v}\frac{y(t-\tau_2)}{y_1^*} + 1\right]\right\}$$

$$\tag{2.2.25}$$

$$\left.\frac{dM_2}{dt}\right|_{(7)} = \tilde{m}(\dot{w}+\dot{z}) = \tilde{m}[ce^{-a_3\tau_3}y(t-\tau_3)w(t-\tau_3) - bw - hz], \tag{2.2.26}$$

$$\left.\frac{dM_3}{dt}\right|_{(7)} = m\beta e^{-a_1\tau_1}\left[-\frac{x_1^* v_1^*}{1+rv_1^*}\ln\frac{x(t)v(t)[1+rv(t-\tau_1)]}{1+rv(t)x(t-\tau_1)v(t-\tau_1)} - \frac{x(t-\tau_1)v(t-\tau_1)}{1+rv(t-\tau_1)} + \frac{x(t)v(t)}{1+rv(t)}\right]$$

$$+ m\beta e^{-a_1\tau_1}\frac{x_1^* v_1^*}{1+rv_1^*}\left[\frac{y(t)}{y_1^*} - \frac{y(t-\tau_2)}{y_1^*} - \ln\frac{y(t)}{y(t-\tau_2)}\right]$$

$$+ \tilde{m}ce^{-a_3\tau_3}[y(t)w(t) - y(t-\tau_3)w(t-\tau_3)]$$

$$\tag{2.2.27}$$

随后，对式 (2.2.25)、式 (2.2.26)、式 (2.2.27) 求和得到

$$\left.\frac{\mathrm{d}M}{\mathrm{d}t}\right|_{(7)} = -m d \mathrm{e}^{-a_1\tau_1} \frac{\left(x - x_1^*\right)^2}{x} + G_1\left(t, \tau_1, \tau_2\right) + G_2\left(t\right)$$

其中，

$$
\begin{aligned}
G_1\left(t,\tau_1,\tau_2\right) = &-m\beta \mathrm{e}^{-a_1\tau_1} \frac{x_1^* v_1^*}{1 + r v_1^*} \Bigg\{ \left(\frac{x_1^*}{x} - 1 - \ln\frac{x_1^*}{x}\right) + \left[\frac{x(t-\tau_1)v(t-\tau_1)}{1+rv(t-\tau_1)}\frac{1+rv_1^*}{x_1^* v_1^*}\frac{y_1^*}{y} - 1\right. \\
&\left. - \ln\frac{x(t-\tau_1)v(t-\tau_1)}{1+rv(t-\tau_1)}\frac{1+rv_1^*}{x_1^* v_1^*}\frac{y_1^*}{y}\right] + \left[\frac{v_1^*}{v}\frac{y(t-\tau_2)}{y_1^*} - 1 - \ln\frac{v_1^*}{v}\frac{y(t-\tau_2)}{y_1^*}\right] \\
&+ \left(\frac{1+rv}{1+rv_1^*} - 1 - \ln\frac{1+rv}{1+rv_1^*}\right) + \frac{r\left(v - v_1^*\right)^2}{v_1^*\left(1 + rv_1^*\right)\left(1 + rv\right)} \Bigg\}
\end{aligned}
$$

$$G_2\left(t\right) = \tilde{m}\left(c \mathrm{e}^{-a_3\tau_3} yw - bw - hz\right) - m\left(pyz - py_1^* z\right)$$

现在对于所有的 $t>0$ 和 τ_1、τ_2、$\tau_3 \geq 0$，有不等式 $G_1\left(\tau_1,\tau_2,\tau_3\right) \leq 0$ 成立，这是因为只要 $x \in (0,+\infty)$，都有 $h(x) \geq 0$。因此，

$$
\begin{aligned}
\left.\frac{\mathrm{d}M}{\mathrm{d}t}\right|_{(7)} &\leq -\left\{\tilde{m}h + mp\left[y(t) - y_1^*\right]\right\}z(t) + \tilde{m}\left[c\mathrm{e}^{-a_3\tau_3}y(t) - b\right]w(t) \\
&= \left\{-\tilde{m}h + mp\left[y(t) - y_1^*\right]\right\}z(t) + \tilde{m}c\mathrm{e}^{-a_3\tau_3}\left[y(t) - \frac{b}{c\mathrm{e}^{-a_3\tau_3}}\right] - w(t)
\end{aligned}
$$

先假设 $y > y_1^*$，进一步选择 $m \gg \tilde{m}$ 以至于 $\left.\frac{\mathrm{d}M}{\mathrm{d}t}\right|_{(7)} < 0$ 成立。这个结果意味着对于 $t \in (t_1, \infty]$（有限时间 $t_1 > 0$），轨线进入并且留在区域 $y < y_1^* + \varepsilon$ 中。注意到对于 $R_1 < 1 < R_0$，式子

$$\frac{b}{c\left(\mathrm{e}^{-a_3\tau_3} - q\right)} - y_1^* = \frac{b}{c\left(\mathrm{e}^{-a_3\tau_3} - q\right)} - \frac{du\mathrm{e}^{a_2\tau_2}}{k(\beta + dr)}(R_0 - 1) = \frac{b}{c\left(\mathrm{e}^{-a_3\tau_3} - q\right)}(1 - R_1) > 0$$

成立，也就是说，我们总是可以选择适当的 $\tilde{m}$ 和 m 来确保不等式 $\frac{b}{c\left(\mathrm{e}^{-a_3\tau_3} - q\right)} > y_1^* > y - \varepsilon$ 成立。即对于任意小的 ε，不等式 $y < \frac{b}{c\left(\mathrm{e}^{-a_3\tau_3} - q\right)} + \varepsilon$ 成立。所以，在 $t \in (t_2, \infty]$（有限时间 $t_2 > t_1$）时，解必将进入并且留在区域 $y \leq \frac{b}{c\left(\mathrm{e}^{-a_3\tau_3} - q\right)}$ 中。

已经说明了在有限的时间内，y 必定以 $\frac{b}{c\left(\mathrm{e}^{-a_3\tau_3} - q\right)}$ 为上限，我们现在打算去证明解轨线将最终渐近趋向于 E_1。由不等式 (2.2.15) 得到不等式

$$\left[\frac{b}{c\left(\mathrm{e}^{-a_3\tau_3} - q\right)} - y^\infty\right]w^\infty \leq 0$$

成立。当 $t \in [t_2, +\infty)$ 时，只有在 $w^\infty = 0$ 的情况下，上面式子中的等号才成立，也就能得出

$z^{\infty}=0$。故模型 (2.2.1) 与方程组

$$
\begin{cases}
\dot{x}(t) = s - dx(t) - \beta\dfrac{x(t)v(t)}{1+rv(t)} \\[2mm]
\dot{y}(t) = \beta\mathrm{e}^{-a\tau_1}\dfrac{x(t-\tau_1)v(t-\tau_1)}{1+rv(t-\tau_1)} - ay(t) - py(t)z(t) \\[2mm]
\dot{v}(t) = k\mathrm{e}^{-a_2\tau_2}y(t-\tau_2) - uv(t)
\end{cases}
\tag{2.2.28}
$$

有相同的动力学性质。明显地，这个子系统有两个不动点：

$$
\hat{E}_0 = \left(\hat{x}_0, \hat{y}_0, \hat{v}_0\right) = \left(\frac{s}{d}, 0, 0\right)
$$

$$
\hat{E}_1 = \left(\hat{x}_1, \hat{y}_1, \hat{v}_1\right) = \left(\frac{skr + aue^{a_1\tau_1 + a_2\tau_2}}{k(\beta + dr)}, \frac{sk\beta\mathrm{e}^{-a_1\tau_1} - adue^{a_2\tau_2}}{ak(\beta + dr)}, \frac{sk\beta\mathrm{e}^{-a_1\tau_1 - a_2\tau_2} - adu}{au(\beta + dr)}\right)
$$

容易验证在 $R_1 < 1 < R_0$ 时，方程组 (2.2.28) 在不动点 $\hat{E}_0$ 处是不稳定的，在 $\hat{E}_1$ 处是局部渐近稳定的。为了说明方程组 (2.2.28) 在 $\hat{E}_1$ 处还是全局渐近稳定的，我们定义 Lyapunov 函数为

$$
\hat{M}(t) = m\beta\mathrm{e}^{-a_1\tau_1}\frac{x_1^* v_1^*}{1 + rv_1^*}\left(\int_{t-\tau_1}^{t} h\left\{\frac{(1+rv_1^*)x(s)v(s)}{x_1^* v_1^*[1+rv(s)]}\right\}\mathrm{d}s + \int_{t-\tau_2}^{t} h\left[\frac{y(s)}{y_1^*}\right]\mathrm{d}s\right)
$$

$$
+ m\left\{y_1^* h\left[\frac{y(t)}{y_1^*}\right] + \mathrm{e}^{-a_1\tau_1}x_1^* h\left[\frac{x(t)}{x_1^*}\right] + \frac{a}{k\mathrm{e}^{-a_2\tau_2}}v_1^* h\left[\frac{v(t)}{v_1^*}\right]\right\}
$$

通过相似的方法，说明

$$
\left.\frac{\mathrm{d}\hat{M}(t)}{\mathrm{d}t}\right|_{(34)} \leqslant -m d\mathrm{e}^{-a_1\tau_1}\frac{(x-\hat{x}_1)^2}{x} < 0
$$

因此，在 $R_1 < 1 < R_0$ 的情况下，方程组 (2.2.28) 在 $\hat{E}_1$ 处是全局渐近稳定的，从而验证了模型 (2.2.1) 在 E_1 处是全局渐近稳定的。

2.2.3.3　感染免疫平衡点 E_2 的稳定性及 Hopf 分岔

在接下来的部分，将集中研究感染免疫平衡点 E_2 的稳定性，所以总是假设 $R_1 > 1$ 和 $0 \leqslant \tau_3 < -\dfrac{\ln(q)}{a_3}$ 成立。

从 2.3.1 节和 2.3.2 节，我们知道平衡点 E_0 和 E_1 处的特征方程可以被因式分解为更低维数的多项式。然而想要分解 E_2 处的特征方程就困难了，因此为了简化 E_2 处稳定性的分析，我们定义：

$$
A = -d - \beta\frac{v_2^*}{1+rv_2^*}, \quad B = -\beta\frac{x_2^*}{(1+rv_2^*)^2}, \quad C = -a - pz_2^*, \quad D = -py_2^*,
$$

$$
E = \beta\mathrm{e}^{-a_1\tau_1}\frac{v_2^*}{1+rv_2^*}, \quad F = \beta\mathrm{e}^{-a_1\tau_1}\frac{x_2^*}{(1+rv_2^*)^2}, G = k\mathrm{e}^{-a_2\tau_2}, H = -u, I = c\mathrm{e}^{-a_3\tau_3}w_2^*,
$$

$$
J = cqw_2^*, \quad K = c\mathrm{e}^{-a_3\tau_3}y_2^*, \quad L = cqy_2^* + b, \quad M = cqy_2^*, \quad N = -h
$$

根据式 (2.2.4)，我们得到模型 (2.2.1) 在 E_2 处的特征方程为

$$\lambda^5 + p_4\lambda^4 + p_3\lambda^3 + p_2\lambda^2 + p_1\lambda + p_0 + (q_4\lambda^4 + q_3\lambda^3 + q_2\lambda^2 + q_1\lambda + q_0)\mathrm{e}^{-\lambda\tau_3}$$
$$+ (r_3\lambda^3 + r_2\lambda^2 + r_1\lambda + r_0)\mathrm{e}^{-\lambda(\tau_1+\tau_2)} + (s_2\lambda^2 + s_1\lambda + s_0)\mathrm{e}^{-\lambda(\tau_1+\tau_2+\tau_3)} = 0 \quad (2.2.29)$$

其中，

$$p_4 = -C - A - N + L - H$$
$$p_3 = AH + AC - HL + CN - LN + HN - JD + AN - CL + CH - AL$$
$$p_2 = ACL - ACH + AJD + CHL + DMJ - JDL + JDH + HLN + CLN - CHN$$
$$\quad + ALN - AHN + AHL - ACN$$
$$p_1 = -AJDH - AHLN + ACHN - DMJH - ACLN - ACHL - CHLN$$
$$\quad - ADMJ + JDHL + AJDL$$
$$p_0 = -AJDHL + ADMJH + ACHLN, \quad q_4 = -K, \quad q_3 = CK + AK + HK + KN$$
$$q_2 = -HKN - CKN - ACK + JDK - IDM - AHK - CHK - AKN$$
$$q_1 = IADM - JDHK + AHKN + CHKN + IDMH - AJDK + ACKN + ACHK$$
$$q_0 = AJDHK - ACHKN - IADMH, \quad r_3 = -GF, \quad r_2 = GFN - GFL + AGF - EGB$$
$$r_1 = GFLN + EGBN - EGBL - AGFN + AGFL, \quad r_0 = -AGFLN + EGBLN$$
$$s_2 = GFK, \quad s_1 = -AGFK + EGBK - GFKN, \quad s_0 = -EGBKN + AGFKN$$

我们注意到方程 (2.2.29) 是关于 λ 的一个超越方程，由于 E_2 的局部渐近稳定性被方程 (2.2.29) 的根完全决定，而且方程 (2.2.29) 包含了三个时滞，因此我们将讨论当 τ_1、τ_2 和 τ_3 取下列不同值的时候，方程 (2.2.29) 根的分布情况。

情形一： $\tau_1 = \tau_2 = \tau_3 = 0$

在缺少三个时滞时，方程 (2.2.29) 简化为

$$\lambda^5 + (p_4 + q_4)\lambda^4 + (p_3 + q_3 + r_3)\lambda^3 + (p_2 + q_2 + r_2 + s_2)\lambda^2 + (p_1 + q_1 + r_1 + s_1)\lambda$$
$$+ p_0 + q_0 + r_0 + s_0 = 0$$

根据 Routh-Hurwitz 判据，方程 (2.2.29) 的所有解有负实部的充要条件被表示为下列形式：

$$\Delta_1 = p_4 + q_4 > 0$$

$$\Delta_2 = \begin{vmatrix} p_4 + q_4 & 1 \\ p_2 + q_2 + r_2 + s_2 & p_3 + q_3 + r_3 \end{vmatrix} > 0$$

$$\Delta_3 = \begin{vmatrix} p_4 + q_4 & 1 & 0 \\ p_2 + q_2 + r_2 + s_2 & p_3 + q_3 + r_3 & p_4 + q_4 \\ p_0 + q_0 + r_0 + s_0 & p_1 + q_1 + r_1 + s_1 & p_2 + q_2 + r_2 + s_2 \end{vmatrix} > 0$$

$$\Delta_4 = \begin{vmatrix} p_4 + q_4 & 1 & 0 & 0 \\ p_2 + q_2 + r_2 + s_2 & p_3 + q_3 + r_3 & p_4 + q_4 & 1 \\ p_0 + q_0 + r_0 + s_0 & p_1 + q_1 + r_1 + s_1 & p_2 + q_2 + r_2 + s_2 & p_3 + q_3 + r_3 \\ 0 & 0 & p_0 + q_0 + r_0 + s_0 & p_1 + q_1 + r_1 + s_1 \end{vmatrix} > 0$$

$$\Delta_5 = \begin{vmatrix} p_4+q_4 & 1 & 0 & 0 & 0 \\ p_2+q_2+r_2+s_2 & p_3+q_3+r_3 & p_4+q_4 & 1 & 0 \\ p_0+q_0+r_0+s_0 & p_1+q_1+r_1+s_1 & p_2+q_2+r_2+s_2 & p_3+q_3+r_3 & p_4+q_4 \\ 0 & 0 & p_0+q_0+r_0+s_0 & p_1+q_1+r_1+s_1 & p_2+q_2+r_2+s_2 \\ 0 & 0 & 0 & 0 & p_0+q_0+r_0+s_0 \end{vmatrix} > 0$$

因此对于平衡点 E_2 的局部稳定性有：当 $R_1 > 1$，$0 \leqslant \tau_3 < -\dfrac{\ln(q)}{a_3}$ 及 $\Delta_i > 0 (i=1,2,\cdots,5)$ 成立时，E_2 是局部渐近稳定的。

情形二： $\tau_1 = \tau_2 = 0$ 及 $0 < \tau_3 < -\dfrac{\ln(q)}{a_3}$

当细胞内时滞不存在，即 $\tau_1 = \tau_2 = 0$ 时，模型(2.2.1)的特征方程(2.2.29)为

$$\lambda^5 + k_9\lambda^4 + k_8\lambda^3 + k_7\lambda^2 + k_6\lambda + k_5 + (k_4\lambda^4 + k_3\lambda^3 + k_2\lambda^2 + k_1\lambda + k_0)e^{-\lambda\tau_3} = 0 \qquad (2.2.30)$$

其中，

$$k_9 = p_4, \quad k_8 = p_3+r_3, \quad k_7 = p_2+r_2, \quad k_6 = p_1+r_1, \quad k_5 = p_0+r_0,$$
$$k_4 = q_4, \quad k_3 = q_3, \quad k_2 = s_2+q_2, \quad k_1 = s_1+q_1, \quad k_0 = s_0+q_0.$$

下面将研究免疫时滞 τ_3 对平衡点 E_2 稳定性的影响。由于方程(2.2.30)的根连续不断地依赖于 τ_3，因此，τ_3 的一个小小的变化必将导致方程(2.2.30)根的改变。如果恰有 τ_3 的一个临界值使方程(2.2.30)的根有零实部，那么在此临界值附近平衡点 E_2 的稳定性将发生变化。更进一步说，一族小振幅的周期解将会从平衡点 E_2 处分岔出来，也就是在平衡点 E_2 处出现了 Hopf 分岔。

现在我们就来寻找方程(2.2.30)有两个纯虚根的条件。假设 $\pm i\nu(\nu>0)$ 是方程(2.2.30)的两个纯虚根。在这种情况下，我们将 $\lambda = i\nu$ 带入方程(2.2.30)中，而且将实部与虚部分开表示，获得

$$\begin{cases} k_9\nu^4 - k_7\nu^2 + k_5 = -(k_4\nu^4 - k_2\nu^2 + k_0)\cos(\nu\tau_3) - (-k_3\nu^3 + k_1\nu)\sin(\nu\tau_3) \\ \nu^5 - k_8\nu^3 + k_6\nu = -(-k_3\nu^3 + k_1\nu)\cos(\nu\tau_3) + (k_4\nu^4 - k_2\nu^2 + k_0)\sin(\nu\tau_3) \end{cases} \qquad (2.2.31)$$

方程组(2.2.31)第一、第二式左右两边分别平方相加，得到关于 ν 的代数方程

$$\nu^{10} + e_1\nu^8 + e_2\nu^6 + e_3\nu^4 + e_4\nu^2 + e_5 = 0 \qquad (2.2.32)$$

其中，

$$e_1 = k_9^2 - k_4^2 - 2k_8, \quad e_2 = k_8^2 - k_3^2 + 2k_4k_2 - 2k_9k_7 + 2k_6,$$
$$e_3 = k_7^2 - k_2^2 - 2k_4k_0 + 2k_3k_1 - 2k_8k_6 + 2k_9k_5,$$
$$e_4 = k_6^2 - k_1^2 - 2k_7k_5 + 2k_2k_0,$$
$$e_5 = k_5^2 - k_0^2.$$

通过简单的计算，我们知道 $e_5 > 0$ 恒成立。假如

$$(H1)\ e_1 > 0, e_2 > 0, e_3 > 0, e_4 > 0$$

成立，方程(2.2.32)没有正根。因此，在满足条件(H1)和 $0 < \tau_3 < -\dfrac{\ln(q)}{a_3}$ 时，方程(2.2.32)的任意解都存在负实部。接下来，为了研究系统(2.2.1)的分岔情况，方程(2.2.32)应该至

少存在一个正根，因此假设

(H2)方程(2.2.32)至少有一个正根。

在条件(H2)下，如果 ν_0 是方程(2.2.32)的一个正根，那么方程(2.2.30)将有与时滞 τ_3 有关的一对纯虚根 $\pm i\nu_0$。不失一般性，我们假设方程(2.2.29)存在十个正实根，它们分别被表示为 $\nu_1,\nu_2,\cdots,\nu_{10}$。对于每一个固定的 $\nu_k(k=1,2,\cdots,10)$，相对应的时滞临界值为

$$\tau_{3_k}^{(j)}=\frac{1}{\nu_k}\left\{\arccos\left[-\frac{(k_1-k_2k_9+k_3k_8-k_4k_7)\nu_k^6+(k_0k_9-k_1k_8+k_2k_7-k_3k_6+k_4k_5)\nu_k^4}{(k_4\nu_k^4-k_2\nu_k^2+k_0)^2+(-k_3\nu_k^3+k_1\nu)^2}\right.\right.$$

$$\left.\left.-\frac{(-k_3+k_4k_9)\nu_k^8+(-k_0k_7+k_1k_6-k_2k_5)\nu_k^2+k_0k_5}{(k_4\nu_k^4-k_2\nu_k^2+k_0)^2+(-k_3\nu_k^3+k_1\nu)^2}\right]+2j\pi\right\}$$

其中，$j=0,1,2,\cdots$。令 $\tau_{3_0}=\min\left\{\tau_{3_k}^{(j)}\right\}$, $\nu_0=\nu_k\big|_{\tau_3=\tau_{3_0}}$，其中，$k=1,2,\cdots,10$; $j=0,1,2,\cdots$。接下来求方程(2.2.30)中 λ 关于 τ_3 的导数，容易得到

$$\left(\frac{d\lambda}{d\tau_3}\right)^{-1}=\frac{(5\lambda^4+4k_9\lambda^3+3k_8\lambda^2+2k_7\lambda+k_6)e^{\lambda\tau_3}+(4k_4\lambda^4+3k_3\lambda^3+2k_2\lambda+k_1)}{\lambda(k_4\lambda^4+k_3\lambda^3+k_2\lambda^2+k_1\lambda+k_0)}$$

$$-\frac{\tau_3(k_4\lambda^4+k_3\lambda^3+k_2\lambda^2+k_1\lambda+k_0)}{\lambda(k_4\lambda^4+k_3\lambda^3+k_2\lambda^2+k_1\lambda+k_0)}$$

因此，有

$$\text{Re}\left(\frac{d\lambda}{d\tau_3}\bigg|_{\tau_3=\tau_{3_0}}\right)^{-1}=\frac{P_{3R}P_R+Q_{3I}Q_I}{(P_R)^2+(Q_I)^2}$$

其中，

$$P_{3R}=5\nu_0^4\sin(\nu_0\tau_{3_0})+\left[-4k_9\cos(\nu_0\tau_{3_0})-4k_4+k_3\tau_{3_0}\right]\nu_0^3-3k_8\nu_0^2\sin(\nu_0\tau_{3_0})$$

$$+\left[2k_2+2k_7\cos(\nu_0\tau_{3_0})-k_1\tau_{3_0}\right]\nu_0+k_6\sin(\nu_0\tau_{3_0})$$

$$Q_{3I}=\left[k_4\tau_{3_0}-5\cos(\nu_0\tau_{3_0})\right]\nu_0^4-4k_9\nu_0^3\sin(\nu_0\tau_{3_0})+\left[k_2\tau_{3_0}+3k_8\cos(\nu_0\tau_{3_0})\right]\nu_0^2$$

$$+2k_7\nu_0\sin(\nu_0\tau_{3_0})-k_6\cos(\nu_0\tau_{3_0})-k_1+k_0\tau_{3_0}$$

$$P_R=k_4\nu_0^5-k_2\nu_0^3+k_0\nu_0$$

$$Q_I=-k_3\nu_0^4+k_1\nu_0^2$$

明显地，当条件

(H3) $P_{3R}P_R+Q_{3I}Q_I\neq 0$

成立时，$\text{Re}\left(\frac{d\lambda}{d\tau_3}\big|_{\tau_3=\tau_{3_0}}\right)^{-1}\neq 0$ 也成立。也就是说，在条件(H3)满足的情况下，横截条件成立。因此，基于上面的结果以及泛函微分方程的 Hopf 分岔理论，有下面的定理。

定理 2.5 假设条件 $R_1>1$ 和 $\Delta_i>0(i=1,2,\cdots,5)$ 成立，然后下面的结论对于 $\tau_1=\tau_2=0$ 也是成立的:

(i)当(H1)成立时，模型(2.2.1)的平衡点 E_2 对于所有的 $0\leq\tau_3<-\dfrac{\ln q}{a_3}$ 是局部渐近稳定的;

(ii)假如(H2)和(H3)成立，那么平衡点 E_2 在 $\tau_3\in\left[0,\tau_{3_0}\right)$ 时是局部渐近稳定的，在

$\tau_3 > \tau_{3_0}$ 时是不稳定的。而且在 $\tau_3 = \tau_{3_0}$ 时 Hopf 分岔出现，也就是说一族周期解在 τ_3 穿过 τ_{3_0} 时从 E_2 处分岔出来。

情形三： $\tau_1 > 0, \tau_2 > 0, \tau_3 = 0$

在缺少免疫时滞时，特征方程 (2.2.29) 变成

$$\lambda^5 + d_8\lambda^4 + d_7\lambda^3 + d_6\lambda^2 + d_5\lambda + d_4 + (d_3\lambda^3 + d_2\lambda^2 + d_1\lambda + d_0)e^{-\lambda(\tau_1+\tau_2)} = 0 \qquad (2.2.33)$$

其中，

$$d_8 = p_4 + q_4, \quad d_7 = p_3 + q_3, \quad d_6 = p_2 + q_2, \quad d_5 = p_1 + q_1, \quad d_4 = p_0 + q_0,$$
$$d_3 = r_3, \qquad d_2 = s_2 + r_2, \quad d_1 = s_1 + r_1, \qquad d_0 = s_0 + r_0$$

在方程 (2.2.33) 中，将 τ_2 固定在它的稳定区间上，并且把 τ_1 作为一个参数。令 $\lambda = i\omega (\omega > 0)$ 是方程 (2.2.33) 的一个根。然后可以得到

$$
\begin{cases}
d_8\omega^4 + d_6\omega^2 + d_4 = -\Big[(d_2\omega^2 + d_0)\cos(\omega\tau_1) + (d_1\omega - d_3\omega^3)\sin(\omega\tau_1)\Big]\cos(\omega\tau_2) \\
\qquad\qquad\qquad\qquad -\Big[(d_1\omega - d_3\omega^3)\cos(\omega\tau_1) - (d_2\omega^2 + d_0)\sin(\omega\tau_1)\Big]\sin(\omega\tau_2) \\
\omega^5 - d_7\omega^3 + d_5\omega = -\Big[(d_1\omega - d_3\omega^3)\cos(\omega\tau_1) - (d_0 - d_2\omega^2)\sin(\omega\tau_1)\Big]\cos(\omega\tau_2) \\
\qquad\qquad\qquad\qquad +\Big[(d_0 - d_2\omega^2)\cos(\omega\tau_1) + (d_1\omega - d_3\omega^3)\sin(\omega\tau_1)\Big]\sin(\omega\tau_2)
\end{cases} \qquad (2.2.34)
$$

由上述方程，我们知道

$$\omega^{10} + n_1\omega^8 + n_2\omega^6 + n_3\omega^4 + n_4\omega^2 + n_5 = 0 \qquad (2.2.35)$$

其中，

$$n_1 = d_8^2 - 2d_7$$
$$n_2 = d_7^2 - d_3^2 - 2d_8d_6 + 2d_5$$
$$n_3 = d_6^2 - d_2^2 + 2d_8d_4 - 2d_7d_5 + 2d_1d_3$$
$$n_4 = d_5^2 - d_1^2 + 2d_2d_0 - 2d_6d_4$$
$$n_5 = d_4^2 - d_0^2$$

根据上面的分析，我们知道 $n_5 > 0$ 恒成立。因此采用与情形二类似的方法，我们假设

(H4) 方程 (2.2.35) 至少有一个正根

是对的。在这种情况下，定义方程 (2.2.35) 的十个正实根为 $\omega_1, \omega_1, \cdots, \omega_{10}$。由于三角函数存在周期性，那么对于每一个固定的 $\omega_m (m = 1, 2, 3, \cdots, 10)$，这里总存在一系列的临界时滞 $\left\{\tau_{1_m}^{(j)} \middle| j = 0, 1, 2, \cdots\right\}$。为了简化分析，我们定义 $\tau_{1_m}^{(j)}$ 的最小值为 τ_{1_0}，也就是说 $\tau_{1_0} = \min\left\{\tau_{1_m}^{(j)}\right\}(m = 1, 2, \cdots, 10; j = 0, 1, 2, \cdots)$，并且令 ω_0 是 $\tau_1 = \tau_{1_0}$ 时方程 (2.2.35) 的正根。此外，横截条件

$$(\text{H5}) \ \mathrm{Re}\left(\frac{\mathrm{d}\lambda}{\mathrm{d}\tau_1}\Big|_{\lambda=i\omega_0}\right)^{-1} \neq 0$$

被给定，然后就可以获得 Hopf 分岔的存在性定理。

定理 2.6　假如方程 (2.2.29) 中的系数满足条件 $\Delta i > 0 (i = 1, 2, \cdots, 5)$，而且条件 $R_1 > 1$，(H4) 和 (H5) 都成立，那么就有下面的定理：

(i) 系统 (2.2.1) 的不动点 E_2 在 $\tau_1 \in \left[0, \tau_{1_0}\right]$ 时是局部渐近稳定的，当 $\tau_1 > \tau_{1_0}$ 时就变得不

稳定了；

(ii) 当 $\tau_1 = \tau_{1_0}$ 时，系统 (2.2.1) 在平衡点 E_2 处出现了 Hopf 分岔，也就是说，在 τ_1 穿过阈值 τ_{1_0} 时一族周期解从 E_2 处分岔出来。

接下来，由于时滞 τ_1、τ_2 和 τ_3 的周期性，我们将给出下列更一般的结论。

定理 2.7　对于任意的非负常数 τ_1、τ_2 和 τ_3，倘若 $R_1 > 1$，$\Delta_i > 0$（$i = 1,2,\cdots,5$），（H4）和（H5）都成立，那么就会存在 $\gamma_1^{(j)} > 0$、$\gamma_2^{(j)} > 0$ 和 $\gamma_3^{(j)} > 0$（$j = 0,1,2,3,\cdots$）使下面的结论在 $\tau_3 \in \left[\gamma_3^{(j)}, \tau_3^{(j)}\right)$ 及 $\tau_2 \in \left[\gamma_2^{(j)}, \tau_2^{(j)}\right)$ 时成立。

(i) 系统 (2.2.1) 的不动点 E_2 在 $\tau_1 \in \left[\gamma_1^{(j)}, \tau_1^{(j)}\right)$ 时是局部渐近稳定的，当 $\tau_1 \in \left[\tau_1^{(j)}, \gamma_1^{(j+1)}\right)$ 时就变得不稳定了；

(ii) 当 $\tau_1 = \tau_1^{(j)}$，系统 (2.2.1) 在平衡点 E_2 处出现了 Hopf 分岔，也就是说，在 τ_1 穿过阈值 $\tau_1^{(j)}$ 时一族周期解从 E_2 处分岔出来。

情形四：　$\tau_1 > 0, \tau_2 > 0, 0 < \tau_3 < -\dfrac{\ln(q)}{a_3}$

现在我们研究平衡点 E_2 在三个时滞都存在时的稳定性。对于方程 (2.2.29)，可以视 τ_2 为参数而 τ_1、τ_3 都固定在其稳定区间上，不失一般性，令 $\lambda = \mathrm{i}\varpi(\varpi > 0)$ 是方程 (2.2.29) 的一个纯虚根，那么我们可以得到

$$\varpi^{10} + m_1\varpi^9 + m_2\varpi^8 + m_3\varpi^7 + m_4\varpi^6 + m_5\varpi^5 + m_6\varpi^4 + m_7\varpi^3 + m_8\varpi^2 + m_9\varpi + m_{10} = 0,$$

其中，

$$l_1 = \cos(\varpi\tau_3),\ \ l_2 = \sin(\varpi\tau_3),\ \ m_1 = -2q_4l_2,\ \ m_2 = p_4^2 + q_4^2 - 2q_3l_1 + 2p_4q_4l_1 - 2p_3,$$

$$m_3 = 2q_2l_2 - 2p_4q_3l_2 + 2p_3q_4l_2,$$

$$m_4 = 2p_1 + q_3^2 - 2p_2q_4l_1 - 2p_4p_2 - r_3^2 + 2q_1l_1 + 2p_3q_3l_1 - 2q_4q_2 - 2p_4q_2l_1 + p_3^2,$$

$$m_5 = 2r_3l_2s_2 + 2p_4q_1l_2 + 2p_2q_3l_2 - 2q_0l_2 - 2p_3q_2l_2 - 2p_1q_4l_2,$$

$$m_6 = p_2^2 - 2p_3p_1 + 2q_4q_0 - 2p_3q_1l_1 + 2p_4p_0 + 2r_3l_1s_1 + 2p_2q_2l_1 - 2q_3q_1 + q_2^2 - r_2^2 - s_2^2$$
$$\qquad + 2p_4q_0l_1 + 2r_3r_1 + 2p_0q_4l_1 - 2r_2l_1s_2 - 2p_1q_3l_1,$$

$$m_7 = 2r_2l_2s_1 - 2r_3l_2s_0 + 2p_3q_0l_2 - 2r_1l_2s_2 - 2p_0q_3l_2 - 2p_2q_1l_2,$$

$$m_8 = p_1^2 + q_1^2 - r_1^2 - s_1^2 - 2r_1l_1s_1 + 2r_2l_1s_0 + 2r_0r_2 - 2p_2q_0l_1 + 2s_0s_2 + 2r_0l_1s_2 - 2p_0q_2l_1$$
$$\qquad + 2p_1q_1l_1 - 2p_0p_2 - 2q_0q_2,$$

$$m_9 = -2p_1q_0l_2 - 2r_0l_2s_1 + 2p_0q_1l_2 + 2r_1l_2s_0,\ m_{10} = p_0^2 + q_0^2 - s_0^2 - r_0^2 + 2p_0q_0l_1 - 2r_0s_0l_1$$

同样假设

$$（\text{H6}）\ m_{10} < 0$$

成立。

令 $H(\varpi) = \varpi^{10} + m_1\varpi^9 + m_2\varpi^8 + m_3\varpi^7 + m_4\varpi^6 + m_5\varpi^5 + m_6\varpi^4 + m_7\varpi^3 + m_8\varpi^2 + m_9\varpi + m_{10}$，注意到 $m_{10} < 0$，因此 $H(0) < 0$ 成立。由于 $\varpi \to +\infty$ 时 $H(\varpi) \to +\infty$，所以方程 (2.2.29) 有有限的正根 $\varpi_1, \varpi_2, \cdots, \varpi_k (k \leqslant 10)$。根据三角函数的周期性，对于每个固定的 $\varpi_k (k = 1,2,3,\cdots,10)$，这里存在一个序列 $\left\{\tau_{2_k}^{(j)} \,\middle|\, j = 0,1,2,\cdots\right\}$。令 $\tau_{2_0} = \min\left\{\tau_{2_k}^{(j)} \,\middle|\, k = 1,2,\cdots,10; j = 0,1,2,\cdots\right\}$，并且在

$\tau_2 = \tau_{2_0}, \tau_1 \in \left[0, \tau_{1_0}\right]$ 和 $\tau_3 \in \left[0, \tau_{3_0}\right]$ 都满足的情况下，方程 (2.2.29) 有一对纯虚根 $\pm i\varpi$。假设条件

$$\text{(H7)} \quad \text{Re}\left(\frac{d\lambda}{d\tau_2}\bigg|_{\lambda = i\varpi}\right)^{-1} \neq 0$$

成立，有下面的定理：

定理 2.8 如果方程 (2.2.29) 的系数满足条件 $\Delta_i > 0 (i = 1, 2, \cdots, 5)$，而且 $R_1 > 1$，$0 \leqslant \tau_3 < -\dfrac{\ln(q)}{a_3}$, (H2)~(H7) 都成立，那么下面的结果成立。

(i) 系统 (2.2.1) 的不动点 E_2 在 $\tau_2 \in \left[0, \tau_{2_0}\right]$ 时是局部渐近稳定的，在 $\tau_2 > \tau_{2_0}$ 时就变得不稳定了；

(ii) 当 $\tau_2 = \tau_{2_0}$ 时，系统 (2.2.1) 在平衡点 E_2 处出现了 Hopf 分岔，也就是说，在 τ_2 穿过阈值 $\tau_{2_k}^{(j)}(k = 1, 2, \cdots, 10; j = 0, 1, 2, \cdots)$ 时一族周期解从 E_2 处分岔出来。

2.2.4 数值模拟

在这一部分，我们对参数取一定的数值，并通过数值模拟来验证理论结果的可靠性。一方面，我们看到 E_0 与 E_1 的稳定性只和 R_0、R_1 有关。而且，正如前面看到的那样，τ_1、τ_2 及 τ_3 出现在 R_0 和 R_1 的表达式中。另一方面，我们已经知道了在 $R_1 > 1$ 以及 $0 \leqslant \tau_3 < -\dfrac{\ln(q)}{a_3}$ 的时候，τ_1、τ_2 和 τ_3 在不动点 E_2 的局部稳定性中扮演了决定性的作用。因此，我们现在通过改变三个时滞的值来观察平衡点稳定性的变化以及 Hopf 分岔的出现。

选取系统 (2.2.1) 的参数值为

$$\begin{aligned} &d = c = h = q = \frac{1}{10}, \quad \beta = \frac{3}{400}, \quad p = 1, \quad b = 0.9, \quad a = 0.02, \quad k = 44, \\ &u = 5, \quad a_1 = 0.01, \quad a_2 = 0.28, \quad a_3 = 0.1, \quad r = 0.001, \quad s = 9.5 \end{aligned} \tag{2.2.36}$$

将上面的参数值带入 R_0 和 R_1 的表达式中，得到

$$R_0 = 313.5 e^{-0.01\tau_1 - 0.28\tau_2} \tag{2.2.37}$$

以及

$$R_1 = 16.61350345(e^{-0.1\tau_3} - 0.1)(3.135 e^{-0.01\tau_1} - 0.01 e^{0.28\tau_2})$$

而且，在接下来的部分我们仍按照前面的分类来研究平衡点的稳定性。

2.2.4.1 无感染平衡点 E_0

当 $\tau_1 = 10$，$\tau_2 = 21$，$\tau_3 = 20$ 时，将 τ_1 和 τ_2 的值带入方程 (2.2.37)，很容易得出 $R_0 < 1$ 的结论。在这种情况下，系统 (2.2.1) 只有一个无感染平衡点 $E_0 : \left(x_0^*, y_0^*, v_0^*, w_0^*, z_0^*\right) = (95, 0, 0, 0, 0)$。图 2.2 是对平衡点 E_0 的数值模拟，从中可以看出除 x 之外的所有状态变量都趋于 0，而 x 最终趋于 95。所以在 $R_0 < 1$ 时，E_0 是全局渐近稳定的，这与定理 2.3 的说法相吻合。

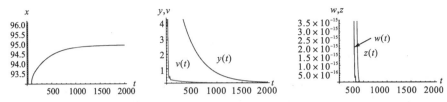

图 2.2　系统 (2.2.1) 在参数取式 (2.2.36)，时滞为 $\tau_1 = 10$，$\tau_2 = 21$，$\tau_3 = 20$ 时的数值模拟

注：该图表明解轨线最终趋向于无感染平衡点 $E_0: \left(x_0^*, y_0^*, v_0^*, w_0^*, z_0^*\right) = (95,0,0,0,0)$。对于 $\theta \in [-\tau, 0]$，系统的初始条件为 $x(\theta) = 380, y(\theta) = 160, v(\theta) = 24, w(\theta) = 0.032, z(\theta) = 0.1$。

2.2.4.2　感染无免疫平衡点 E_1

我们注意到通过减小被感染细胞的潜伏期 (τ_1) 和/或加快自由病毒的产生周期 (τ_2) 都可以增加 R_0 的值，因此我们取 $\tau_1 = 8, \tau_2 = 18, \tau_3 = 20$ 使 $R_1 < 1 < R_0$ 成立。利用式 (2.2.36) 中的参数值，E_1 变成 $\left(x_1^*, y_1^*, v_1^*, w_1^*, z_1^*\right) = (51.2905, 201.745, 11.4932, 0, 0)$。正如图 2.3 给出的那样，$E_1$ 是全局渐近稳定的，这很好地验证了定理 2.4。

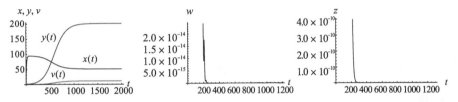

图 2.3　系统 (2.2.1) 在参数取式 (2.2.36)，时滞为 $\tau_1 = 8$，$\tau_2 = 18$，$\tau_3 = 20$ 时的数值模拟

注：该图表明解轨线最终趋向于感染无免疫平衡点 $E_1: \left(x_1^*, y_1^*, v_1^*, w_1^*, z_1^*\right) = (51.2905, 201.745, 11.4932, 0, 0)$。对于 $\theta \in [-\tau, 0]$，系统的初始条件为 $x(\theta) = 5.5, y(\theta) = 16.8, v(\theta) = 1, w(\theta) = 1, z(\theta) = 1$。

2.2.4.3　感染免疫平衡点 E_2

根据前面工作，下列的四种情况将被模拟。

情况 (a)：在缺少三个时滞 ($\tau_1 = \tau_2 = \tau_3 = 0$)，并且参数取式 (2.2.36) 中的一系列数值时，有 $0 \leqslant \tau_3 < -\dfrac{\ln(q)}{a_3} = 23.0259$ 和 $R_1 = 46.7255 > 1$ 成立，也就是满足了 E_2 的存在条件。通过计算得出 E_2 为 $\left(x_2^*, y_2^*, v_2^*, w_2^*, z_2^*\right) = (13.4443, 10, 88, 0.795557, 0.795557)$。接下来，将系统参数值带入 $\Delta_i (i = 1, 2, \cdots, 5)$ 中，又有 $\Delta_1 = 6.62217, \Delta_2 = 30.7669, \Delta_3 = 67.3889, \Delta_4 = 24.6333,$ $\Delta_5 = 1.57637$ 的结论。因此，E_2 是全局渐近稳定的 (图 2.4)。

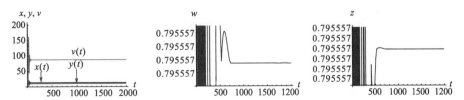

图 2.4　当参数取式 (2.2.36) 中的值，三个时滞都不存在时，系统 (2.2.1) 的数值模拟

注：该图表明了感染免疫平衡点 $E_2: \left(x_2^*, y_2^*, v_2^*, w_2^*, z_2^*\right) = (13.4443, 10, 88, 0.795557, 0.795557)$ 是渐近稳定的。对于 $\theta \in [-\tau, 0]$，系统的初始条件为 $x(\theta) = 3, y(\theta) = 1, v(\theta) = 8.8, w(\theta) = 0.08, z(\theta) = 0.08$。

情况（b）：在缺少细胞内时滞（$\tau_1 = \tau_2 = 0$）时，将式（2.2.36）中的一系列参数值带入公式后，我们注意到条件（H2）和（H3）成立。根据定理 2.5，我们知道方程（2.2.32）存在一个正根 $\nu = 0.217474$，在这种情况下，式（2.2.30）在取时滞临界值 $\tau_{3_0} = 15.4624$ 时有两个纯虚数解 $\pm i\nu_0 = \pm 0.217474i$。在 $\tau_1 = \tau_2 = 0, \tau_3 = 8 < 15.4624$ 时，对模型（2.2.1）进行数值模拟发现经过初始的短暂震荡后解轨线趋向于平衡点 E_2（图 2.5）。我们进一步对模型（2.2.1）进行模拟，在时滞为 $\tau_1 = \tau_2 = 0, \tau_3 = 17 > 15.4624$ 时，发现模型出现了 Hopf 分岔（图 2.6）。定理 2.5 得以验证。

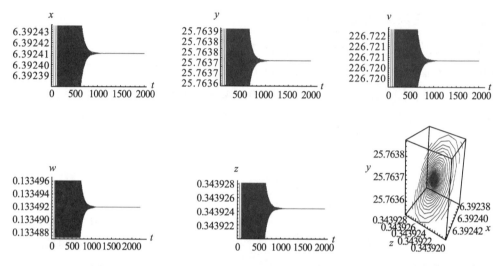

图 2.5　当 $\tau_1 = \tau_2 = 0, \tau_3 = 8 < 15.4624$ 时，系统（2.2.1）的数值模拟

注：从该图可以看出 $E_2 : \left(x_2^*, y_2^*, v_2^*, w_2^*, z_2^*\right) = (6.39241, 25.7637, 226.72, 0.125729, 0.323924)$ 是渐近稳定的。对于 $\theta \in [-\tau, 0]$，系统的初始条件为 $x(\theta) = 0.64, y(\theta) = 2.6, v(\theta) = 22.6, w(\theta) = 0.013, z(\theta) = 0.03$。

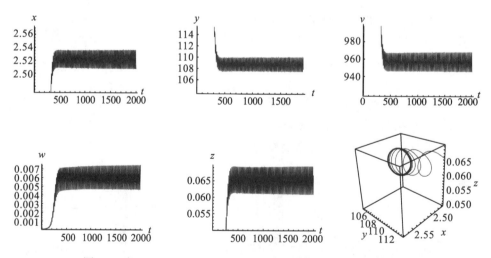

图 2.6　当 $\tau_1 = \tau_2 = 0, \tau_3 = 17 > 15.4624$ 时，系统（2.2.1）的数值模拟

注：从该图可以看出在平衡点 $E_2 : \left(x_2^*, y_2^*, v_2^*, w_2^*, z_2^*\right) = (2.52036, 108.849, 957.869, 0.005968, 0.06496)$ 处出现了 Hopf 分岔。对于 $\theta \in [-\tau, 0]$，系统的初始条件为 $x(\theta) = 0.2, y(\theta) = 10.8, v(\theta) = 95.7, w(\theta) = 0.0006, z(\theta) = 0.006$。

　　情况 (c)：在缺少免疫时滞（$\tau_3 = 0, \tau_2 = 0.6$）时，通过计算得到 $\omega_0 = 0.29928$，$\tau_{1_0} = 5.8871$。根据定理 2.6，我们知道当 $0 < \tau_1 = 0.5 < \tau_{1_0}$ 时平衡点 E_2 是局部渐近稳定的；当 $\tau_1 = 7.2 > \tau_{1_0}$ 时，E_2 变得不稳定。更具体地说就是当 $\tau_1 = \tau_{1_0}$ 时模型 (2.2.1) 在 E_2 处出现了 Hopf 分岔。数值模拟解释了上述结论（图 2.7，图 2.8）。

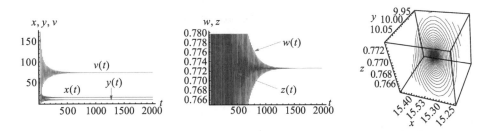

图 2.7　当 $\tau_2 = 0.6, \tau_3 = 0, \tau_1 = 0.5 < 5.8871$ 时，从系统 (2.2.1) 的数值模拟

注：从该图中可以看出解轨线趋向于感染免疫平衡点 $E_2 : \left(x_2^*, y_2^*, v_2^*, w_2^*, z_2^*\right) = (15.3398, 10, 74.3911, 0.772628, 0.772628)$。对于 $\theta \in [-\tau, 0]$，系统的初始条件为 $x(\theta) = 1.5, y(\theta) = 1, v(\theta) = 7.4, w(\theta) = 0.07, z(\theta) = 0.07$。

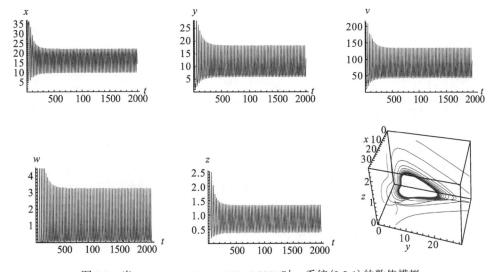

图 2.8　当 $\tau_2 = 0.6, \tau_3 = 0, \tau_1 = 7.2 > 5.8871$ 时，系统 (2.2.1) 的数值模拟

注：该图中可以看出在 $E_2 : \left(x_2^*, y_2^*, v_2^*, w_2^*, z_2^*\right) = (15.3398, 10, 74.3911, 0.721262, 0.721262)$ 处出现了 Hopf 分岔。对于 $\theta \in [-\tau, 0]$，系统的初始条件为 $x(\theta) = 1.5, y(\theta) = 1, v(\theta) = 7.4, w(\theta) = 0.07, z(\theta) = 0.07$。

　　情况 (d)：对于 $\tau_1 > 0, \tau_2 > 0$ 以及 $0 \leqslant \tau_3 < -\dfrac{\ln(q)}{a_3}$ 时，我们在 $\tau_1 = 1, \tau_3 = 3.2$ 的情况下模拟系统 (2.2.1)，通过计算得到 $\varpi_0 = 1.90637, \tau_{2_0} = 6.99052$。根据定理 2.8，我们看到平衡点 E_2 在 $0 < \tau_2 = 6.5 < \tau_{2_0}$ 时是局部渐近稳定的，当 $\tau_2 = 10 > \tau_{2_0}$ 时就变得不稳定了。更具体地说就是模型 (2.2.1) 在 $\tau_2 = \tau_{2_0}$ 时在 E_2 处出现了 Hopf 分岔。图 2.9 和图 2.10 是对上述结论的数值模拟。

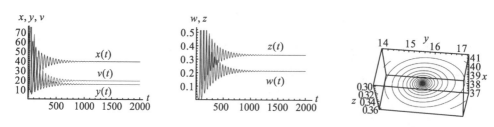

图 2.9 当 $\tau_1 = 1, \tau_3 = 3.2, \tau_2 = 6.5 < 6.99052$ 时，系统(2.2.1)的数值模拟

注：从该图中可以看出解轨线趋向于感染免疫平衡点 $E_2 : \left(x_2^*, y_2^*, v_2^*, w_2^*, z_2^*\right) = (37.906, 14.3736, 20.4942, 0.259687, 0.373263)$。对于 $\theta \in [-\tau, 0]$，系统的初始条件为 $x(\theta) = 3.9, y(\theta) = 1.5, v(\theta) = 1.9, w(\theta) = 0.02, z(\theta) = 0.03$。

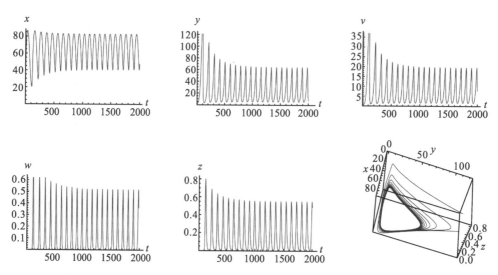

图 2.10 当 $\tau_1 = 1, \tau_3 = 3.2, \tau_2 = 10 > 6.99052$ 时，系统(2.2.1)的数值模拟

注：从该图中可以看出在平衡点 $E_2 : \left(x_2^*, y_2^*, v_2^*, w_2^*, z_2^*\right) = (60.4143, 14.3736, 7.6917, 0.1518, 0.2182)$ 处出现了 Hopf 分岔。对于 $\theta \in [-\tau, 0]$，系统的初始条件为 $x(\theta) = 7, y(\theta) = 1.5, v(\theta) = 0.5, w(\theta) = 0.008, z(\theta) = 0.01$。

2.3 带有扩散和一般发生率的时滞 HBV 感染系统的稳定性分析

本节的目的是研究一个新的包含空间扩散、三个时滞和一个一般发生率的慢性 HBV 感染模型的动力学。首先分析在有界区域内模型初始值问题的适定性，然后定义一个被称为基本再生数的阈值参数，并且表明我们的模型存在两个可能的平衡点。接下来就是采用两个合适的 Lyapunov functional 来说明各个平衡点的全局稳定性。最终举出一个例子并用数值计算的方法来说明之前所得结果的正确性。此外，还有一点是值得说明的，那就是我们的结论给出了一个在理论上控制 HBV 感染的有效方法，而且这些结论可以应用到包含各种可能发生率函数的文章中。

2.3.1　建立 HBV 感染系统模型

在模型 (2.1.6) 中，一个关键的假设是细胞和病毒在空间中是均匀汇合的，而且细胞和病毒是不可移动的，一些模型[37]通过增加空间变量和病毒费克扩散，同时假设肝细胞在自然条件下不会移动的方法来改正了这一问题。另一个重要的特征是细胞内核衣壳的成熟时刻与成熟核衣壳产生病毒的时刻之间存在一个时间差，而且一些研究者已经将时滞期间的指数衰减项考虑到病毒动力学模型中[37]。除此之外，模型 (2.1.6) 中的病毒感染率是一个关于病毒和健康细胞的双线性函数，但是这其实是不合理的。正如 Min 等[38]以及 Chen 等[39]指出的那样，双线性发生率意味着一个肝脏相对较小的人相比肝脏较大的人更不容易被病毒感染，显然这一现象在生物中是不合理的，为此，我们确定了下列带有三个时滞与一个一般发生率(排除双线性发生率与饱和发生率)的扩散 HBV 模型。

$$
\begin{cases}
\dfrac{\partial H}{\partial t} = s - \mu H(x,t) - f\left[H(x,t), I(x,t), V(x,t)\right] V(x,t) \\[2mm]
\dfrac{\partial I}{\partial t} = \mathrm{e}^{-\alpha_1 \tau_1} f\left[H(x,t-\tau_1), I(x,t-\tau_1), V(x,t-\tau_1)\right] V(x,t-\tau_1) - \delta I(x,t) \\[2mm]
\dfrac{\partial D}{\partial t} = a\mathrm{e}^{-\alpha_2 \tau_2} I(x,t-\tau_2) - \beta D(x,t) - \delta D(x,t) \\[2mm]
\dfrac{\partial V}{\partial t} = d_v \Delta V + \beta \mathrm{e}^{-\alpha_3 \tau_3} D(x,t-\tau_3) - cV(x,t)
\end{cases} \tag{2.3.1}
$$

对于 $t>0$，$x \in \Omega$，其初始条件为

$$
H(x,\theta) = \varphi_1(x,\theta) \geqslant 0, \quad I(x,\theta) \geqslant \varphi_2(x,\theta) \geqslant 0, \quad D(x,\theta) = \varphi_3(x,\theta) \geqslant 0
$$
$$
V(x,\theta) = \varphi_4(x,\theta) \geqslant 0, \quad (x,\theta) \in \overline{\Omega} \times [-\tau, 0], \qquad \tau = \max\{\tau_1, \tau_2, \tau_3\} \tag{2.3.2}
$$

均匀纽曼边界条件是

$$
\frac{\partial V}{\partial \vec{n}} = 0, \qquad (x,y) \in \partial\Omega \times (0, +\infty) \tag{2.3.3}
$$

其中，Ω 是一个带有光滑边界 $\partial\Omega$ 并且在 R^n 上连通的有界开区间，$\dfrac{\partial}{\partial \vec{n}}$ 代表 $\partial\Omega$ 上的外法线导数。方程 (2.3.3) 中的边界条件说明了病毒只能在边界 $\partial\Omega$ 的内部移动。从生物角度看，$H(x,t)$、$I(x,t)$、$D(x,t)$ 和 $V(x,t)$ 分别是健康细胞、被感染细胞、核衣壳以及病毒在 x 位置及 t 时间点的浓度。扩散系数是 d_v，而 $\Delta = \dfrac{\partial^2}{\partial x^2}$ 表示拉普拉斯算子。模型 (2.3.1) 中的第三个时滞 τ_3 代表从新产生的核衣壳到自由病毒的生成这段时间，而且我们假设从 $t-\tau_1$ 时刻到 t 时刻的被感染细胞，从 $t-\tau_2$ 时刻到 t 时刻的未成熟核衣壳，从 $t-\tau_3$ 时刻到 t 时刻的未成熟病毒的存活率都遵循指数衰减函数。其他所有参数的生物意义均与式 (2.1.6) 中的一样，一般发生率函数 $f(H,I,V)$ 在 R_+^3 中是连续可微的而且符合下面假设：

(T1) 对于所有 $I \quad V \geqslant 0$，$f(0, I, V) = 0$；

对于所有 $H > 0$，以及 I、$V \geqslant 0$，$\dfrac{\partial f}{\partial H}(H, I, V) > 0$；

对于所有 H、I、$V \geqslant 0$, $\dfrac{\partial f}{\partial H}(H,I,V) \leqslant 0$, $\dfrac{\partial f}{\partial V}(H,I,V) \leqslant 0$;

$f \neq kH$, 且 $f \neq \dfrac{kH}{1+rV}$, 其中 r 代表半饱和常数。

2.3.2 HBV 感染系统模型的基本性质

由于模型 (2.3.1)~模型 (2.3.3) 描述了肝细胞与自由病毒的演变，所以在这一部分我们将确定模型解的存在性、非负性以及有界性。而且，我们还将给出基本再生数和系统不动点存在的条件。

2.3.2.1 模型的适定性

在开始之前，先给出一些有用的符号，令 $\mathbb{X} = BC_U(\bar{\Omega}, R^4)$ 表示从 $\bar{\Omega}$ 到 R^4 并且带有范数 $\|\cdot\|_{\mathbb{X}}$ 的所有有界且一致连续函数的集合，其中 $\|\phi\|_{\mathbb{X}} = \sup\limits_{x \in \bar{\Omega}} |\phi(x)|$ ，这里 $|\cdot|$ 代表 R^4 上的欧几里得范数。在这种情况下，对于 $\tau \geqslant 0$ ，我们引入带有范数 $\|\phi\|_{\mathbb{C}} = \max\limits_{\theta \in [-\tau,0]} \|\phi(\theta)\|_{\mathbb{X}}$ 的符号 $\mathbb{C} = C[-\tau,0]\mathbb{X}_\circ$ 为了简化，我们将元素 $\phi \in \mathbb{C}$ 看作从 $\bar{\Omega} \times [-\tau,0]$ 到 R^4 的一个函数，并定义 $\phi(x,\theta) = \phi(\theta)(x)$ 。此外，对于任意给定的连续函数 $u(\cdot):[-\tau,b] \to \mathbb{X}$ （这里 $b > 0$ ），我们定义 $u_t \in \mathbb{C}$ 为 $u_t(\theta) = u(t+\theta)$, $\theta \in [-\tau,0]$ 。

定理 2.9 对于满足式 (2.3.2) 的任意初始值 $\varphi \in \mathbb{C}$ ，这里一定存在模型 (2.3.1)~模型 (2.3.3) 的定义在 $\bar{\Omega} \times [0,+\infty)$ 上的非负解，而且该解对于所有的 $t \geqslant 0$ 都是有界的。

证明 第一步，对于任意的 $x \in \bar{\Omega}$ 及 $\phi = (\phi_1, \phi_2, \phi_3, \phi_4)^T \in \mathbb{C}$ ，定义 $F = (F_1, F_2, F_3, F_4)$, $\mathbb{C} \to \mathbb{X}$ 如下：

$$F_1(\phi)(x) = s - \mu\phi_1(x,0) - f(\phi_1(x,0), \phi_2(x,0), \phi_4(x,0))\phi_1(x,0)$$

$$F_2(\phi)(x) = e^{-\alpha_1\tau_1} f(\phi_1(x,-\tau_1), \phi_2(x,-\tau_1), \phi_4(x,-\tau_1))\phi_1(x,-\tau_1) - \delta\phi_2(x,0)$$

$$F_3(\phi)(x) = ae^{-\alpha_2\tau_2}\phi_2(x,-\tau_2) - \beta\phi_3(x,0) - \delta\phi_3(x,0)$$

$$F_4(\phi)(x) = \beta e^{-\alpha_3\tau_3}\phi_3(x,-\tau_3) - c\phi_4(x,0)$$

容易得出 F 在 $\mathbb{C}$ 上是局部利普希兹连续的。然后我们就可以将模型 (2.3.1)~模型 (2.3.3) 重新改写成下列抽象泛函微分方程的形式：

$$\begin{cases} \dot{u}(t) = Au + f(u_t) & (t \geqslant 0, u_t \in \mathbb{C}) \\ u_0 = \varphi \in \mathbb{C} \end{cases} \tag{2.3.4}$$

其中 $u = (H,I,D,V)^T$, $\varphi = (\varphi_1, \varphi_2, \varphi_3, \varphi_4)^T$ ，而且 $Au = (0,0,0,d_v\Delta V)^T$ 。根据标准存在性定理，不难得出结论：在区间 $[0, T_{\max}]$ 上有方程组 (2.3.4) 的唯一局部解，其中 $T_{\max}$ 是方程组 (2.3.4) 的根的最大存在时间。而且，由于模型 (2.3.1) 每个方程的下解都是 0 ，所以不等式 $H(x,t) \geqslant 0, I(x,t) \geqslant 0, D(x,t) \geqslant 0$ 以及 $V(x,t) \geqslant 0$ 成立。

接下来，证明系统 (2.3.1)~系统 (2.3.3) 是有界的。首先，定义一个新变量

$$G(x,t) = e^{-\alpha_1\tau_1 - \alpha_2\tau_2} H(x, t - \tau_1 - \tau_2) + e^{-\alpha_2\tau_2} I(x, t - \tau_2) + \frac{\delta}{2a} D(x,t)$$

根据模型 (2.3.1) 的前三个方程，得到

$$\frac{\partial G(x,t)}{\partial t} = s e^{-\alpha_1\tau_1 - \alpha_2\tau_2} - \mu e^{-\alpha_1\tau_1 - \alpha_2\tau_2} H(x, t - \tau_1 - \tau_2) - \frac{\delta}{2} e^{-\alpha_2\tau_2} I(x, t - \tau_2) - \frac{\delta}{2a}(\beta + \delta) D(x,t)$$

$$\leqslant s e^{-\alpha_1\tau_1 - \alpha_2\tau_2} - m G(x,t)$$

$$\leqslant s - m G(x,t) \qquad \left(0 < e^{-\alpha_1\tau_1 - \alpha_2\tau_2} \leqslant 1\right)$$

这里 $m = \min\left\{\mu, \dfrac{\delta}{2}, \beta + \delta\right\}$。令

$$M = \max\left\{\frac{s}{m}, \max_{x \in \bar{\Omega}}\left[e^{-\alpha_1\tau_1 - \alpha_2\tau_2}\phi_1(x, -\tau_1 - \tau_2) + e^{-\alpha_2\tau_2}\phi_2(x, -\tau_2) + \frac{\delta}{2a}\phi_3(x, 0)\right]\right\}$$

即有 $G(x,t) \leqslant M$ 成立，这就说明了 $G(x,t)$ 是有界的，所以 H、I、D 也都是有界的。

然后证明 $V(x,t)$ 是有界的。利用 D 的有界性以及系统 (2.3.1)~系统 (2.3.3)，可以得到下列方程组

$$\begin{cases} \dfrac{\partial V}{\partial t} - d_v \Delta V \leqslant \beta M e^{-\alpha_3\tau_3} - cV \\[2mm] \dfrac{\partial V}{\partial \vec{n}} = 0 \\[2mm] V(x, 0) = \varphi_4(x, 0) \geqslant 0 \end{cases}$$

如果 $\tilde{V}(t)$ 是常微分方程

$$\begin{cases} \dfrac{\mathrm{d}\tilde{V}}{\mathrm{d}t} = \beta M e^{-\alpha_3\tau_3} - cV \\[2mm] \tilde{V}(0) = \max_{x \in \bar{\Omega}} \varphi_4(x, 0) \end{cases}$$

的解，那么对于任意的 $t \in [0, T_{\max})$，有 $\tilde{V}(t) \leqslant \max\left\{\dfrac{\beta M e^{-\alpha_3\tau_3}}{c}, \max_{x \in \bar{\Omega}} \varphi_4(x, 0)\right\}$

利用比较原理，我们得到 $V(x,t) \leqslant \tilde{V}(t)$。因此，

$$V(x,t) \leqslant \max\left\{\frac{\beta M e^{-\alpha_3\tau_3}}{c}, \max_{x \in \bar{\Omega}} \varphi_4(x, 0)\right\}, \quad \forall (x,t) \in \bar{\Omega} \times [0, T_{\max})$$

成立。上面的分析说明在 $\bar{\Omega} \times [0, T_{\max})$ 上 $H(x,t)$　$I(x,t)$　$D(x,t)$ 以及 $V(x,t)$ 是有界的。因此，由半线性抛物型系统的标准理论，得出 $T_{\max} = +\infty$ 的结论。这就完成了证明。

2.3.2.2　基本再生数与平衡点

在这一部分，我们表明模型 (2.3.1)~模型 (2.3.3) 有两个可能的平衡点，而且这些平衡点的存在性完全由一个阈值参数决定，其值为

$$R_0 = \frac{\beta e^{-\alpha_3\tau_3}}{c} \cdot \frac{a e^{-\alpha_2\tau_2}}{\beta + \delta} \cdot \frac{f\left(\dfrac{s}{\mu}, 0, 0\right) e^{-\alpha_1\tau_1}}{\delta} = \frac{a\beta e^{-\alpha_1\tau_1 - \alpha_2\tau_2 - \alpha_3\tau_3}}{c\delta(\beta + \delta)} f\left(\frac{s}{\mu}, 0, 0\right) \tag{2.3.5}$$

这里 R_0 被称为基本再生数，它说明了当自由病毒刚刚进入人体时，由一个被感染细胞产生的新感染细胞的平均数量。下面的"注"对我们来说是很必要的。

注 2.1 当不考虑时滞（$\tau_1 = \tau_2 = \tau_3 = 0$）或者时滞期间的死亡率被忽略（$\alpha_1 = \alpha_2 = \alpha_3 = 0$）时，$R_0$ 与模型 (2.1.6) 中的基本再生数是一样的。反之，在三个时滞存在时，R_0 则是死亡率的递减函数，这意味着三个时滞期间的任何一个死亡率的增加都会减小 R_0 的值。因此，在病毒模型中忽略时滞期间的死亡率必将高估 R_0，换句话说我们的 R_0 在生物上是意义明确的。

对于模型 (2.3.1)~模型 (2.3.3) 平衡点的存在性，我们有下列定理。

定理 2.10 当 $R_0 \leq 1$ 时，模型 (2.3.1)~模型 (2.3.3) 只有一个无感染平衡点 $E_1 = \left(\dfrac{s}{\mu}, 0, 0, 0 \right)$。在 $R_0 > 1$ 时，系统除了 E_1 之外，还存在一个慢性感染平衡点 $E_2 = (H_2, I_2, D_2, V_2)$，其中 $H_2 \in \left(0, \dfrac{s}{\mu} \right)$，而且 $I_2 \quad D_2 \quad V_2 > 0$。

证明 明显地，模型 (2.3.1)~模型 (2.3.3) 总存在无感染平衡点 E_1，它代表由 HBV 引起的细胞内感染最终将灭亡。为了找到其他的平衡点，我们确定了下列代数方程：

$$\begin{cases} s - \mu H - f(H, I, V) V = 0 \\ \mathrm{e}^{-\alpha_1 \tau_1} f(H, I, V) V - \delta I = 0 \\ a \mathrm{e}^{-\alpha_2 \tau_2} I - \beta D - \delta D = 0 \\ \beta \mathrm{e}^{-\alpha_3 \tau_3} D - c V = 0 \end{cases} \tag{2.3.6}$$

一个简短的计算给出

$$V = \frac{\beta \mathrm{e}^{-\alpha_3 \tau_3}}{c} D, \quad D = \frac{a \mathrm{e}^{-\alpha_2 \tau_2}}{\beta + \delta} I, \quad s - \mu H - \delta \mathrm{e}^{\alpha_1 \tau_1} I = 0$$

这意味着可以得到下列方程：

$$f \left[H, \frac{s - \mu H}{\delta \mathrm{e}^{\alpha_1 \tau_1}}, \frac{a \beta \mathrm{e}^{-\alpha_1 \tau_1 - \alpha_2 \tau_2 - \alpha_3 \tau_3} (s - \mu H)}{c \delta (\beta + \delta)} \right] = \frac{c \delta (\beta + \delta) \mathrm{e}^{\alpha_1 \tau_1 + \alpha_2 \tau_2 + \alpha_3 \tau_3}}{a \beta}$$

为了保证 $I = \dfrac{s - \mu H}{\delta \mathrm{e}^{\alpha_1 \tau_1}} \geq 0$，必须让 $H \leq \dfrac{s}{\mu}$，因此在 $H > \dfrac{s}{\mu}$ 时模型不存在平衡点。

现在，我们定义一个在 $\left[0, \dfrac{s}{\mu} \right]$ 上的函数 $g(H)$ 如下：

$$g(H) = f \left[H, \frac{s - \mu H}{\delta \mathrm{e}^{\alpha_1 \tau_1}}, \frac{a \beta \mathrm{e}^{-\alpha_1 \tau_1 - \alpha_2 \tau_2 - \alpha_3 \tau_3} (s - \mu H)}{c \delta (\beta + \delta)} \right] - \frac{c \delta (\beta + \delta) \mathrm{e}^{\alpha_1 \tau_1 + \alpha_2 \tau_2 + \alpha_3 \tau_3}}{a \beta} \tag{2.3.7}$$

从式 (2.3.7)，容易看到

$$g(0) = -\frac{c \delta (\beta + \delta) \mathrm{e}^{\alpha_1 \tau_1 + \alpha_2 \tau_2 + \alpha_3 \tau_3}}{a \beta} < 0 \tag{2.3.8}$$

以及当 $R_0 > 1$ 时

$$g \left(\frac{s}{\mu} \right) = f \left(\frac{s}{\mu}, 0, 0 \right) - \frac{c \delta (\beta + \delta) \mathrm{e}^{\alpha_1 \tau_1 + \alpha_2 \tau_2 + \alpha_3 \tau_3}}{a \beta} = \frac{c \delta (\beta + \delta) \mathrm{e}^{\alpha_1 \tau_1 + \alpha_2 \tau_2 + \alpha_3 \tau_3}}{a \beta} (R_0 - 1) > 0 \tag{2.3.9}$$

因此，在 $R_0>1$ 的情况下，这里至少存在一个正平衡点 $E_2 = (H_2, I_2, D_2, V_2) \in R^4 > 0$。接下来，我们说明 E_2 是模型 (2.3.1)~模型 (2.3.3) 的唯一一个慢性感染平衡点。应用假设（T1），得到

$$g'(H) = \frac{\partial f}{\partial H} - \frac{\mu}{\delta e^{\alpha_1 \tau_1}} \frac{\partial f}{\partial I} - \frac{a\beta\mu e^{-\alpha_1\tau_1 - \alpha_2\tau_2 - \alpha_3\tau_3}}{c\delta(\beta+\delta)} \frac{\partial f}{\partial V} > 0$$

也就是说 $g(H)$ 在可行性区域内是一个严格增函数。结合式 (2.3.8) 和式 (2.3.9)，得出当 $R_0>1$ 时，在 $H_2 \in \left(0, \dfrac{s}{\mu}\right)$ 以及 I_2 　 D_2 　 $V_2 > 0$ 的情况下，系统有唯一的慢性感染平衡点 E_2。

2.3.3　HBV 感染系统稳定性分析

在接下来的内容中，我们将对无感染平衡点 E_1 的局部和全局稳定性进行严格的分析。首先要分析的是 E_1 的局部稳定性，为了完成这一目标，需要确定该点处的特征方程。

令 $0 = \eta_1 < \eta_2 < \cdots < \eta_n < \cdots$ 是算子 $-\Delta$ 在 Ω 上的特征值，η_i 在 $C^1(\Omega)$ 中的特征空间表示为 $E(\eta_i)$，其中 $i = 1, 2, \cdots$。让 $X = \left[C^1(\Omega)\right]^4$，$\{\phi_j : j = 1, \cdots, \dim E(\eta_i)\}$ 表示 $E(\eta_i)$ 的一组标准正交基，并记 $X_{ij} = \{\mathbf{c}\phi_{ij} : \mathbf{c} \in R^4\}$。然后有

$$X = \overset{\infty}{\underset{i=1}{\otimes}} X_i, \quad X_i = \overset{\dim E(\eta_i)}{\underset{j=1}{\otimes}} X_{ij}$$

假设 $E^* = (H^*, I^*, D^*, V^*)$ 是系统 (2.3.1)~系统 (2.3.3) 的任意一个平衡点，也就是 E_1 或 E_2，然后考虑下列未知数的变换：

$$Z_1(x,t) = H(x,t) - H^*, Z_2(x,t) = I(x,t) - I^*, Z_3(x,t) = D(x,t) - D^*, Z_4(x,t) = V(x,t) - V^*$$

将 $Z_1(x,t)$　$Z_2(x,t)$　$Z_3(x,t)$ 和 $Z_4(x,t)$ 带入系统 (2.3.1) 并且线性化，就可得到一个形如

$$\frac{\partial Z_1}{\partial t} = -\left[\mu + \frac{\partial f}{\partial H}V^*\right]Z_1(x,t) - \frac{\partial f}{\partial I}V^*Z_2(x,t) - \left[\frac{\partial f}{\partial V}V^* + f(H^*, I^*, V^*)\right]Z_4(x,t)$$

$$\frac{\partial Z_2}{\partial t} = \frac{\partial f}{\partial H}e^{-\alpha_1\tau_1}V^*Z_1(x,t-\tau_1) + \frac{\partial f}{\partial I}e^{-\alpha_1\tau_1}V^*Z_2(x,t-\tau_1) + \left[\frac{\partial f}{\partial V}V^* + f(H^*, I^*, V^*)\right]$$
$$\cdot e^{-\alpha_1\tau_1}Z_4(x,t-\tau_1) - \delta Z_2(x,t)$$

$$\frac{\partial Z_3}{\partial t} = ae^{-\alpha_2\tau_2}Z_2(x,t-\tau_2) - \beta Z_3(x,t) - \delta Z_3(x,t)$$

$$\frac{\partial Z_4}{\partial t} = d_v\Delta V + \beta e^{-\alpha_3\tau_3}Z_3(x,t-\tau_3) - cZ_4(x,t)$$

的新系统。这个新系统还可以被等价表示为

$$\frac{\partial Z}{\partial t} = Q\Delta Z + BZ(x,t) + CZ(x,t-\tau_1) + LZ(x,t-\tau_2) + NZ(x,t-\tau_3)$$

其中，

$$Q = \mathrm{diag}\left(0,0,0,\mathrm{d}_v\right),$$

$$B = \begin{pmatrix} -\mu - \dfrac{\partial f}{\partial H}V^* & -\dfrac{\partial f}{\partial I}V^* & 0 & -\dfrac{\partial f}{\partial V}V^* - f\left(H^*,I^*,V^*\right) \\ 0 & -\delta & 0 & 0 \\ 0 & 0 & -(\beta+\delta) & 0 \\ 0 & 0 & 0 & -c \end{pmatrix}$$

$$C = \begin{pmatrix} 0 & 0 & 0 & 0 \\ \dfrac{\partial f}{\partial H}\mathrm{e}^{-\alpha_1\tau_1}V^* & \dfrac{\partial f}{\partial I}\mathrm{e}^{-\alpha_1\tau_1}V^* & 0 & \left[\dfrac{\partial f}{\partial V}V^* + f\left(H^*,I^*,V^*\right)\right]\mathrm{e}^{-\alpha_1\tau_1} \\ 0 & 0 & 0 & 0 \\ 0 & 0 & 0 & 0 \end{pmatrix}$$

$$L = \begin{pmatrix} 0 & 0 & 0 & 0 \\ 0 & 0 & 0 & 0 \\ 0 & a\mathrm{e}^{-\alpha_2\tau_2} & 0 & 0 \\ 0 & 0 & 0 & 0 \end{pmatrix}, \quad N = \begin{pmatrix} 0 & 0 & 0 & 0 \\ 0 & 0 & 0 & 0 \\ 0 & 0 & 0 & 0 \\ 0 & 0 & \beta\mathrm{e}^{-\alpha_3\tau_3} & 0 \end{pmatrix}$$

因此,对于所有的 $i \geqslant 1$,当且仅当矩阵 $-\lambda I - Q\eta_i + B + C\mathrm{e}^{-\lambda\tau_1} + L\mathrm{e}^{-\lambda\tau_2} + N\mathrm{e}^{-\lambda\tau_3}$ 有零行列式的时候,λ 为特征值。此外,得到平衡点 E^* 处的特征方程为

$$\begin{vmatrix} \lambda+\mu+\dfrac{\partial f}{\partial H}V^* & \dfrac{\partial f}{\partial I}V^* & 0 & \dfrac{\partial f}{\partial V}V^* + f\left(H^*,I^*,V^*\right) \\ -\dfrac{\partial f}{\partial H}\mathrm{e}^{-(\lambda+\alpha_1)\tau_1}V^* & \lambda-\dfrac{\partial f}{\partial I}\mathrm{e}^{-(\lambda+\alpha_1)\tau_1}V^*+\delta & 0 & -\left[\dfrac{\partial f}{\partial V}V^*+f\left(H^*,I^*,V^*\right)\right]-\mathrm{e}^{-(\lambda+\alpha_1)\tau_1} \\ 0 & -a\mathrm{e}^{-(\lambda+\alpha_2)\tau_2} & \lambda+(\beta+\delta) & 0 \\ 0 & 0 & -\beta\mathrm{e}^{-(\lambda+\alpha_3)\tau_3} & \lambda+\mathrm{d}_v\eta_i+c \end{vmatrix} = 0$$

$$(2.3.10)$$

2.3.3.1 无感染平衡点 E_1 的稳定性

由下面的定理,我们就可以得出 E_1 的局部稳定性。

定理 2.11 在 $R_0 < 1$ 的条件下,无感染平衡点 E_1 对于任意时滞 τ_1、τ_2、$\tau_3 \geqslant 0$ 都是局部渐近稳定的;当 $R_0 > 1$ 成立时,E_1 变得不稳定而且产生了慢性感染平衡点 E_2。

证明 令方程 (2.3.10) 中的 $\left(H^*,I^*,D^*,V^*\right) = \left(\dfrac{s}{\mu},0,0,0\right)$,得出

$$(\lambda+\mu)\left\{\lambda^3 + (2\delta+\beta+\mathrm{d}_v\eta_i+c)\lambda^2 + \left[(2\delta+\beta)(\mathrm{d}_v\eta_i+c)+\delta\beta+\delta^2\right]\lambda + (\delta^2+\delta\beta)\right.$$
$$\left.\cdot(\mathrm{d}_v\eta_i+c) - a\beta f\left(\dfrac{s}{\mu},0,0\right)\mathrm{e}^{-(\lambda+\alpha_1)\tau_1-(\lambda+\alpha_2)\tau_2-(\lambda+\alpha_3)\tau_3}\right\} = 0 \quad (2.3.11)$$

明显地,对于任意的 η_i,$\lambda = -\mu < 0$ 是方程 (2.3.11) 的一个实根,然后余下的特征值被下列超越方程决定

$$\lambda^3 + q_2\lambda^2 + q_1\lambda + q_0 = 0 \quad (2.3.12)$$

其中，

$$q_2 = 2\delta + \beta + d_v\eta_i + c, \quad q_1 = (2\delta + \beta)(d_v\eta_i + c) + \delta(\beta + \delta)$$

$$q_0 = (\delta^2 + \delta\beta)(d_v\eta_i + c) - a\beta f\left(\frac{s}{\mu}, 0, 0\right)e^{-(\lambda+\alpha_1)\tau_1 - (\lambda+\alpha_2)\tau_2 - (\lambda+\alpha_3)\tau_3} \tag{2.3.13}$$

首先考虑 $R_0 > 1$ 的情况。在这种情况下，可以证明方程 (2.3.12) 有一个正根。的确，定义

$$\sigma_i(\lambda) = \lambda^3 + q_2\lambda^2 + q_1\lambda + q_0$$

然后得到 $\lim\limits_{\lambda \to +\infty}\sigma_i(\lambda) = +\infty$。由于当 $i = 1$ 时 $\eta_1 = 0$，于是有 $\sigma_1(0) = c\delta(\beta + \delta)(1 - R_0) < 0$ 成立。因此，无感染平衡点 E_1 在 $R_0 > 1$ 时是不稳定的。

现在考虑 $R_0 < 1$ 的情况。如果条件 $\tau_1 = \tau_2 = \tau_3 = 0$ 也被满足，那么方程 (2.3.13) 的第三个方程将表示为

$$q_0 = (\delta^2 + \delta\beta)(d_v\eta_i + c) - a\beta f\left(\frac{s}{\mu}, 0, 0\right) = (\delta^2 + \delta\beta)[d_v\eta_i + c(1 - R_0)]$$

因为方程组 (2.2.36) 的所有参数都为正值且 $R_0 < 1$，所以 q_2、q_1、$q_0 > 0$ 成立。此外，

$$\begin{vmatrix} q_2 & 1 \\ q_0 & q_1 \end{vmatrix} = (\beta + \delta)(4\delta d_v\eta_i + 4\delta c + 2\delta^2 + \beta\delta + c^2 + \delta cR_0 + d_v^2\eta_i^2 + 2d_v\eta_i c) + c(\beta^2 + c\delta)$$

$$+ d_v\eta_i(\beta^2 + d_v\eta_i\delta) + 2d_v\eta_i\delta c > 0$$

由 Routh-Hurwitz 判据，得出方程 (2.3.12) 的所有解都有负实部。因此，在 $\tau_1 = \tau_2 = \tau_3 = 0$ 的情况下平衡点 E_1 是局部渐近稳定的。

接下来考虑在 τ_1、τ_2、$\tau_3 > 0$ 的情况下，方程 (2.3.12) 的根的分布情况。假设方程 (2.3.12) 有纯虚根 $\lambda = i\omega(\omega > 0)$，将其带入方程 (2.3.12) 并将实部和虚部进行分离后获得

$$\begin{cases} -(2\delta + \beta + d_v\eta_i + c)\omega^2 + (\beta + \delta)(\delta d_v\eta_i + c\delta) = c\delta(\beta + \delta)R_0\cos[\omega(\tau_1 + \tau_2 + \tau_3)], \\ \omega^3 - [(d_v\eta_i + c)(\beta + 2\delta) + \delta(\beta + \delta)]\omega = c\delta(\beta + \delta)R_0\sin[\omega(\tau_1 + \tau_2 + \tau_3)]. \end{cases} \tag{2.3.14}$$

方程组 (2.3.14) 第一式、第二式左右两边同时平方且相加得出

$$\omega^6 + p_1\omega^4 + p_2\omega^2 + p_3 = 0$$

这里

$$p_1 = (d_v\eta_i + c)^2 + (\beta + \delta)^2 + \delta^2 > 0$$

$$p_2 = 2(d_v\eta_i\delta + c\delta)^2 + 2\delta\beta(d_v\eta_i + c)^2 + (c\beta + \beta d_v\eta_i)^2 + (\delta^2 + \delta\beta)^2 > 0$$

$$p_3 = (\delta\beta d_v\eta_i + \delta^2 d_v\eta_i)^2 + 2c\delta^2 d_v\eta_i(\beta + \delta)^2 + c^2\delta^2(\beta + \delta)^2(1 - R_0^2) > 0$$

令 $\psi = \omega^2$，有

$$\psi^3 + p_1\psi^2 + p_2\psi + p_3 = 0 \tag{2.3.15}$$

明显地，方程 (2.3.15) 的所有解在 $R_0 < 1$ 时都是负数。因此，我们得出结论：就任何满足 τ_1、τ_2、$\tau_3 \geq 0$ 的时滞而言，E_1 在 $R_0 < 1$ 时是局部渐近稳定的。这样就验证了定理的正确性。

定理 2.11 仅仅确定了 E_1 的局部渐近稳定性，然而说明不动点的全局稳定性是非常有用的，因为这可以用来回答模型是否能够最终趋于该平衡点。因此，我们集中分析 E_1 的

全局稳定性且获得了如下的定理。

定理2.12 无感染平衡点 E_1 在 $R_0 < 1$ 时是全局渐近稳定的,这说明此时自由病毒灭绝。

证明 构造 Lyapunov functional 如下:

$$U = \int_{\Omega} \left\{ H(x,t) - H_1 - \int_{H_1}^{H(x,t)} \frac{f(H_1,0,0)}{f(\xi,0,0)} \mathrm{d}\xi + \mathrm{e}^{\alpha_1\tau_1} I(x,t) + \frac{\delta}{a} \mathrm{e}^{\alpha_1\tau_1+\alpha_2\tau_2} D(x,t) \right.$$

$$+ \frac{\delta(\beta+\delta)}{a\beta} \mathrm{e}^{\alpha_1\tau_1+\alpha_2\tau_2+\alpha_3\tau_3} V(x,t) + \int_{t-\tau_1}^{t} f\left[H(x,\xi),I(x,\xi),V(x,\xi)\right]V(x,\xi)\mathrm{d}\xi \quad (2.3.16)$$

$$\left. + \delta \mathrm{e}^{\alpha_1\tau_1} \int_{t-\tau 2}^{t} I(x,\xi)\mathrm{d}\xi + \frac{\delta(\beta+\delta)}{a} \mathrm{e}^{\alpha_1\tau_1+\alpha_2\tau_2} \int_{t-\tau_3}^{t} D(x,\xi)\mathrm{d}\xi \right\}\mathrm{d}x$$

其中, $H_1 = \dfrac{S}{\mu}$ 。明显地, U 右端前三项的和是一个非负数,这是因为当 $H(x,t) \geqslant H_1$ 时,并且在假设(H1)成立的条件下,我们就会得到

$$\int_{H_1}^{H(x,t)} \frac{f(H_1,0,0)}{f(\xi,0,0)}\mathrm{d}\xi \leqslant \int_{H_1}^{H(x,t)} \frac{f(H_1,0,0)}{f(H_1,0,0)}\mathrm{d}\xi = H(x,t) - H_1$$

如果 $H(x,t) < H_1$ 成立,对上面的公式应用相似的做法,同样可以得到 U 为非负数的结论。

为了方便,对于任意的 $w \in \{H,I,D,V\}$,应用符号: $w = w(x,t)$ 和 $w_{\tau_i} = w(x,t-\tau_i)$, $i=1,2,3$ 。沿着系统 $(2.3.1)\sim$ 系统 $(2.3.3)$ 的解,计算 U 的时间导数得到

$$\frac{\mathrm{d}U}{\mathrm{d}t} = \int_{\Omega} \left\{ \left[1 - \frac{f(H_1,0,0)}{f(H,0,0)}\frac{\partial H}{\partial t}\right] + \mathrm{e}^{\alpha_1\tau_1}\frac{\partial I}{\partial t} + \frac{\delta}{a}\mathrm{e}^{\alpha_1\tau_1+\alpha_2\tau_2}\frac{\partial D}{\partial t} - f(H_{\tau_1},I_{\tau_1},V_{\tau_1})V_{\tau_1} + f(H,I,V)V \right.$$

$$\left. + \frac{\delta(\beta+\delta)}{a\beta}\mathrm{e}^{\alpha_1\tau_1+\alpha_2\tau_2+\alpha_3\tau_3}\frac{\partial V}{\partial t} + \delta\mathrm{e}^{\alpha_1\tau_1}(I - I_{\tau_2}) + \frac{\delta(\beta+\delta)}{a}\mathrm{e}^{\alpha_1\tau_1+\alpha_2\tau_2}(D - D_{\tau_3}) \right\}\mathrm{d}x$$

$$= \int_{\Omega} \left(\mu H_1\left(1 - \frac{H}{H_1}\right)\left[1 - \frac{f(H_1,0,0)}{f(H,0,0)}\right] + \frac{\delta(\beta+\delta)}{a\beta}\mathrm{e}^{\alpha_1\tau_1+\alpha_2\tau_2+\alpha_3\tau_3}\left\{d_v\Delta V + cV\left[\frac{f(H,I,V)}{f(H,0,0)}R_0 - 1\right]\right\} \right)\mathrm{d}x$$

$$= \int_{\Omega} \left\{ \mu H_1\left(1 - \frac{H}{H_1}\right)\left[1 - \frac{f(H_1,0,0)}{f(H,0,0)}\right] + \frac{\delta(\beta+\delta)}{a\beta}\mathrm{e}^{\alpha_1\tau_1+\alpha_2\tau_2+\alpha_3\tau_3}\left[d_v\Delta V + cV(R_0 - 1)\right] \right\}\mathrm{d}x$$

根据散度定理以及均匀的纽曼边界条件 $(2.3.3)$,有

$$\int_{\Omega} \Delta V\mathrm{d}x = \int_{\partial\Omega} \frac{\partial V}{\partial \vec{n}}\mathrm{d}x = 0$$

除此之外,再次应用假设(H1)得出 $f(H,I,V)$ 关于 H 是一个严格单调递增函数,那么

$$\left(1 - \frac{H}{H_1}\right)\left(1 - \frac{f(H_1,0,0)}{f(H,0,0)}\right) \leqslant 0$$

成立。

所以有对于任意的 H 、 I 、 D 、 $V \geqslant 0$,当 $R_0 < 1$ 时不等式 $\dfrac{\mathrm{d}U}{\mathrm{d}t} \leqslant 0$ 成立。更进一步,容易看出要使等式 $\dfrac{\mathrm{d}U}{\mathrm{d}t} = 0$ 成立,必须保证条件 $V = 0$ 和 $H = \dfrac{s}{\mu}$ 是正确的,在这两个条件都满足

的时候，结合系统(2.3.1)~系统(2.3.3)，有 $D=I=0$。也就是说，$\left\{(H,I,D,V)\in R_+^4:\dfrac{\mathrm{d}U}{\mathrm{d}t}=0\right\}$ 中的最大紧不变集为只有点 E_1 的集合。由拉萨尔不变集原理，有在 $R_0<1$ 时 E_1 是全局渐近稳定的。

2.3.3.2 慢性感染平衡点 E_2 的稳定性

根据上面的分析，我们知道在 $R_0>1$ 时 E_1 变得不稳定，而且不动点 E_2 出现。因此，在这一部分，我们通过构造一个基于沃尔泰拉函数

$$R(z)=z-1-\ln z$$

的 Lyapunov functional 来研究 E_2 的全局稳定性。能够看出函数 R 在 1 处到达它的全局最小值而且有 $R(1)=0$，在下面的定理中我们还会用到关于 f 的进一步假设：

(T2) $\left[1-\dfrac{f(H,I,V)}{f(H,I_2,V_2)}\right]\left[\dfrac{f(H,I_2,V_2)}{f(H,I,V)}-\dfrac{V}{V_2}\right]\leqslant 0$，对于所有的 H、I、$V>0$。

定理 2.13 当 $R_0>1$ 及（T2）满足时，模型(2.3.1)~模型(2.3.3)的慢性感染平衡点 E_2 是全局渐近稳定的，这意味着系统经历持续的慢性 HBV 感染。

证明 考虑下列 Lyapunov functional：

$$L(x,t)=\int_\Omega\left[L_1(x,t)+L_2(x,t)\right]\mathrm{d}x$$

其中，

$$
\begin{aligned}
L_1(x,t)=&\,H-H_2-\int_{H_2}^H\frac{f(H_2,I_2,V_2)}{f(\xi,I_2,V_2)}\mathrm{d}\xi+\mathrm{e}^{\alpha_1\tau_1}I_2R\left(\frac{I}{I_2}\right)+\frac{\delta}{a}\mathrm{e}^{\alpha_1\tau_1+\alpha_2\tau_2}D_2R\left(\frac{D}{D_2}\right)\\
&+\frac{\delta(\beta+\delta)}{a\beta}\mathrm{e}^{\alpha_1\tau_1+\alpha_2\tau_2+\alpha_3\tau_3}V_2R\left(\frac{V}{V_2}\right)
\end{aligned}
$$

$$
\begin{aligned}
L_2(x,t)=&\,f(H_2,I_2,V_2)V_2\int_{t-\tau_1}^t R\left\{\frac{f\left[H(x,\xi),I(x,\xi),V(x,\xi)\right]V(x,\xi)}{f(H_2,I_2,V_2)V_2}\right\}\mathrm{d}\xi+\delta\mathrm{e}^{\alpha_1\tau_1}I_2\\
&\cdot\int_{t-\tau_2}^t R\left[\frac{I(x,\xi)}{I_2}\right]\mathrm{d}\xi+\frac{\delta(\beta+\delta)}{a}D_2\mathrm{e}^{\alpha_1\tau_1+\alpha_2\tau_2}\int_{t-\tau_3}^t R\left[\frac{D(x,\xi)}{D_2}\right]\mathrm{d}\xi
\end{aligned}
$$

显然，$L(x,t)\geqslant 0$，而且当且仅当 $H=H_2,I=I_2,D=D_2$ 及 $V=V_2$ 时等号成立，这说明 E_2 是 Lyapunov functional 的唯一全局最小值。

沿着系统(2.3.1)~系统(2.3.3)的解计算 $L_1(x,t)$ 和 $L_2(x,t)$ 的导数，得到

$$
\begin{aligned}
\frac{\partial L_1}{\partial t}=&\left[1-\frac{f(H_2,I_2,V_2)}{f(H,I_2,V_2)}\right]\frac{\partial H}{\partial t}+\mathrm{e}^{\alpha_1\tau_1}\left(1-\frac{I_2}{I}\right)\frac{\partial I}{\partial t}+\frac{\delta}{a}\mathrm{e}^{\alpha_1\tau_1+\alpha_2\tau_2}\left(1-\frac{D_2}{D}\right)\frac{\partial D}{\partial t}+\frac{\delta(\beta+\delta)}{a\beta}\\
&\cdot\mathrm{e}^{\alpha_1\tau_1+\alpha_2\tau_2+\alpha_3\tau_3}\left(1-\frac{V_2}{V}\right)\frac{\partial V}{\partial t}\\
=&\left[1-\frac{f(H_2,I_2,V_2)}{f(H,I_2,V_2)}\right]\left[s-\mu H-f(H,I,V)V\right]+\mathrm{e}^{\alpha_1\tau_1}\left(1-\frac{I_2}{I}\right)\left[f(H_{\tau_1},I_{\tau_1},V_{\tau_1})V_{\tau_1}\mathrm{e}^{-\alpha_1\tau_1}\right.
\end{aligned}
$$

$$-\delta I] + \frac{\delta}{a}\left(1 - \frac{D_2}{D}\right)\mathrm{e}^{\alpha_1\tau_1+\alpha_2\tau_2}(a\mathrm{e}^{-\alpha_2\tau_2}I_{\tau_2} - \beta D - \delta D) + \frac{\delta(\beta+\delta)}{a\beta}\mathrm{e}^{\alpha_1\tau_1+\alpha_2\tau_2+\alpha_3\tau_3}$$

$$\left(1 - \frac{V_2}{V}\right)(d_v\Delta V + \beta\mathrm{e}^{-\alpha_3\tau_3}D_{\tau_3} - cV)$$

$$= \mu H_2\left(1 - \frac{H}{H_2}\right)\left[1 - \frac{f(H_2,I_2,V_2)}{f(H,I_2,V_2)}\right] + f(H_2,I_2,V_2)V_2 - \frac{f^2(H_2,I_2,V_2)}{f(H,I_2,V_2)} - f(H,I,V)V$$

$$+ f(H_{\tau_1},I_{\tau_1},V_{\tau_1})V_{\tau_1} + \frac{f(H_2,I_2,V_2)}{f(H,I_2,V_2)}f(H,I,V)V - f(H_{\tau_1},I_{\tau_1},V_{\tau_1})V_{\tau_1}\frac{I_2}{I} - \delta\mathrm{e}^{\alpha_1\tau_1}I$$

$$+ \delta\mathrm{e}^{\alpha_1\tau_1}I_2 + \delta e^{\alpha_1\tau_1}I_{\tau_2} - \frac{\delta(\beta+\delta)}{a}\mathrm{e}^{\alpha_1\tau_1+\alpha_2\tau_2}D - \delta\mathrm{e}^{\alpha_1\tau_1}\frac{D_2}{D}I_{\tau_2} + \frac{\delta(\beta+\delta)}{a}\mathrm{e}^{\alpha_1\tau_1+\alpha_2\tau_2}D_2$$

$$+ \frac{\delta(\beta+\delta)}{a\beta}\mathrm{e}^{\alpha_1\tau_1+\alpha_2\tau_2+\alpha_3\tau_3}\left(1 - \frac{V_2}{V}\right)d_v\Delta V + \frac{\delta(\beta+\delta)}{a}\mathrm{e}^{\alpha_1\tau_1+\alpha_2\tau_2}D_{\tau_3} - \frac{\delta(\beta+\delta)}{a}\mathrm{e}^{\alpha_1\tau_1+\alpha_2\tau_2}$$

$$\cdot\frac{V_2}{V}D_{\tau_3} - \frac{c\delta(\beta+\delta)}{a\beta}\mathrm{e}^{\alpha_1\tau_1+\alpha_2\tau_2+\alpha_3\tau_3}V + \frac{c\delta(\beta+\delta)}{a\beta}\mathrm{e}^{\alpha_1\tau_1+\alpha_2\tau_2+\alpha_3\tau_3}V_2$$

$$\tag{2.3.17}$$

$$\frac{\partial L_2}{\partial t} = f(H_2,I_2,V_2)V_2\left[\frac{f(H,I,V)V}{f(H_2,I_2,V_2)V_2} - \ln\frac{f(H,I,V)V}{f(H_2,I_2,V_2)V_2} - \frac{f(H_{\tau_1},I_{\tau_1},V_{\tau_1})V_{\tau_1}}{f(H_2,I_2,V_2)V_2}\right.$$

$$\left. + \ln\frac{f(H_{\tau_1},I_{\tau_1},V_{\tau_1})V_{\tau_1}}{f(H_2,I_2,V_2)V_2}\right] + \delta\mathrm{e}^{\alpha_1\tau_1}I_2\left(\frac{I}{I_2} - \frac{I_{\tau_2}}{I_2} - \ln\frac{I}{I_2} + \ln\frac{L_{\tau_2}}{I_2}\right) + \frac{\delta(\beta+\delta)}{a}\mathrm{e}^{\alpha_1\tau_1+\alpha_2\tau_2}D_2$$

$$\cdot\left(\frac{D}{D_2} - \frac{D_{\tau_3}}{D_2} - \ln\frac{D}{D_2} + \ln\frac{D_{\tau_3}}{D_2}\right)$$

$$\tag{2.3.18}$$

$$= f(H,I,V)V - f(H_{\tau_1},I_{\tau_1},V_{\tau_1})V_{\tau_1} + f(H_2,I_2,V_2)V_2\ln\frac{f(H_{\tau_1},I_{\tau_1},V_{\tau_1})V_{\tau_1}}{f(H,I,V)V} + \delta\mathrm{e}^{\alpha_1\tau_1}I$$

$$+ \delta\mathrm{e}^{\alpha_1\tau_1}I_2\ln\frac{I_{\tau_2}}{I} - \delta\mathrm{e}^{\alpha_1\tau_1}I_{\tau_2} + \frac{\delta(\beta+\delta)}{a}\mathrm{e}^{\alpha_1\tau_1+\alpha_2\tau_2}D - \frac{\delta(\beta+\delta)}{a}\mathrm{e}^{\alpha_1\tau_1+\alpha_2\tau_2}D_{\tau_3}$$

$$+ \frac{\delta(\beta+\delta)}{a}\mathrm{e}^{\alpha_1\tau_1+\alpha_2\tau_2}D_2\ln\frac{D_{\tau_3}}{D}$$

上面的计算过程中用到了等式 $s = \mu H_2 + f(H_2,I_2,V_2)V_2$,$f(H_2,I_2,V_2)V_2 = \delta\mathrm{e}^{\alpha_1\tau_1}I_2$,$a\mathrm{e}^{-\alpha_2\tau_2}I_2 = \beta D_2 + \delta D_2$ 和 $\beta\mathrm{e}^{-\alpha_3\tau_3}D_2 = cV_2$。然后将式 (2.3.17) 和式 (2.3.18) 相加,得到

$$\frac{\mathrm{d}L}{\mathrm{d}t} = \int_\Omega\left(\frac{\partial L_1}{\partial t} + \frac{\partial L_2}{\partial t}\right)\mathrm{d}x$$

$$= \int_\Omega\left(\mu H_2\left(1 - \frac{H}{H_2}\right)\left[1 - \frac{f(H_2,I_2,V_2)}{f(H,I_2,V_2)}\right] + \frac{\delta(\beta+\delta)}{a\beta}\mathrm{e}^{\alpha_1\tau_1+\alpha_2\tau_2+\alpha_3\tau_3}\left(1 - \frac{V_2}{V}\right)d_v\Delta V\right.$$

$$+ \delta\mathrm{e}^{\alpha_1\tau_1}I_2\left[-1 + \frac{f(H,I_2,V_2)}{f(H,I,V)} - \frac{V}{V_2} + \frac{V}{V_2}\frac{f(H,I,V)}{f(H,I_2,V_2)}\right] - \delta\mathrm{e}^{\alpha_1\tau_1}I_2\left\{R\left[\frac{f(H,I_2,V_2)}{f(H,I,V)}\right]\right.$$

$$\left.\left. + R\left[\frac{f(H_2,I_2,V_2)}{f(H,I_2,V_2)}\right] + R\left(\frac{D_2}{D}\frac{I_{\tau_2}}{I_2}\right) + R\left[\frac{f(H_{\tau_1},I_{\tau_1},V_{\tau_1})V_{\tau_1}}{f(H_2,I_2,V_2)}\frac{I_2}{I}\right] + R\left(\frac{V_2}{V}\frac{D_{\tau_3}}{D_2}\right)\right\}\right)\mathrm{d}x$$

因为假设（T1）意味着 $f(H,I,V)$ 关于 H 是严格增加的，所以

$$\left(1-\frac{H}{H_2}\right)\left[1-\frac{f(H_2,I_2,V_2)}{f(H,I_2,V_2)}\right]\leqslant 0$$

再利用假设（T2），有

$$-1-\frac{V}{V_2}+\frac{f(H,I_2,V_2)}{f(H,I,V)}+\frac{V}{V_2}\frac{f(H,I,V)}{f(H,I_2,V_2)}=\left[1-\frac{f(H,I,V)}{f(H,I_2,V_2)}\right]\left[\frac{f(H,I_2,V_2)}{f(H,I,V)}-\frac{V}{V_2}\right]\leqslant 0$$

根据纽曼边界条件（2.3.3）以及散度定理，可以得到

$$\int_{\Omega}\Delta V\mathrm{d}x=0,\quad \int_{\Omega}\frac{\Delta V}{V}\mathrm{d}x=\int_{\Omega}\frac{\|\nabla V\|^2}{V^2}\mathrm{d}x\geqslant 0$$

而且对于任意的 $z>0$，都有 $R(z)\geqslant 0$，这就保证了不等式 $\dfrac{\mathrm{d}L}{\mathrm{d}t}\leqslant 0$ 是正确的。由于只有在 $H=H_2$，$I=I_2$，$D=D_2$ 和 $V=V_2$ 满足时等式成立，所以 $\left\{(H,I,D,V)\Big|\dfrac{\mathrm{d}L}{\mathrm{d}t}=0\right\}$ 中的最大紧不变集为只有一个 E_2 点的集合。通过拉萨尔不变集原理，说明了在 $R_0>1$ 时 E_2 是全局渐近稳定的。

2.3.4　数值模拟

在这一部分，我们的目的是应用下面的时滞反应扩散系统来验证前面获得的理论结果的正确性：

$$\begin{cases}\dfrac{\partial H}{\partial t}=s-\mu H(x,t)-\dfrac{kH(x,t)V(x,t)}{1+b_1H(x,t)+b_2V(x,t)}\\[3mm]\dfrac{\partial I}{\partial t}=\mathrm{e}^{-\alpha_1\tau_1}\dfrac{kH(x,t-\tau_1)V(x,t-\tau_1)}{1+b_1H(x,t-\tau_1)+b_2V(x,t-\tau_1)}-\delta I(x,t)\\[3mm]\dfrac{\partial D}{\partial t}=a\mathrm{e}^{-\alpha_2\tau_2}I(x,t-\tau_2)-\beta D(x,t)-\delta D(x,t)\\[3mm]\dfrac{\partial V}{\partial t}=d_v\Delta V+\beta\mathrm{e}^{-\alpha_3\tau_3}D(x,t-\tau_3)-cV(x,t)\end{cases}\tag{2.3.19}$$

其带有初始条件

$$H(x,\theta)=5\times 10^8,I(x,\theta)=1.3\times 10^7,D(x,\theta)=2\times 10^9$$
$$V(x,\theta)=3.6\times 10^8,x\in[0,1],\theta\in[-\tau,0]\tag{2.3.20}$$

以及均匀的纽曼边界条件

$$\frac{\partial V}{\partial\vec{n}}=0,\quad (t>1,x=0,1)\tag{2.3.21}$$

明显地，模型（2.3.19）~模型（2.3.21）作为模型（2.3.1）~模型（2.3.3）的一种特殊情况，包含 Beddington-DeAngelis 发生率 $\dfrac{kHV}{1+b_1H+b_2V}$，此外，当 $f(H,I,V)=\dfrac{kH}{1+b_1H+b_2V}$ 时，假设（T1）和（T2）都成立。有一点值得说明，那就是从生物的角度来看，模型（2.3.19）~模型

(2.3.21)的基本再生素 $R_0=\dfrac{a\beta e^{-\alpha_1\tau_1-\alpha_2\tau_2-\alpha_3\tau_3}}{c\delta(\beta+\delta)}\dfrac{ks}{(\mu+sb_1)}$ 与 $\dfrac{s}{\mu}$ 不成比例，然而模型(2.1.6)中的基

本再生数 $R_0=\dfrac{a\beta ks}{\mu c\delta(\beta+\delta)}$ 却与 $\dfrac{s}{\mu}$ 成比例，而 $\dfrac{s}{\mu}$ 表示肝脏中所有细胞的数目。因此，对比

系统(2.1.6)，我们的系统更适合去描述 HBV 感染的动力学。

现在用数值模拟来验证上述的主要结果。首先根据实验数据，取 $s=2.6\times10^7$，$\mu=0.01$，$\delta=0.053$，$a=150$，$\beta=0.87$，$c=3.8$，$d_v=0.01$，$b_1=b_2=0.01$，$\alpha_1=0.2$，$\alpha_2=0.28$，$\alpha_3=0.1$，$\tau_1=10$，$\tau_2=0$，$\tau_3=0$，$k=3\times10^{-5}$ 通过直接计算，得到一个唯一的无感染平衡点 $E_1:(H_1,I_1,D_1,V_1)=(2.6\times10^9,0,0,0)$ 以及 $R_0=0.285<1$。图 2.11 是对 E_1 的数值模拟，它说明了 E_1 是渐近稳定的，这满足定理 2.12。

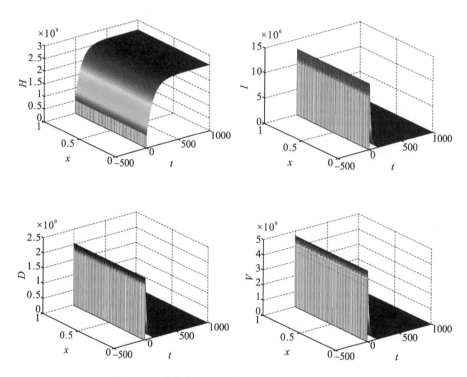

图 2.11　系统(2.3.19)~系统(2.3.21)的数值模拟

注：该图表明解轨线趋向于无感染平衡点 $E_1:(H_1,I_1,D_1,V_1)=(2.6\times10^9,0,0,0)$。

接下来选择 $k=1.67\times10^{-4}$，而其他参数的值不变，由图 2.11 计算得出 $R_0=1.587>1$。在这种情况下，模型(2.3.19)～模型(2.3.21)有一个无感染平衡点 $E_1:(H_1,I_1,D_1,V_1)=(2.6\times10^9,0,0,0)$ 和一个慢性感染平衡点 $E_2:(H_2,I_2,D_2,V_2)=(1.61\times10^9,2.53\times10^7,4.12\times10^9,9.43\times10^8)$。正如图 2.12 看到的那样，$E_2$ 是渐近稳定的，这

与定理 2.13 相吻合。

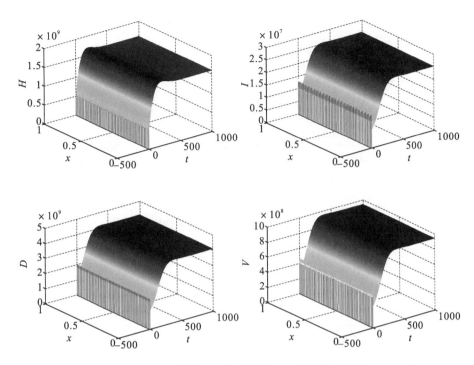

图 2.12　系统 (2.3.19)~系统 (2.3.21) 的数值模拟

注：该图表明解轨线趋向于慢性感染平衡点 $E_2 : (H_2, I_2, D_2, V_2) = (1.61 \times 10^9, 2.53 \times 10^7, 4.12 \times 10^9, 9.43 \times 10^8)$。

根据上述分析，我们知道病毒最终的状态在很大程度上取决于图 2.11 基本再生数 R_0。而且 R_0 是时滞期间死亡率 α_1　α_2 和 α_3 的一个递减函数，因此死亡率的忽略必然会导致 R_0 的增加，就像模型 (2.3.1) 所表现的那样。在图 2.13 中，我们注意到当死亡率 α_1　α_2 以及 α_3 趋向于 0 的时候 R_0 变得足够大，这与"注 2.1"一致。

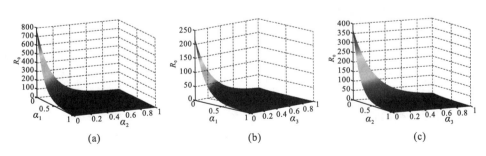

图 2.13　基本再生数 R_0 与一些参数的关系图

(a) R_0 与 α_1 和 α_2 的关系图；(b) R_0 与 α_1 和 α_3 的关系图；(c) R_0 与 α_2 和 α_3 的关系图。这里，$s = 2.6 \times 10^7$, $\mu = 0.01$, $\delta = 0.053$, $a = 150$, $\beta = 0.87$, $c = 3.8$, $b_1 = 0.01$, $\tau_1 = 5.8$, $\tau_2 = 6$, $\tau_3 = 4$, $k = 2.4 \times 10^{-3}$。

另外，当 $R_0<1$ 时，HBV 被消灭且感染灭亡（对应 E_1 全局渐近稳定的状态）。而且由 R_0 的精确表达式，我们发现可以通过增加时滞 τ_1、τ_2 及 τ_3 的值来减小 R_0 并使其小于 1。因此，一个控制 HBV 感染的策略应该集中在任何可以延长三个时滞的药物上。图 2.14 是 R_0 与三个时滞之间的关系图。

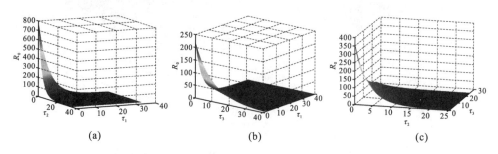

图 2.14　基本再生数 R_0 与三个时滞 τ_1、τ_2 和 τ_3 的关系图

注：这里，$s=2.6\times10^7$，$\mu=0.01$，$\delta=0.053$，$a=150$，$\beta=0.87$，$c=3.8$，$b_1=0.01$，$\alpha_1=0.2$，$\alpha_2=0.28$，$\alpha_3=0.1$，$k=2.4\times10^{-3}$，$\tau_1=3$，$\tau_2=6$，$\tau_3=5.8$。

2.4　总　　结

根据当前国内外在传染病方面的进展，本章选择了较为经典且对人类危害较大的 HIV-1 和 HBV 模型进行研究，首先按照各个疾病的不同特点构建数学模型，然后检验模型的适定性，接下来针对各个系统的平衡点研究其局部或全局稳定性，最终采用数值模拟来检验理论结果。

在 2.2 节中，我们讨论了一个带有 CTL 免疫反应、饱和发生率的时滞病毒感染模型。我们说明了该模型存在 3 个可能的平衡点，分别是无病平衡点 E_0、感染无免疫平衡点 E_1 和感染免疫平衡点 E_2，而这 3 个平衡点的存在性则依赖于病毒基本再生数 R_0 和免疫基本再生数 R_1。而且，R_0 和 R_1 也决定了模型的局部和全局性质。更准确地说，我们证明了当 $R_0<1$ 时平衡点 E_0 是全局渐近稳定的，当 $R_1<1<R_0$ 时平衡点 E_1 对于任意时滞 τ_1、τ_2、$\tau_3\geq0$ 都是全局渐近稳定的。这个结果说明了时滞并不会影响平衡点 E_0 和 E_1 的全局稳定性，从而也排除了 Hopf 分岔存在的可能性。然后，我们详细地分析了系统在平衡点 E_2 处的局部渐近稳定性以及 Hopf 分岔的存在性。最终，给出了数值模拟来验证理论结果的正确性。根据上述理论结果我们有如下的生物结论：①当病毒基本再生数 $R_0<1$ 时，病毒被清除，疾病也不存在。而且，根据 R_0 在本章中的表达式，我们发现可以通过增加细胞内时滞 τ_1 和 τ_2 的值来减少 R_0。因此，一个控制 HIV-1 的策略应该集中在任何可以延长潜伏期或者减慢病毒产生周期的药物上。②当 $R_0>1$，$R_1>1$ 和 $0\leq\tau_3<-\dfrac{\ln(q)}{a_3}$ 成立时，虽然 CTL 免疫反应的激活不能根除病毒（也就是，病毒感染持续），但是它仍对健康细胞的增加，被感染细胞以及病毒的减少起到了一定的作用。

基于 HBV 感染的实际情况，在 2.3 节中我们假设只有病毒可以在肝脏中移动，于是就确定了一个 4 维的带有 3 个时滞、一个一般发生率的扩散 HBV 感染模型。对于这一数学模型，我们定义了一个基本再生数 R_0，它对预测宿主内是否有疾病存在起到了关键的作用。当一般发生率函数 f 满足生物假设（T1）和（T2）时，我们通过构造适当的 Lyapunov functionals 和利用拉萨尔不变集原理讨论了无感染平衡点 E_1 和慢性感染平衡点 E_2 的全局渐近稳定性。更准确地说，$R_0 < 1$ 时 E_1 是全局渐近稳定的，在这种情况下，所有的正解趋向于 E_1 而且病毒最终被消灭；当 $R_0 > 1$ 时，E_1 变得不再稳定而且在该条件下 E_2 是全局渐近稳定的，这时所有的正解趋向于 E_2 而且疾病存在于宿主内。对比模型（2.1.6），这些结果说明了在均匀的纽曼边界条件下，自由病毒的扩散以及时滞的引入并没有对全局稳定性产生影响。另外，注意到 R_0 是三个时滞的递减函数。因此，我们可以通过增加三个时滞的值使 R_0 的值小于 1，从而达到预防乙肝的目的。而且，研究表明忽略模型 (2.3.1) 中的第三个时滞和三个时滞期间的死亡率将使 R_0 超过真实值。所以，本节的研究更加符合实际而且可以被用于包含不同发生率的模型的性质分析中。

第3章 时滞基因调控模型的稳定性和分岔分析

基因调控网络模型的动力学行为一直备受广大学者的关注,但仍然存在很多问题需要进一步完善。本章主要讨论时滞和扩散效应对基因调控网络模型的影响,我们选取了两类基因调控网络模型进行分叉研究:时滞同步振荡子模型和具扩散效应的时滞小 RNA 模型。本章主要的工作如下:

(1)简单介绍研究背景和现状。

(2)研究多时滞同步振荡子模型的稳定性和 Hopf 分叉。首先,选择时间延滞 τ 和 s 作为分岔参数,通过分析相应的特征方程来研究系统正平衡点的渐近稳定性和 Hopf 分叉的条件;其次,通过运用中心流形定理和规范型方法,给出确定分岔周期解的分岔方向、稳定性和周期的公式;最后,为了验证理论分析的正确性,对系统进行数值分析。

(3)讨论具扩散效应的时滞小 RNA 模型的稳定性和 Hopf 分叉。首先,选择时间延滞和 $\tau = \tau_1 + \tau_2$ 作为分岔参数,通过分析相应的特征方程来讨论正平衡态的稳定性、空间齐次和非齐次周期解的存在性;其次,通过运用中心流形定理和规范型方法,给出确定分岔周期解的稳定性、分岔分析和周期的公式;最后,为了验证理论分析的正确性,我们将对系统进行数值分析。

3.1 基因调控介绍

基因表达调控包含很多复杂的过程,其主要调控层次包括:①转录前调控,也即和染色体水平的调控,例如基因扩增、基因丢失、基因重排,基因修饰等;②转录调控,从转录的起始、延伸直到终止的整个过程;③转录后调控,包括转录后前体的加工和转运等过程的调控;④翻译水平的调控,细胞质中哪个被核糖体翻译;⑤降解的调控,控制的稳定性和寿命;⑥翻译后调控,蛋白质合成后选择性的激活和失活,包括可逆的磷酸化与不可逆的蛋白质泛素化降解等途径。其中,转录调控是基因表达调控中尤为重要且复杂的一个环节,是当前生物学研究的重点。基因表达调控对细胞结构和功能具有重要的调节作用,是调控细胞分裂与增殖、生长和分化,衰老与死亡等生命过程的关键所在。所以,探索基因调控的机制将有助于我们理解和揭开生命活动的本质。

前面章节已经讲到时滞在基因调控网络中的存在性,同时,扩散现象在现实生活中也是普遍存在的。它通常是由压力差和浓度差而引起的。Turing[40]在论文中指出:如果系统中不存在扩散，那么系统将趋于稳定的平衡态，但系统加入扩散后，在某些条件下，这种稳定的平衡态可能会被破坏而变得不稳定。这种现象被称为 Turing 不稳定性。最近，对 Turing 不稳定的研究主要集中在化学和生态学上，而在基因网络方面研究很少。不过，合成基因网络及其动力学越来越备受关注[41]。在生物细胞内基因产物浓度的不均匀分布会导致扩散现象的出现，所以扩散现象也是不可避免，Levine 等[42]研究了具扩散效应的小 RNA 模型，他们发现细胞间移动的小 RNA 会影响目标基因的表达。Cao 等[43]研究了具时滞和扩散项的乳糖操纵子模型的动力学行为，得到了许多不同的时空模式图。Sturrock 等[44]考虑蛋白质和 mRNA 的扩散作用，研究了 Hes1 基因调控网络的时空模型，得到了当系统持续振荡时扩散系数变化的范围。除了扩散会诱导 Turing 不稳定之外，空间格局也可能由其他机制引起，如 Hopf 分岔等[45]。局部不稳定的空间均一平衡态通过 Hopf 分岔会导致物质空间非均匀分布。

在基因调控网络中很多模型都涉及时滞系统或具扩散效应的时滞系统，它们都具有很重要的生物背景，受到了广泛生物学家和数学家的高度重视。时滞系统会出现多稳定性和混乱等现象[46]。而对于具扩散效应的时滞系统，由于时滞和扩散项的同时引入，使得系统呈现出更多丰富的动力学行为，如 Hopf 分岔、稳定性和全局吸引性、斑图等。因此，研究它们的动力学行为显得十分的必要。

3.2 多时滞同步振荡子模型的稳定性和分岔分析

3.2.1 多时滞同步振荡子模型介绍

生物振荡广泛存在于生物细胞中，涉及亚细胞和大量生物体，其周期在毫秒和几个月之间。生物振荡在维持体内平衡和交付编码信息方面发挥着重要作用[47]。近几年来，同步振荡系统在科学分支中的广泛运用引起了广大学者的注意[48]。在生物学上，大范围的细胞间耦合机制会导致振荡子同步振荡，同步振荡控制着一些基本的生理过程，如节体发生、心脏功能、呼吸作用、胰岛素分泌和生物周期节律等[49]。一个细胞的动力学行为明显受环境和邻近细胞协同的影响，不同的生物节律振荡是由成千上万的细胞单位耦合产生的。Kim 等[50]认为来自不同单元的许多独立的生物振荡子通常显示同步振荡，其原因并不是因为存在不变的中央或控制时钟，而是因为独立振荡系统发生耦合。他们发现生物振荡子之间的耦合是通过信号信使(如激素和神经递质)进行交流而实现的，并且两个同类生物振荡子之间的同步广泛地由耦合局部振荡子的正反馈回路诱导。他们设计了两种正反馈回路：双正反馈回路(PP 模型)和双负反馈回路(NN 模型)。具体的 PP 数学模型如下：

$$\begin{cases} \dot{x}_1 = \dfrac{v_1\{1+[f_2x_2(t-\tau_2)]^n\}}{1+[f_2x_2(t-\tau_2)]^n+[y_1(t-\tau_4)/k_3]^n} - d_1x_1(t) + b_1 \\[4mm] \dot{x}_2 = \dfrac{v_2\{1+[f_1x_1(t-\tau_1)]^n\}}{1+[f_1x_1(t-\tau_1)]^n+[y_2(t-\tau_6)/k_4]^n} - d_2x_2(t) + b_2 \\[4mm] \dot{y}_1 = \dfrac{v_3[x_1(t-\tau_3)/k_1]^n}{1+[x_1(t-\tau_3)/k_1]^n} - d_3y_1(t) + b_3 \\[4mm] \dot{y}_2 = \dfrac{v_4[x_2(t-\tau_5)/k_2]^n}{1+[x_2(t-\tau_5)/k_2]^n} - d_4y_2(t) + b_4 \end{cases} \tag{3.2.1}$$

NN 模型如下：

$$\begin{cases} \dot{x}_1 = \dfrac{v_1}{1+[f_2x_2(t-\tau_2)]^n+[y_1(t-\tau_4)/k_3]^n} - d_1x_1(t) + b_1 \\[4mm] \dot{x}_2 = \dfrac{v_2}{1+[f_1x_1(t-\tau_1)]^n+[y_2(t-\tau_6)/k_4]^n} - d_2x_2(t) + b_2 \\[4mm] \dot{y}_1 = \dfrac{v_3[x_1(t-\tau_3)/k_1]^n}{1+[x_1(t-\tau_3)/k_1]^n} - d_3y_1(t) + b_3 \\[4mm] \dot{y}_2 = \dfrac{v_4[x_2(t-\tau_5)/k_2]^n}{1+[x_2(t-\tau_5)/k_2]^n} - d_4y_2(t) + b_4 \end{cases} \tag{3.2.2}$$

其中，x_1、x_2、y_1 和 y_2 分别表示 mRNA1、mRNA2、mRNA3 和 mRNA4 的浓度；v_1、v_2、v_3 和 v_4 分别表示 mRNA1、mRNA2、mRNA3 和 mRNA4 的合成最大速率；f_1 和 f_2 表示耦合强度；n 表示希尔系数；d_1、d_2、d_3 和 d_4 分别表示 mRNA1、mRNA2、mRNA3 和 mRNA4 的降解率；k_1、k_2、k_3 和 k_4 分别表示 mRNA1 对 mRNA3、mRNA2 对 mRNA4、mRNA3 对 mRNA1 和 mRNA4 对 mRNA2 的调控阈值；τ_3、τ_4、τ_5 和 τ_6 表示转录时滞，τ_1 和 τ_2 表示交流时滞；b_1、b_2、b_3 和 b_4 分别表示 mRNA1、mRNA2、mRNA3 和 mRNA4 的基底合成率；所有的参数都是正的常数。

众所周知，由于时滞在基因调控网络中是不可避免的，因此在模型 (3.2.1) 和模型 (3.2.2) 中，Kim 等[50] 引入了 4 个转录时滞，即 τ_3、τ_4、τ_5 和 τ_6。此外，两个振荡子相互交流过程中存在着时间延滞。因此，Kim 等引入了 2 个交流时滞，即 τ_1 和 τ_2。

首先，为了化简模型 (3.2.1) 和模型 (3.2.2)，我们使用一组新的状态变量。假设转录时滞 $\tau_3 = \tau_4 = \tau_5 = \tau_6 = \tau$，$\tau_1 = \tau_2 = s$，于是模型 (3.2.1) 和模型 (3.2.2) 变为只含两个时滞的四维非线性微分方程。为了简便，令

$$u_1 = \frac{x_1}{k_1}, \qquad u_2 = \frac{x_2}{k_2}, \qquad u_3 = \frac{y_1}{k_3}, \qquad u_4 = \frac{y_2}{k_4},$$

$$\rho_1 = f_1k_1, \qquad \rho_2 = f_2k_2, \qquad a_i = \frac{v_i}{k_i}, \qquad r_i = \frac{b_i}{k_i}$$

其中，$i = 1,2,3,4$。于是 PP 模型 (3.2.1) 和 NN 模型 (3.2.2) 变为只含两个时滞的形式，如下：

$$\begin{cases} \dot{u}_1 = \dfrac{a_1[1+\rho_2^n u_2^n(t-s)]}{1+\rho_2^n u_2^n(t-s)+u_3^n(t-\tau)} - d_1 u_1(t) + r_1 \\[4mm] \dot{u}_2 = \dfrac{a_2[1+\rho_1^n u_1^n(t-s)]}{1+\rho_1^n u_1^n(t-s)+u_4^n(t-\tau)} - d_2 u_2(t) + r_2 \\[4mm] \dot{u}_3 = \dfrac{a_3 u_1^n(t-\tau)}{1+u_1^n(t-\tau)} - d_3 u_3(t) + r_3 \\[4mm] \dot{u}_4 = \dfrac{a_4 u_2^n(t-\tau)}{1+u_2^n(t-\tau)} - d_4 u_4(t) + r_4 \end{cases} \tag{3.2.3}$$

和

$$\begin{cases} \dot{u}_1 = \dfrac{a_1}{1+\rho_2^n u_2^n(t-s)+u_3^n(t-\tau)} - d_1 u_1(t) + r_1 \\[4mm] \dot{u}_2 = \dfrac{a_2}{1+\rho_1^n u_1^n(t-s)+u_4^n(t-\tau)} - d_2 u_2(t) + r_2 \\[4mm] \dot{u}_3 = \dfrac{a_3 u_1^n(t-\tau)}{1+u_1^n(t-\tau)} - d_3 u_3(t) + r_3 \\[4mm] \dot{u}_4 = \dfrac{a_4 u_2^n(t-\tau)}{1+u_2^n(t-\tau)} - d_4 u_4(t) + r_4 \end{cases} \tag{3.2.4}$$

为了同时研究 PP 模型 (3.2.3) 和 NN 模型 (3.2.4)，引入两个调控函数，如下：

$$f[u_2(t),u_3(t)] = \begin{cases} \dfrac{a_1[1+\rho_2^n u_2^n(t)]}{1+\rho_2^n u_2^n(t)+u_3^n(t)}, & \text{两个振荡子由PP模式耦合} \\[4mm] \dfrac{a_1}{1+\rho_2^n u_2^n(t)+u_3^n(t)}, & \text{两个振荡子由NN模式耦合} \end{cases}$$

和

$$g[u_1(t),u_4(t)] = \begin{cases} \dfrac{a_2\left[1+\rho_1^n u_1^n(t)\right]}{1+\rho_1^n u_1^n(t)+u_4^n(t)}, & \text{两个振荡子由PP模式耦合} \\[4mm] \dfrac{a_2}{1+\rho_1^n u_1^n(t)+u_4^n(t)}, & \text{两个振荡子由NN模式耦合} \end{cases}$$

于是，模型 (3.2.3) 和模型 (3.2.4) 可以集成到一个新的模型，如下：

$$\begin{cases} \dot{u}_1 = f[u_2(t-s),u_3(t-\tau)] - d_1 u_1(t) + r_1 \\[2mm] \dot{u}_2 = g[u_1(t-s),u_4(t-\tau)] - d_2 u_2(t) + r_2 \\[2mm] \dot{u}_3 = \dfrac{a_3 u_1^n(t-\tau)}{1+u_1^n(t-\tau)} - d_3 u_3(t) + r_3 \\[4mm] \dot{u}_4 = \dfrac{a_4 u_2^n(t-\tau)}{1+u_2^n(t-\tau)} - d_4 u_4(t) + r_4 \end{cases} \tag{3.2.5}$$

模型 (3.2.5) 不仅涉及了转录时滞，而且也考虑了交流时滞。众所周知，不同时滞长度的引入可能会定性或定量地改变系统的动力学行为，例如诱导或破坏稳定的振荡，增强或抑制不同神经元之间的同步。特别地，同步系统可能会产生同步或异步周期性振荡。在文献[50]中，Kim 等把耦合强度和交流时间延滞作为主要参数，通过数值模拟，讨论了振荡子的同步性、同步振荡子的周期和振幅。但是，一些严格的数学理论分析并没有涉及，如分析系统的渐近稳定性和 Hopf 分岔等。在以前工作中，我们以时滞 s 和 τ 作为参数，讨论了 PP 模型(3.2.3)正平衡点的稳定性和 Hopf 分岔的条件，但其分岔的方向和稳定性没讨论。在本书中，我们将进一步讨论 PP 模型(3.2.3)分岔的方向和稳定性。同时，将运用同样的方法对 NN 模型进行稳定性和 Hopf 分岔研究，进而来对比分析两个模型的动力学行为。

3.2.2 多时滞同步振荡子模型正平衡点的稳定性和 Hopf 分岔的存在性

在以前工作中，我们已经讨论过 PP 模型(3.2.3)正平衡点的稳定性和 Hopf 分岔的存在性，对于 NN 模型，由于分析的方法完全一样，在此，我们省略详细的过程。
在本节，我们总假设

(H1)模型(3.2.5)有一个正平衡点 $E^* = (u_1^*, u_2^*, u_3^*, u_4^*)$。

根据引理 1.1，当 $\tau = 0, s \neq 0$ 时，

$$\Delta(\lambda, s, 0) = \lambda^4 + m_1 \lambda^3 + (m_2 + m_8)\lambda^2 + (m_3 + m_9)\lambda + (m_4 + m_{10} + m_{11})$$
$$+ (m_5 \lambda^2 + m_6 \lambda + m_7)e^{-2\lambda s} = 0 \tag{3.2.6}$$

和

$$D(\nu) = p_6 \nu^{12} + p_5 \nu^{10} + p_4 \nu^8 + p_3 \nu^6 + p_2 \nu^4 + p_1 \nu^2 + p_0 = 0 \tag{3.2.7}$$

我们假设
(H2)

$$\Delta_1 = m_1 > 0$$

$$\Delta_2 = \begin{vmatrix} m_1 & m_3 + m_6 + m_9 \\ 1 & m_2 + m_5 + m_8 \end{vmatrix} > 0$$

$$\Delta_3 = \begin{vmatrix} m_1 & m_3 + m_6 + m_9 & 0 \\ 1 & m_2 + m_5 + m_8 & m_4 + m_7 + m_{10} + m_{11} \\ 0 & m_1 & m_3 + m_6 + m_9 \end{vmatrix} > 0$$

$$\Delta_4 = (m_4 + m_7 + m_{10} + m_{11})\Delta_3 > 0$$

引理 3.1 对方程(3.2.5)，当 $\tau = 0, s \neq 0$ 时，如果(H1)和(H2)成立，那么以下的结论成立。

(i)若多项式 $D(\nu)$ 无正根，当 $s \in [0, +\infty)$ 时，方程(3.2.6)的所有根有负实部；

(ii)若多项式 $D(\nu)$ 只有一个正而简单的根 ν，则存在一个 s_c，当 $s \in [0, s_c)$ 时，方程(3.2.6)的所有根有负实部；当 $s > s_c$ 时，方程(3.2.6)至少有一个根有正实部；

(iii)若多项式 $D(\nu)$ 有两个正根，且 $0 < \nu_1 < \nu_2 < \cdots$，则 s 中存在有限个区间使得方程(3.2.6)的所有根有负实部。此外，当 s 足够大时，方程(3.2.6)的一些根必有正实部。

当 $\tau > 0, s \neq 0$ 时，将 s 固定在稳定区间内，将 τ 看作参数。

$$E(\omega) = \omega^{16} + n_{14}\omega^{14} + n_{13}\omega^{13} + n_{12}\omega^{12} + n_{11}\omega^{11} + n_{10}\omega^{10} + n_9\omega^9$$
$$+ n_8\omega^8 + n_7\omega^7 + n_6\omega^6 + n_5\omega^5 + n_4\omega^4 + n_3\omega^3 + n_2\omega^2 + n_1\omega^1 + n_0 \tag{3.2.8}$$

和

$$\tau_{i,j} = \frac{\varphi_i + 2j\pi}{2\omega_i} \qquad (i=1,2,\cdots; j=0,1,2,\cdots) \tag{3.2.9}$$

令 $\tau_c = \min(\tau_{i,j}), i=1,2,\cdots; j=0,1,2,\cdots$。

定理 3.1 当 $s \in [0, s_c)$ 时，如果 (H1) 和 (H2) 成立，那么以下的结论成立。

(i) 若式 (3.2.8) 无正根，则对于一切 $\tau \in [0, +\infty)$，系统 (3.2.5) 的平衡点 $E^* = (u_1^*, u_2^*, u_3^*, u_4^*)$ 是渐近稳定的；

(ii) 若式 (3.2.8) 至少有一个正根且 $\text{Re}[\lambda'(\tau_c)] > 0$ 成立，当 $\tau \in [0, \tau_c)$ 时，系统 (3.2.5) 的平衡点 $E^* = (u_1^*, u_2^*, u_3^*, u_4^*)$ 是渐近稳定的；当 $\tau = \tau_c$ 时，系统 (3.2.5) 产生 Hopf 分岔，即系统 (3.2.5) 有一族周期解从平衡点分岔出来。

3.2.3 多时滞同步振荡子模型 Hopf 分岔的性质

在前面的小节中，我们分析了系统 (3.2.5) 发生 Hopf 分岔的条件。在本节中，通过 Hassard 等[51]提出的规范性理论和中心流形定理来判定定理 2.2 中分岔周期解的方向、稳定性和周期。

不失一般性，假设 $\tau_c \geqslant s$。为了方便起见，让 $\tau = \tau_c + \mu(\mu \in R)$。于是 $\mu = 0$ 是系统 (3.2.5) 的分岔值。系统 (3.2.5) 可以转化为 $C([-\tau_c, 0]R^4)$ 上的泛函微分方程。系统 (3.2.5) 的截断泰勒展开式如下：

$$\begin{cases} \dot{u}_1 = -d_1 u_1(t) + b_{12} u_2(t-s) + b_{13} u_3(t-\tau) + l_{11} u_2^2(t-s) + l_{12} u_2(t-s) u_3(t-\tau) \\ \quad + l_{13} u_3^2(t-\tau) + c_{11} u_2^3(t-s) + c_{12} u_2^2(t-s) u_3(t-\tau) \\ \quad + c_{13} u_2(t-s) u_3^2(t-\tau) + c_{14} u_3^3(t-\tau) \\ \dot{u}_2 = -d_2 u_2(t) + b_{21} u_1(t-s) + b_{24} u_4(t-\tau) + l_{21} u_1^2(t-s) + l_{22} u_1(t-s) u_4(t-\tau) \\ \quad + l_{23} u_4^2(t-\tau) + c_{21} u_1^3(t-s) + c_{22} u_1^2(t-s) u_4(t-\tau) \\ \quad + c_{23} u_1(t-s) u_4^2(t-\tau) + c_{24} u_4^3(t-\tau) \\ \dot{u}_3 = -d_3 u_3(t) + b_{31} u_1(t-\tau) + l_{31} u_1^2(t-\tau) + l_{32} u_1^3(t-\tau) \\ \dot{u}_4 = -d_4 u_4(t) + b_{42} u_2(t-\tau) + l_{41} u_2^2(t-\tau) + l_{42} u_2^3(t-\tau) \end{cases} \tag{3.2.10}$$

其中，

$$\begin{aligned} &l_{11} = f_{u_2 u_2}(u_2^*, u_3^*)/2, &&l_{21} = g_{u_1 u_1}(u_1^*, u_4^*)/2, \\ &l_{13} = f_{u_3 u_3}(u_2^*, u_3^*)/2, &&l_{23} = g_{u_4 u_4}(u_1^*, u_4^*)/2, \\ &l_{12} = f_{u_2 u_3}(u_2^*, u_3^*), &&l_{22} = g_{u_1 u_4}(u_1^*, u_4^*), \\ &c_{11} = f_{u_2 u_2 u_2}(u_2^*, u_3^*)/6, &&c_{21} = g_{u_1 u_1 u_1}(u_1^*, u_4^*)/6, \\ &c_{12} = f_{u_2 u_2 u_3}(u_2^*, u_3^*)/2, &&c_{22} = g_{u_1 u_1 u_4}(u_1^*, u_4^*)/2, \\ &c_{13} = f_{u_2 u_3 u_3}(u_2^*, u_3^*)/2, &&c_{23} = g_{u_1 u_4 u_4}(u_1^*, u_4^*)/2, \\ &c_{14} = f_{u_3 u_3 u_3}(u_2^*, u_3^*)/6, &&c_{24} = g_{u_4 u_4 u_4}(u_1^*, u_4^*)/6, \\ &l_{31} = h_{u_1 u_1}(u_1^*)/2, &&l_{41} = z_{u_2 u_2}(u_2^*)/2, \end{aligned}$$

$$l_{32} = h_{u_1 u_1 u_1}(u_1^*)\big/6, \qquad l_{42} = z_{u_2 u_2 u_2}(u_2^*)\big/6,$$

$$h(u_1^*) = \frac{a_3 u_1^n(t-\tau)}{1+u_1^n(t-\tau)}, \qquad z(u_2^*) = \frac{a_4 u_2^n(t-\tau)}{1+u_2^n(t-\tau)}$$

对于 $\phi = (\phi_1(\theta), \phi_2(\theta), \phi_3(\theta), \phi_4(\theta))^{\mathrm{T}} \in C([-\tau_c, 0], R^4)$，定义有界线性算子 $L_\mu : C([-\tau_c, 0], R^4)$ $\to R^4$，让

$$L_\mu \phi = M_1 \phi(0) + M_2 \phi(-s) + M_3 \phi(-\tau) \tag{3.2.11}$$

其中，

$$M_1 = \begin{pmatrix} -d_1 & 0 & 0 & 0 \\ 0 & -d_2 & 0 & 0 \\ 0 & 0 & -d_3 & 0 \\ 0 & 0 & 0 & -d_4 \end{pmatrix}, \qquad M_2 = \begin{pmatrix} 0 & b_{12} & 0 & 0 \\ b_{21} & 0 & 0 & 0 \\ 0 & 0 & 0 & 0 \\ 0 & 0 & 0 & 0 \end{pmatrix},$$

$$M_3 = \begin{pmatrix} 0 & 0 & b_{13} & 0 \\ 0 & 0 & 0 & b_{24} \\ b_{31} & 0 & 0 & 0 \\ 0 & b_{42} & 0 & 0 \end{pmatrix}$$

为了描述方程组 (3.2.10) 中的非线项，让

$$F(\mu, \phi) = \begin{pmatrix} l_{11}\phi_2^2(-s) + l_{12}\phi_2(-s)\phi_3(-\tau) + l_{13}\phi_3^2(-\tau) + c_{11}\phi_2^3(-s) \\ + c_{12}\phi_2^2(-s)\phi_3(-\tau) + c_{13}\phi_2(-s)\phi_3^2(-\tau) + c_{14}\phi_3^3(-\tau) \\ l_{21}\phi_1^2(-s) + l_{22}\phi_1(-s)\phi_4(-\tau) + l_{23}\phi_4^2(-\tau) + c_{21}\phi_1^3(-s) \\ + c_{22}\phi_1^2(-s)\phi_4(-\tau) + c_{23}\phi_1(-s)\phi_4^2(-\tau) + c_{24}\phi_4^3(-\tau) \\ l_{31}\phi_1^2(-\tau) + l_{32}\phi_1^3(-\tau) \\ l_{41}\phi_2^2(-\tau) + l_{42}\phi_2^3(-\tau) \end{pmatrix} \tag{3.2.12}$$

由 Riesz 表示定理，存在 $\theta \in [-\tau_c, 0] \to R^4$ 上一个有界变差的 4×4 矩阵函数 $\eta(\theta, \mu)$，使得

$$L_\mu \phi = \int_{-\tau_c}^0 \mathrm{d}\eta(\theta, \mu)\phi(\theta) \tag{3.2.13}$$

实际上，可以选择

$$\eta(\theta, \mu) = \begin{cases} M_1, & \theta = 0 \\ M_2 \delta(\theta + s), & \theta \in [-s, 0) \\ -M_3 \delta(\theta + \tau_c), & \theta \in [-\tau_c, -s) \end{cases} \tag{3.2.14}$$

其中，$\delta(\theta)$ 是狄拉克函数。

对于 $\phi \in C^1([-\tau_c, 0], R^4)$，定义两个算子

$$A(\mu)\phi = \begin{cases} \dfrac{\mathrm{d}\phi(\theta)}{\mathrm{d}\theta}, & \theta \in [-\tau_c, 0) \\ \displaystyle\int_{-\tau_c}^0 \mathrm{d}\eta(\theta, \mu)\phi(\theta), & \theta = 0 \end{cases} \tag{3.2.15}$$

$$R(\mu)\phi = \begin{cases} 0, & \theta \in [-\tau_c, 0) \\ F(\mu, \theta), & \theta = 0 \end{cases} \tag{3.2.16}$$

为了研究 Hopf 问题，我们将方程组 (3.2.10) 转化为以下的形式：

$$\dot{u}_t = A(\mu)u_t + R(\mu)u_t \tag{3.2.17}$$

其中，$u_t = u(t+\theta), u = [u_1, u_2, u_3, u_4]^{\mathrm{T}}$。

对于 $\psi \in C^1([0, \tau_c], R^4)$，$A$ 的伴随算子 A^* 定义为

$$A^*(\mu)\psi = \begin{cases} -\dfrac{\mathrm{d}\psi(\theta^*)}{\mathrm{d}\theta^*}, & \theta^* \in (0, \tau_c] \\ \displaystyle\int_{-\tau_c}^0 \mathrm{d}\eta^{\mathrm{T}}(\theta^*, \mu)\psi(-\theta^*), & \theta^* = 0 \end{cases} \tag{3.2.18}$$

其中，$\eta^{\mathrm{T}}(\theta^*, \mu)$ 是矩阵 $\eta(\theta^*, \mu)$ 的转置。对于 $\phi \in C([-\tau_c, 0], R^4)$ 和 $\psi \in C([0, \tau_c], R^4)$，定义双线性内积如下：

$$\langle \psi, \phi \rangle = \bar{\psi}^{\mathrm{T}}(0) \cdot \phi(0) - \int_{\theta=-\tau_c}^0 \int_{\xi=0}^\theta \bar{\psi}^{\mathrm{T}}(\xi-\theta)\mathrm{d}\eta(\theta)\phi(\xi)\mathrm{d}\xi \tag{3.2.19}$$

其中，$\eta(\theta) = \eta(\theta, \mu)$。$\pm \mathrm{i}\omega_c$ 是 $A(0)$ 的特征值，而其他的特征值有严格的负实部。同时，它们也是 $A^*(0)$ 的特征值。接下来，我们将计算 $A(0)$ 关于特征值 $\mathrm{i}\omega_c$ 的特征向量 $q(\theta)$ 和 $A^*(0)$ 关于特征值 $-\mathrm{i}\omega_c$ 的特征向量 $q^*(\theta)$，于是得到

$$\begin{cases} A(0)q(0) = \mathrm{i}\omega_c q(\theta) \\ A^*(0)q^*(0) = -\mathrm{i}\omega_c q^*(\theta^*) \end{cases} \tag{3.2.20}$$

其中，$\theta \in [-\tau_c, 0]$，$\theta^* \in [0, \tau_c]$。

将式 (3.2.15) 和式 (3.2.18) 代入式 (3.2.20)，得到

$$\begin{cases} q(\theta) = q(0)\mathrm{e}^{\mathrm{i}\omega_c \theta}, & \theta \in [-\tau_c, 0) \\ q^*(\theta^*) = q^*(0)\mathrm{e}^{\mathrm{i}\omega_c \theta^*}, & \theta^* \in (0, \tau_c] \end{cases} \tag{3.2.21}$$

和

$$\begin{cases} q(0) = [\alpha, \beta, \gamma, 1]^{\mathrm{T}}, & \theta \in 0 \\ q^*(0) = \dfrac{1}{\rho}[\alpha^*, \beta^*, \gamma^*, 1]^{\mathrm{T}} & \theta^* \in 0 \end{cases} \tag{3.2.22}$$

其中，

$$\alpha = \frac{\left[(d_2 + \mathrm{i}\omega_c)(d_4 + \mathrm{i}\omega_c)\mathrm{e}^{\mathrm{i}\omega_c \tau_c} - b_{24}b_{42}\mathrm{e}^{-\mathrm{i}\omega_c \tau_c}\right]\mathrm{e}^{\mathrm{i}\omega_c s}}{b_{21}b_{42}}$$

$$\alpha^* = \frac{\left[(d_2 - \mathrm{i}\omega_c)(d_4 - \mathrm{i}\omega_c)\mathrm{e}^{-\mathrm{i}\omega_c \tau_c} - b_{24}b_{42}\mathrm{e}^{\mathrm{i}\omega_c \tau_c}\right] - \mathrm{e}^{\mathrm{i}\omega_c s}}{b_{21}b_{42}}$$

$$\beta = \frac{(d_4 + \mathrm{i}\omega_c)\mathrm{e}^{\mathrm{i}\omega_c \tau_c}}{b_{42}}, \quad \beta^* = \frac{(d_4 - \mathrm{i}\omega_c)\mathrm{e}^{-\mathrm{i}\omega_c \tau_c}}{b_{24}}$$

$$\gamma = \frac{b_{31}\left[(d_2 + \mathrm{i}\omega_c)(d_4 + \mathrm{i}\omega_c) - b_{24}b_{42}\mathrm{e}^{-2\mathrm{i}\omega_c \tau_c}\right]\mathrm{e}^{\mathrm{i}\omega_c s}}{b_{21}b_{42}(d_3 + \mathrm{i}\omega_c)}$$

$$\gamma^* = \frac{b_{13}\left[(d_2 - \mathrm{i}\omega_c)(d_4 - \mathrm{i}\omega_c) - b_{24}b_{42}\mathrm{e}^{2\mathrm{i}\omega_c \tau_c}\right]\mathrm{e}^{-\mathrm{i}\omega_c s}}{b_{21}b_{42}(d_3 - \mathrm{i}\omega_c)}$$

q 和 q^* 归一化的条件是

$$<q^*,q>=1, \quad <q^*,\bar{q}>=0 \tag{3.2.23}$$

由式 (3.2.19) 双线性内积的定义，将式 (3.2.21) 和式 (3.2.22) 代入式 (3.2.23) 的第一式，得到

$$<q^*,q>=\bar{q}^*(0)^{\mathrm{T}}\cdot q(0)-\int_{\theta=-\tau_c}^{0}\int_{\xi=0}^{\theta}\bar{q}^*(\xi-\theta)^{\mathrm{T}}\mathrm{d}\eta(\theta)q(\xi)\mathrm{d}\xi$$

$$=\frac{1}{\bar{\rho}}(\alpha\bar{\alpha}^*+\beta\bar{\beta}^*+\gamma\bar{\gamma}^*+1)-\int_{-\tau_c}^{0}\int_{\xi=0}^{\theta}\frac{1}{\bar{\rho}}\big[\bar{\alpha}^*,\bar{\beta}^*,\bar{\gamma}^*,1\big]$$

$$\times\mathrm{d}\eta(\theta)\mathrm{e}^{\mathrm{i}\omega_c\theta}\times[\alpha,\beta,\gamma,1]^{\mathrm{T}}\mathrm{d}\xi \tag{3.2.24}$$

$$=\frac{1}{\bar{\rho}}(\alpha\bar{\alpha}^*+\beta\bar{\beta}^*+\gamma\bar{\gamma}^*+1+b_{21}\alpha\bar{\beta}^*s\mathrm{e}^{-\mathrm{i}\omega_c s}+b_{31}\alpha\bar{\gamma}^*\tau_c\mathrm{e}^{-\mathrm{i}\omega_c\tau_c}$$

$$+b_{12}\bar{\alpha}^*\beta s\mathrm{e}^{-\mathrm{i}\omega_c s}+b_{42}\beta\tau_c\mathrm{e}^{-\mathrm{i}\omega_c\tau_c}+b_{13}\bar{\alpha}^*\gamma\tau_c\mathrm{e}^{-\mathrm{i}\omega_c\tau_c}+b_{24}\bar{\beta}^*\tau_c\mathrm{e}^{-\mathrm{i}\omega_c\tau_c})$$

$$=1$$

于是得到

$$\bar{\rho}=\Big(1+\alpha\bar{\alpha}^*+\beta\bar{\beta}^*+\gamma\bar{\gamma}^*+b_{21}\alpha\bar{\beta}^*s\mathrm{e}^{-\mathrm{i}\omega_c s}+b_{31}\alpha\bar{\gamma}^*\tau_c\mathrm{e}^{-\mathrm{i}\omega_c\tau_c}+b_{12}\bar{\alpha}^*\beta s\mathrm{e}^{-\mathrm{i}\omega_c s}$$

$$+b_{42}\beta\tau_c\mathrm{e}^{-\mathrm{i}\omega_c\tau_c}+b_{13}\bar{\alpha}^*\gamma\tau_c\mathrm{e}^{-\mathrm{i}\omega_c\tau_c}+b_{24}\bar{\beta}^*\tau_c\mathrm{e}^{-\mathrm{i}\omega_c\tau_c}\Big) \tag{3.2.25}$$

通过简单的计算证明，式 (3.2.23) 中的第二个方程 $<q^*,\bar{q}>=0$ 也成立。于是 $q(\theta)$ 关于 $\theta\in[-\tau_c,0]$ 和 $q^*(\theta^*)$ 关于 $\theta^*\in[0,\tau_c]$ 的表达式已完全被表示出来。

接下来，运用 Hassard 等[51]论文中的定理，讨论分岔周期解的稳定性、分岔方向和周期。定义

$$z(t)=\langle q^*,u_t\rangle \tag{3.2.26}$$

和

$$W(t,\theta)=u_t-2\mathrm{Re}\{z(t)q(\theta)\} \tag{3.2.27}$$

其中，u_t 是方程 (3.2.17) 的解。

在中心流形 Ω_0 上，有

$$W(t,\theta)=W(z,\bar{z},\theta)=W_{20}(\theta)\frac{z^2}{2}+W_{11}(\theta)z\bar{z}+W_{02}(\theta)\frac{\bar{z}^2}{2}+\cdots \tag{3.2.28}$$

$z(t)$ 和 $\bar{z}(t)$ 分别是中心流行 Ω_0 在 q^* 和 $\bar{q}^*$ 方向上的局部坐标。注意到若 $u_t(\theta)$ 是实数，则 $W(t,\theta)$ 也是实数，因此仅需计算实根。

对于方程 (3.2.17) 的解 $u_t\in\Omega_0$，由于 $\mu=0$

$$\dot{z}(t)=<q^*,\dot{u}_t>$$

$$=<q^*,Au_t>+<q^*,Ru_t>$$

$$=<A^*q^*,u_t>+\bar{q}^*(0)^{T}\cdot F(0,u_t) \tag{3.2.29}$$

$$=\mathrm{i}\omega_c z(t)+\bar{q}^*(0)^{T}\cdot F(z,\bar{z})$$

上式等价于

$$\dot{z}(t)=\mathrm{i}\omega_0 z(t)+g(z,\bar{z}) \tag{3.2.30}$$

其中，

$$g(z,\bar{z})=\bar{q}^*(0)^{\mathrm{T}}\cdot F_0(z,\bar{z})=g_{20}\frac{z^2}{2}+g_{11}z\bar{z}+g_{02}\frac{\bar{z}^2}{2}+g_{21}\frac{z^2\bar{z}}{2}+\cdots \tag{3.2.31}$$

另外，由式 (3.2.17) 和式 (3.2.29)，有

$$
\begin{aligned}
\dot{W} &= \dot{u}_t - \dot{z}q - \dot{\overline{z}}\,\overline{q} \\
&= AW - 2\mathrm{Re}\big\{\overline{q}^*(0)^{\mathrm{T}} \cdot F_0(z,\overline{z})q(\theta)\big\} + Ru_t \\
&= \begin{cases} AW - 2\mathrm{Re}\big\{\overline{q}^*(0)^{\mathrm{T}} \cdot F_0 q(\theta)\big\}, & \theta \in [-\tau_c, 0) \\ AW - 2\mathrm{Re}\big\{\overline{q}^*(0)^{\mathrm{T}} \cdot F_0 q(\theta)\big\} + F_0, & \theta = 0 \end{cases} \\
&= AW + H(z,\overline{z},\theta)
\end{aligned}
\tag{3.2.32}
$$

其中，

$$
H(z,\overline{z},\theta) = H_{20}(\theta)\frac{z^2}{2} + H_{11}(\theta)z\overline{z} + H_{02}(\theta)\frac{\overline{z}^2}{2} + \cdots
\tag{3.2.33}
$$

在式 (3.2.28)，对 W 关于 t 求导，得到

$$
\dot{W} = W_z \dot{z} + W_{\overline{z}} \dot{\overline{z}}
\tag{3.2.34}
$$

将式 (3.2.28) 和式 (3.2.30) 代入式 (3.2.34)，得到

$$
\dot{W} = (W_{20}z + W_{11}\overline{z} + \cdots)(\mathrm{i}\omega_c z + g) + (W_{11}z + W_{02}\overline{z} + \cdots)(-\mathrm{i}\omega_c\overline{z} + \overline{g})
\tag{3.2.35}
$$

再将式 (3.2.28) 和式 (3.2.33) 代入式 (3.2.32)，得到

$$
\dot{W} = (AW_{20} + H_{20})\frac{z^2}{2} + (AW_{11} + H_{11})z\overline{z} + (AW_{02} + H_{02})\frac{\overline{z}^2}{2}\cdots
\tag{3.2.36}
$$

比较式 (3.2.35) 和式 (3.2.36) 的系数，得到

$$
(A - 2\mathrm{i}\omega_c)W_{20}(\theta) = -H_{20}(\theta)
\tag{3.2.37}
$$

$$
AW_{11}(\theta) = -H_{11}(\theta)
\tag{3.2.38}
$$

由式 (3.2.27)，得到

$$
\begin{aligned}
u_t(\theta) &= W(t,\theta) + zq + \overline{z}\,\overline{q} \\
&= W_{20}(\theta)\frac{z^2}{2} + W_{11}(\theta)z\overline{z} + W_{02}(\theta)\frac{\overline{z}^2}{2} + (\alpha,\beta,\gamma,1)^{\mathrm{T}}\mathrm{e}^{\mathrm{i}\omega_c\theta}z \\
&\quad + (\overline{\alpha},\overline{\beta},\overline{\gamma},1)^{\mathrm{T}}\mathrm{e}^{-\mathrm{i}\omega_c\theta}\overline{z} + \cdots
\end{aligned}
\tag{3.2.39}
$$

结合式 (3.2.12)，得到

$$
\begin{aligned}
g(z,\overline{z}) &= \overline{q}^*(0)^{\mathrm{T}} \cdot F_0(z,\overline{z}) = \overline{q}^*(0)^{\mathrm{T}} \cdot F(0,u_t) \\
&= \frac{1}{\overline{\rho}}\begin{pmatrix} \overline{\alpha}^* \\ \overline{\beta}^* \\ \overline{\gamma}^* \\ 1 \end{pmatrix}^{T} \begin{pmatrix} l_{11}u_{2t}^2(-s) + l_{12}u_{2t}(-s)u_{3t}(-\tau_c) + l_{13}u_{3t}^2(-\tau_c) + c_{11}u_{2t}^3(-s) \\ +c_{12}u_{2t}^2(-s)u_3(-\tau_c) + c_{13}u_{2t}(-s)u_{3t}^2(-\tau_c) + c_{14}u_{3t}^3(-\tau_c) \\ l_{21}u_{1t}^2(-s) + l_{22}u_{1t}(-s)u_{4t}(-\tau_c) + l_{23}u_{4t}^2(-\tau_c) + c_{21}u_{1t}^3(-s) \\ +c_{22}u_{1t}^2(-s)u_{4t}(-\tau_c) + c_{23}u_{1t}(-s)u_{4t}^2(-\tau_c) + c_{24}u_{4t}^3(-\tau_c) \\ l_{31}u_{1t}^2(-\tau_c) + l_{32}u_{1t}^3(-\tau_c) \\ l_{41}u_{2t}^2(-\tau_c) + l_{42}u_{2t}^3(-\tau_c) \end{pmatrix} \\
&= \frac{1}{\overline{\rho}}\Big\{ \overline{\alpha}^*\Big[l_{11}u_{2t}^2(-s) + l_{12}u_{2t}(-s)u_{3t}(-\tau_c) + l_{13}u_{3t}^2(-\tau_c) + c_{11}u_{2t}^3(-s) \\
&\quad + c_{12}u_{2t}^2(-s)u_{3t}(-\tau_c) + c_{13}u_{2t}(-s)u_{3t}^2(-\tau_c) + c_{14}u_{3t}^3(-\tau_c) \Big] + \overline{\beta}^*\Big[l_{21}u_{1t}^2(-s) \\
&\quad + l_{22}u_{1t}(-s)u_{4t}(-\tau_c) + l_{23}u_{4t}^2(-\tau_c) + c_{21}u_{1t}^3(-s) + c_{22}u_1^2(-s)u_{4t}(-\tau_c)
\end{aligned}
$$

$$
\begin{aligned}
&+c_{23}u_{1t}(-s)u_{4t}^2(-\tau_c)+c_{24}u_{4t}^3(-\tau_c)\Big]+\overline{\gamma}^*\Big[l_{31}u_{1t}^2(-\tau_c)+l_{32}u_{1t}^3(-\tau_c)\Big]\\
&+l_{41}u_{2t}^2(-\tau_c)+l_{42}u_{2t}^3(-\tau_c)\Big\}
\end{aligned}
$$

$$
\begin{aligned}
=\frac{1}{\overline{\rho}}\Big(&\Big\{\overline{\alpha}^*\Big[l_{11}\beta_2 e^{-2i\omega_c s}+l_{12}\beta\gamma e^{-i\omega_c(s+\tau_c)}+l_{13}\gamma^2 e^{-2i\omega_c\tau_c}\Big]\\
&+\overline{\beta}^*\Big[l_{21}\alpha^2 e^{-2i\omega_c s}+l_{22}\alpha e^{-i\omega_c(s+\tau_c)}+l_{23}e^{-2i\omega_c\tau_c}\Big]+\overline{\gamma}^*l_{31}\alpha^2 e^{-2i\omega_c\tau_c}+l_{41}\beta^2 e^{-2i\omega_c\tau_c}\Big\}z^2\\
&+\Big\{\overline{\alpha}^*\Big[2l_{11}|\beta|^2+l_{12}(\beta\overline{\gamma}e^{i\omega_c(\tau_c-s)}+\overline{\beta}\gamma e^{-i\omega_c(s-\tau_c)})+2l_{13}|\gamma|^2\Big]\\
&+\overline{\beta}^*\Big[2l_{21}|\alpha|^2+l_{22}(\alpha e^{-i\omega_c(\tau_x-s)}+\overline{\alpha}e^{i\omega_c(s-\tau_c)})+2l_{23}\Big]+2\overline{\gamma}^*l_{31}|\alpha|^2+2l_{41}|\beta|^2\Big\}z\overline{z}\\
&+\Big\{\overline{\alpha}^*\Big[l_{11}\overline{\beta}^2 e^{2i\omega_c s}+l_{12}\overline{\beta}\overline{\gamma}e^{i\omega_c(s+\tau_c)}+l_{13}\overline{\gamma}^2 e^{2i\omega_c\tau_c}\Big]\\
&+\overline{\beta}^*\Big[l_{21}\overline{\alpha}^2 e^{2i\omega_c s}+l_{22}\overline{\alpha}e^{2i\omega_c(s+\tau_c)}+l_{23}e^{2i\omega_c\tau_c}\Big]+\overline{\gamma}^*l_{31}\overline{\alpha}^2 e^{2i\omega_c\tau_c}+l_{41}\overline{\beta}^2 e^{2i\omega_c\tau_c}\Big\}\overline{z}^2\\
&+\Big\{\overline{\alpha}^*\Big[l_{11}(\overline{\beta}e^{i\omega_c s}W_{20}^{(2)}(-s)+2\beta e^{i\omega_c s}W_{11}^{(2)}(s))\\
&+l_{12}\Big(\frac{\overline{\gamma}e^{i\omega_c\tau_c}W_{20}^{(2)}(-s)}{2}+\gamma e^{-i\omega_c\tau_c}W_{11}^{(2)}(-s)+\frac{\overline{\beta}e^{i\omega_c s}W_{20}^{(3)}(-\tau_c)}{2}+\beta e^{-i\omega_c s}W_{11}^{(3)}(-\tau_c)\Big)\\
&+l_{13}(\overline{\gamma}e^{i\omega_c\tau_c}W_{20}^{(3)}(-\tau_c)+2\gamma e^{-i\omega_c\tau_c}W_{11}^{(3)}(-\tau_c))\\
&+3c_{11}\beta^2\overline{\beta}e^{-i\omega_c s}+c_{12}(\beta^2\overline{\gamma}e^{i\omega_c(\tau_c-2s)}+2|\beta|^2\gamma e^{-i\omega_c\tau_c})\\
&+c_{13}(\gamma^2\overline{\beta}e^{i\omega_c(s-2\tau_c)}+|2\gamma|^2\beta e^{-i\omega_c s}+3c_{14}\gamma^2\overline{\gamma}e^{-i\omega_c\tau_c}\Big]\\
&+\overline{\beta}^*\Big[l_{21}(\overline{\alpha}e^{i\omega_c s}W_{20}^{(1)}(-s)+2\alpha e^{i\omega_c s}W_{11}^{(1)}(-s))\\
&+l_{22}\Big(\frac{e^{i\omega_c\tau_c}W_{20}^{(1)}(-s)}{2}+e^{-i\omega_c\tau_c}W_{11}^{(1)}(-s)+\frac{\overline{\alpha}e^{i\omega_c s}W_{20}^{(4)}(-\tau_c)}{2}+\alpha e^{-i\omega_c s}W_{11}^{(4)}(-\tau_c)\Big)\\
&+l_{23}(e^{i\omega_c\tau_c}W_{20}^{(4)}(-\tau_c)+2e^{-i\omega_c\tau_c}W_{11}^{(4)}(-\tau_c))+3c_{21}\alpha^2\overline{\alpha}e^{-i\omega_c s}\\
&+c_{22}(\alpha^2 e^{i\omega_c(\tau_c-2s)}+2|\alpha|^2 e^{-i\omega_c\tau_c})+c_{23}(\alpha^2 e^{i\omega_c(s-2\tau_c)}+2\alpha e^{-i\omega_c s})+3c_{24}e^{-i\omega_c\tau_c}\Big]\\
&+\overline{\gamma}^*\Big[l_{31}(\overline{\alpha}e^{i\omega_c\tau_c}W_{20}^{(1)}(-\tau_c)+2\alpha e^{-i\omega_c\tau_c}W_{11}^{(1)}(-\tau_c))+l_{32}\alpha^2\overline{\alpha}e^{-i\omega_c\tau_c}\Big]\\
&+l_{41}(\overline{\beta}e^{i\omega_c\tau_c}W_{20}^{(2)}(-\tau_c)+2\beta e^{-i\omega_c\tau_c}W_{11}^{(2)}(-\tau_c))+l_{42}\beta^2\overline{\beta}e^{-i\omega_c\tau_c}\Big\}z^2\overline{z}\Big)
\end{aligned}
\tag{3.2.40}
$$

比较式(3.2.31)和式(3.2.40)的系数，得到

$$
\begin{aligned}
g_{20}=\frac{2}{\overline{\rho}}\Big\{&\overline{\alpha}^*\Big[l_{11}\beta^2 e^{-2i\omega_c s}+l_{12}\beta\gamma e^{-i\omega_c(s+\tau_c)}+l_{13}\gamma^2 e^{-2i\omega_c\tau_c}\Big]+\overline{\beta}^*\Big[l_{21}\alpha^2 e^{-2i\omega_c s}\\
&+l_{22}\alpha e^{-i\omega_c(s+\tau_c)}+l_{23}e^{-2i\omega_c\tau_c}\Big]+\overline{\gamma}^*l_{31}\alpha^2 e^{-2i\omega_c\tau_c}+l_{41}\beta^2 e^{-2i\omega_c\tau_c}\Big\}
\end{aligned}
$$

$$
\begin{aligned}
g_{11}=\frac{1}{\overline{\rho}}\Big\{&\overline{\alpha}^*\Big[2l_{11}|\beta|^2+l_{12}(\beta\overline{\gamma}e^{i\omega_c(\tau_c-s)}+\overline{\beta}\gamma e^{i\omega_c(s-\tau_c)})+2l_{13}|\gamma|^2\Big]+\overline{\beta}^*\Big[2l_{21}|\alpha|^2\\
&+l_{22}(\alpha e^{i\omega_c(\tau_x-s)})+\overline{\alpha}e^{i\omega_c(s-\tau_c)}+2l_{23}\Big]+2\overline{\gamma}^*l_{31}|\alpha|^2+2l_{41}|\beta|^2\Big\}
\end{aligned}
$$

$$
\begin{aligned}
g_{02}=\frac{2}{\overline{\rho}}\Big\{&\overline{\alpha}^*\Big[l_{11}\overline{\beta}^2 e^{2i\omega_c s}+l_{12}\overline{\beta}\overline{\gamma}e^{i\omega_c(s+\tau_c)}+l_{13}\overline{\gamma}^2 e^{2i\omega_c\tau_c}\Big]+\overline{\beta}^*\Big[l_{21}\overline{\alpha}^2 e^{2i\omega_c s}
\end{aligned}
$$

$$+ l_{22}\overline{\alpha}\mathrm{e}^{2\mathrm{i}\omega_c(s+\tau_c)} + l_{23}\mathrm{e}^{2\mathrm{i}\omega_c\tau_c}\Big] + \overline{\gamma}^* l_{31}\overline{\alpha}^2\mathrm{e}^{2\mathrm{i}\omega_c\tau_c} + l_{41}\overline{\beta}^2\mathrm{e}^{2\mathrm{i}\omega_c\tau_c}\Big\}$$

$$\begin{aligned}
g_{21} = \frac{2}{\rho}\Big\{ &\overline{\alpha}^*\Big[l_{11}\big(\overline{\beta}\mathrm{e}^{\mathrm{i}\omega_c s}W_{20}^{(2)}(-s) + 2\beta\mathrm{e}^{\mathrm{i}\omega_c s}W_{11}^{(2)}(-s)\big) \\
&+ l_{12}\bigg(\frac{\overline{\gamma}\mathrm{e}^{\mathrm{i}\omega_c\tau_c}W_{20}^{(2)}(-s)}{2} + \gamma\mathrm{e}^{-\mathrm{i}\omega_c\tau_c}W_{11}^{(2)}(-s) + \frac{\overline{\beta}\mathrm{e}^{\mathrm{i}\omega_c s}W_{20}^{(3)}(-\tau_c)}{2} + \beta\mathrm{e}^{-\mathrm{i}\omega_c s}W_{11}^{(3)}(-\tau_c)\bigg) \\
&+ l_{13}\big(\overline{\gamma}\mathrm{e}^{\mathrm{i}\omega_c\tau_c}W_{20}^{(3)}(-\tau_c) + 2\gamma\mathrm{e}^{-\mathrm{i}\omega_c\tau_c}W_{11}^{(3)}(-\tau_c)\big) + 3c_{11}\beta^2\overline{\beta}\mathrm{e}^{-\mathrm{i}\omega_c s} \\
&+ c_{12}\big(\beta^2\overline{\gamma}\mathrm{e}^{\mathrm{i}\omega_c(\tau_c - 2s)} + 2|\beta|^2\gamma\mathrm{e}^{-\mathrm{i}\omega_c\tau_c}\big) + c_{13}\big(\gamma^2\overline{\beta}\mathrm{e}^{\mathrm{i}\omega_c(s-2\tau_c)} + 2|\gamma|^2\beta\mathrm{e}^{-\mathrm{i}\omega_c s} + 3c_{14}\gamma^2\overline{\gamma}\mathrm{e}^{-\mathrm{i}\omega_c\tau_c}\big)\Big] \\
&+ \overline{\beta}^*\Big[l_{21}\big(\overline{\alpha}\mathrm{e}^{\mathrm{i}\omega_c s}W_{20}^{(1)}(-s) + 2\alpha\mathrm{e}^{\mathrm{i}\omega_c s}W_{11}^{(1)}(-s)\big) \\
&+ l_{22}\bigg(\frac{\mathrm{e}^{\mathrm{i}\omega_c\tau_c}W_{20}^{(1)}(-s)}{2} + \mathrm{e}^{-\mathrm{i}\omega_c\tau_c}W_{11}^{(1)}(-s) + \frac{\overline{\alpha}\mathrm{e}^{\mathrm{i}\omega_c s}W_{20}^{(4)}(-\tau_c)}{2} + \alpha\mathrm{e}^{-\mathrm{i}\omega_c s}W_{11}^{(4)}(-\tau_c)\bigg) \\
&+ l_{23}\big(\mathrm{e}^{\mathrm{i}\omega_c\tau_c}W_{20}^{(4)}(-\tau_c) + 2\mathrm{e}^{-\mathrm{i}\omega_c\tau_c}W_{11}^{(4)}(-\tau_c)\big) + 3c_{21}\alpha^2\overline{\alpha}\mathrm{e}^{-\mathrm{i}\omega_c s} \\
&+ c_{22}\big(\alpha^2\mathrm{e}^{\mathrm{i}\omega_c(\tau_c - 2s)} + 2|\alpha|^2\mathrm{e}^{-\mathrm{i}\omega_c\tau_c}\big) + c_{23}\big(\alpha^2\mathrm{e}^{\mathrm{i}\omega_c(s-2\tau_c)} + 2\alpha\mathrm{e}^{-\mathrm{i}\omega_c s}\big) + 3c_{24}\mathrm{e}^{-\mathrm{i}\omega_c\tau_c} \\
&+ \overline{\gamma}^*\Big[l_{31}\big(\overline{\alpha}\mathrm{e}^{\mathrm{i}\omega_c\tau_c}W_{20}^{(1)}(-\tau_c) + 2\alpha\mathrm{e}^{-\mathrm{i}\omega_c\tau_c}W_{11}^{(1)}(-\tau_c)\big) + l_{32}\alpha^2\overline{\alpha}\mathrm{e}^{-\mathrm{i}\omega_c\tau_c}\Big] \\
&+ l_{41}\big(\overline{\beta}\mathrm{e}^{\mathrm{i}\omega_c\tau_c}W_{20}^{(2)}(-\tau_c) + 2\beta\mathrm{e}^{-\mathrm{i}\omega_c\tau_c}W_{11}^{(2)}(-\tau_c)\big) + l_{42}\beta^2\overline{\beta}\mathrm{e}^{-\mathrm{i}\omega_c\tau_c}\Big\}
\end{aligned}$$

为了确定 g_{21}，我们需要 W_{11} 和 W_{20}。由式 (3.2.32)，我们知道对于 $\theta \in [-\tau_c, 0]$，有

$$\begin{aligned}
H(z, \overline{z}, \theta) &= -2\mathrm{Re}\big\{\overline{q}^*(0)^\mathrm{T} \cdot F_0(z, \overline{z})q(\theta)\big\} \\
&= -g(z, \overline{z})q(\theta) - \overline{g}(z, \overline{z})\overline{q}(\theta) \\
&= -\bigg(g_{20}\frac{z^2}{2} + g_{11}z\overline{z} + g_{02}\frac{\overline{z}^2}{2} + g_{21}\frac{z^2\overline{z}}{2} + \cdots\bigg)q(\theta) \\
&\quad - \bigg(\overline{g}_{20}\frac{\overline{z}^2}{2} + \overline{g}_{11}z\overline{z} + \overline{g}_{02}\frac{z^2}{2} + \overline{g}_{21}\frac{\overline{z}^2 z}{2} + \cdots\bigg)\overline{q}(\theta)
\end{aligned} \tag{3.2.41}$$

比较式 (3.2.33) 和式 (3.2.41) 的系数，得到

$$H_{20}(\theta) = -g_{20}q(\theta) - \overline{g}_{02}\overline{q}(\theta) \tag{3.2.42}$$

$$H_{11}(\theta) = -g_{11}q(\theta) - \overline{g}_{11}\overline{q}(\theta) \tag{3.2.43}$$

从式 (3.2.37)、式 (3.2.42) 和 A 的定义，得到

$$\dot{W}_{20}(\theta) = 2\mathrm{i}\omega_c W_{20}(\theta) + g_{20}q(\theta) + \overline{g}_{02}\overline{q}(\theta) \tag{3.2.44}$$

注意到 $q(\theta) = q(0)\mathrm{e}^{\mathrm{i}\omega_c\theta}$，有

$$W_{20}(\theta) = \frac{\mathrm{i}g_{20}}{\omega_c}q(0)\mathrm{e}^{\mathrm{i}\omega_c\theta} + \frac{\mathrm{i}\overline{g}_{02}}{3\omega_c}\overline{q}(0)\mathrm{e}^{-\mathrm{i}\omega_c\theta} + E_1\mathrm{e}^{2\mathrm{i}\omega_c\theta} \tag{3.2.45}$$

其中，$E_1 = (E_1^{(1)}, E_1^{(2)}, E_1^{(3)}, E_1^{(4)}) \in R^4$ 是常向量。

类似地，从式 (3.2.38)、式 (3.2.43) 和 A 的定义，得到

$$\dot{W}_{11}(\theta) = g_{11}q(\theta) + \overline{g}_{11}\overline{q}(\theta) \tag{3.2.46}$$

$$W_{11}(\theta) = -\frac{\mathrm{i}g_{11}}{\omega_c}q(0)\mathrm{e}^{\mathrm{i}\omega_c\theta} + \frac{\mathrm{i}\overline{g}_{11}}{\omega_c}\overline{q}(0)\mathrm{e}^{-\mathrm{i}\omega_c\theta} + E_2 \tag{3.2.47}$$

其中，$E_2 = (E_2^{(1)}, E_2^{(2)}, E_2^{(3)}, E_2^{(4)}) \in R^4$ 是常向量。

接下来，计算 E_1 和 E_2。由 A 的定义、式 (3.2.37) 式 (3.2.38)，得到

$$\int_{-\tau_c}^0 \mathrm{d}\eta(\theta)W_{20}(\theta) = 2\mathrm{i}\omega_c W_{20}(0) - H_{20}(0) \tag{3.2.48}$$

和

$$\int_{-\tau_c}^0 \mathrm{d}\eta(\theta)W_{11}(\theta) = -H_{11}(0) \tag{3.2.49}$$

其中，$\eta(\theta) = \eta(0,\theta)$。

根据式 (3.2.32)，有

$$H_{20}(0) = -g_{20}q(0) - g_{02}\overline{q}(0)$$
$$-2\begin{pmatrix} l_{11}\beta^2 e^{-2\mathrm{i}\omega_c s} + l_{12}\beta\gamma e^{-\mathrm{i}\omega_c(s+\tau_c)} + l_{13}\gamma^2 e^{-2\mathrm{i}\omega_c \tau_c} \\ l_{21}\alpha^2 e^{-2\mathrm{i}\omega_c s} + l_{22}\alpha e^{-\mathrm{i}\omega_c(s+\tau_c)} + l_{23} e^{-2\mathrm{i}\omega_c \tau_c} \\ l_{31}\alpha^2 e^{-2\mathrm{i}\omega_c \tau_c} \\ l_{41}\beta^2 e^{-2\mathrm{i}\omega_c \tau_c} \end{pmatrix} \tag{3.2.50}$$

和

$$H_{11}(0) = -g_{11}q(0) - g_{11}\overline{q}(0)$$
$$-\begin{pmatrix} 2l_{11}|\beta|^2 + l_{12}(\beta\overline{\gamma}e^{\mathrm{i}\omega_c(\tau_c-s)} + \overline{\beta}\gamma e^{\mathrm{i}\omega_c(s-\tau_c)}) + 2l_{13}|\gamma|^2 \\ 2l_{21}|\alpha|^2 + l_{22}(\alpha e^{\mathrm{i}\omega_c(\tau_c-s)} + \overline{\alpha}e^{\mathrm{i}\omega_c(s-\tau_c)}) + 2l_{23} \\ 2l_{31}|\alpha|^2 \\ 2l_{41}|\beta|^2 \end{pmatrix} \tag{3.2.51}$$

注意到

$$\left(\mathrm{i}\omega_c I - \int_{-\tau_c}^0 e^{\mathrm{i}\omega_c \theta}\mathrm{d}\eta(\theta)\right)q(0) = 0$$

$$\left(\mathrm{i}\omega_c I - \int_{-\tau_c}^0 e^{-\mathrm{i}\omega_c \theta}\mathrm{d}\eta(\theta)\right)\overline{q}(0) = 0$$

将式 (3.2.45) 和式 (3.2.50) 代入式 (3.2.48)，得到

$$\left(2\mathrm{i}\omega_c I - \int_{-\tau_c}^0 e^{2\mathrm{i}\omega_c \theta}\mathrm{d}\eta(\theta)\right)E_1 = 2\begin{pmatrix} l_{11}\beta^2 e^{-2\mathrm{i}\omega_c s} + l_{12}\beta\gamma e^{-\mathrm{i}\omega_c(s+\tau_c)} + l_{13}\gamma^2 e^{-2\mathrm{i}\omega_c \tau_c} \\ l_{21}\alpha^2 e^{-2\mathrm{i}\omega_c s} + l_{22}\alpha e^{-\mathrm{i}\omega_c(s+\tau_c)} + l_{23} e^{-2\mathrm{i}\omega_c \tau_c} \\ l_{31}\alpha^2 e^{-2\mathrm{i}\omega_c \tau_c} \\ l_{41}\beta^2 e^{-2\mathrm{i}\omega_c \tau_c} \end{pmatrix} \tag{3.2.52}$$

从而

$$\left(H(1),H(2),H(3),H(4)\right)E_1 = 2\begin{pmatrix} l_{11}\beta^2 e^{-2\mathrm{i}\omega_c s} + l_{12}\beta\gamma e^{-\mathrm{i}\omega_c(s+\tau_c)} + l_{13}\gamma^2 e^{-2\mathrm{i}\omega_c \tau_c} \\ l_{21}\alpha^2 e^{-2\mathrm{i}\omega_c s} + l_{22}\alpha e^{-\mathrm{i}\omega_c(s+\tau_c)} + l_{23} e^{-2\mathrm{i}\omega_c \tau_c} \\ l_{31}\alpha^2 e^{-2\mathrm{i}\omega_c \tau_c} \\ l_{41}\beta^2 e^{-2\mathrm{i}\omega_c \tau_c} \end{pmatrix} \tag{3.2.53}$$

其中，

$$H(1) = (2\mathrm{i}\omega_c + d_1, -b_{21}e^{-2\mathrm{i}\omega_c s}, -b_{31}e^{-2\mathrm{i}\omega_c \tau_c}, 0)^{\mathrm{T}}$$
$$H(2) = (-b_{12}e^{-2\mathrm{i}\omega_c s}, 2\mathrm{i}\omega_c + d_2, 0, -b_{42}e^{-2\mathrm{i}\omega_c \tau_c})^{\mathrm{T}}$$
$$H(3) = (-b_{13}e^{-2\mathrm{i}\omega_c \tau_c}, 0, 2\mathrm{i}\omega_c + d_3, 0)^{\mathrm{T}}$$
$$H(4) = (0, -b_{24}e^{-2\mathrm{i}\omega_c \tau_c}, 0, 2\mathrm{i}\omega_c + d_4)^{\mathrm{T}}$$

那就是

$$E_1 = 2\left(H(1), H(2), H(3), H(4)\right)^{-1} \times \begin{pmatrix} l_{11}\beta^2 \mathrm{e}^{-2\mathrm{i}\omega_c s} + l_{12}\beta\gamma \mathrm{e}^{-\mathrm{i}\omega_c (s+\tau_c)} + l_{13}\gamma^2 \mathrm{e}^{-2\mathrm{i}\omega_c \tau_c} \\ l_{21}\alpha^2 \mathrm{e}^{-2\mathrm{i}\omega_c s} + l_{22}\alpha \mathrm{e}^{-\mathrm{i}\omega_c (s+\tau_c)} + l_{23}\mathrm{e}^{-2\mathrm{i}\omega_c \tau_c} \\ l_{31}\alpha^2 \mathrm{e}^{-2\mathrm{i}\omega_c \tau_c} \\ l_{41}\beta^2 \mathrm{e}^{-2\mathrm{i}\omega_c \tau_c} \end{pmatrix}$$

类似地，将式 (3.2.47) 和式 (3.2.51) 代入式 (3.2.49)，得到

$$E_2 = \left(P(1), P(2), P(3), P(4)\right)^{-1} \times \begin{pmatrix} 2l_{11}|\beta|^2 + l_{12}(\beta\overline{\gamma}\mathrm{e}^{\mathrm{i}\omega_c(\tau_c-s)} + \overline{\beta}\gamma \mathrm{e}^{\mathrm{i}\omega_c(s-\tau_c)}) + 2l_{13}|\gamma|^2 \\ 2l_{21}|\alpha|^2 + l_{22}(\alpha \mathrm{e}^{\mathrm{i}\omega_c(\tau_c-s)} + \overline{\alpha}\mathrm{e}^{\mathrm{i}\omega_c(s-\tau_c)}) + 2l_{23} \\ 2l_{31}|\alpha|^2 \\ 2l_{41}|\beta|^2 \end{pmatrix} \quad (3.2.55)$$

其中，

$$P(1) = (d_1, -b_{21}\mathrm{e}^{-2\mathrm{i}\omega_c s}, -b_{31}\mathrm{e}^{-2\mathrm{i}\omega_c \tau_c}, 0)^{\mathrm{T}}$$
$$P(2) = (-b_{12}\mathrm{e}^{-2\mathrm{i}\omega_c s}, d_2, 0, -b_{42}\mathrm{e}^{-2\mathrm{i}\omega_c \tau_c})^{\mathrm{T}}$$
$$P(3) = (-b_{13}\mathrm{e}^{-2\mathrm{i}\omega_c \tau_c}, 0, d_3, 0)^{\mathrm{T}}$$
$$P(4) = (0, -b_{24}\mathrm{e}^{-2\mathrm{i}\omega_c \tau_c}, 0, d_4)^{\mathrm{T}}$$

因此，所有 g_{ij} 的表达式已确定出来。于是可以计算下面的值：

$$\begin{cases} C_1(0) = \dfrac{\mathrm{i}}{2\omega_c}\left(g_{11}g_{20} - 2|g_{11}|^2 - \dfrac{|g_{02}|^2}{3}\right) + \dfrac{g_{21}}{2} \\[2mm] \mu_2 = -\dfrac{\mathrm{Re}\{C_1(0)\}}{\mathrm{Re}\{\lambda'(\tau_c)\}} \\[2mm] \beta_2 = 2\mathrm{Re}\{C_1(0)\} \\[2mm] T_2 = -\dfrac{\mathrm{Im}\{C_1(0)\} + \mu_2\,\mathrm{Im}\{\lambda'(\tau_c)\}}{\omega_c} \end{cases} \quad (3.2.56)$$

根据上面的讨论，我们得到下面的结论。

定理 3.2　系统 (3.2.10) 的分岔周期解有以下特征：

(i) μ_2 确定 Hopf 分岔的方向：当 $\mu_2 > 0\,(\mu_2 < 0)$ 时，Hopf 分岔是超临界 (亚临界)，即当 $\tau > \tau^*\,(\tau < \tau^*)$ 时，系统存在分岔周期解；

(ii) β_2 确定分岔周期解的稳定性：当 $\beta_2 < 0\,(\beta_2 > 0)$ 时，分岔周期解是稳定 (不稳定)；

(iii) T_2 确定分岔周期解的周期：当 $T_2 > 0\,(T_2 < 0)$ 时，分岔周期解的周期是周期增大 (减小)。

3.2.4　图像分析

3.2.4.1　PP 模型的数值分析

在 PP 模型 (3.2.3) 中，根据文献 [50]，取参数：$v_1 = v_2 = v_3 = v_4 = 1$, $k_1 = k_2 = k_3 = k_4 = 0.5$, $d_1 = d_2 = d_3 = d_4 = 0.5, b_1 = b_2 = b_3 = b_4 = 0.1, f_1 = f_2 = 3, n = 3$. 把这些参数代入下式

$$\rho_1 = f_1 k_1, \quad a_i = \frac{v_i}{k_i}, \quad \rho_2 = f_2 k_2, \quad r_i = \frac{b_i}{k_i}$$

其中，$i = 1, 2, 3, 4$，于是得到

$$\rho_1 = \rho_2 = 1.5, \quad a_1 = a_2 = a_3 = a_4 = 2, \quad r_1 = r_2 = r_3 = r_4 = 0.2$$

再把以上的参数代入模型 $(3.2.3)$，得到

$$\begin{cases}
\dot{u}_1 = \dfrac{2[1 + 1.5^3 u_2^3(t-s)]}{1 + 1.5^3 u_2^3(t-s) + u_3^3(t-\tau)} - 0.5u_1(t) + 0.2 \\[3mm]
\dot{u}_2 = \dfrac{2[1 + 1.5^3 u_1^3(t-s)]}{1 + 1.5^3 u_1^3(t-s) + u_4^3(t-\tau)} - 0.5u_2(t) + 0.2 \\[3mm]
\dot{u}_3 = \dfrac{2u_1^3(t-\tau)}{1 + u_1^3(t-\tau)} - 0.5u_3(t) + 0.2 \\[3mm]
\dot{u}_4 = \dfrac{2u_2^3(t-\tau)}{1 + u_2^3(t-\tau)} - 0.5u_4(t) + 0.2
\end{cases} \qquad (3.2.57)$$

通过简单计算，系统 $(3.2.57)$ 有唯一的正平衡点 $E^* = (1.24739, 1.24739, 3.03988, 3.03988)$。通过计算，当 $\tau = 0$，$s = 0$ 时，系统 $(3.2.57)$ 的平衡点是渐近稳定的。当 $\tau = 0$，$s > 0$ 时，得到一个简单的正根 $\nu_1 = 0.098325$ 和

$$s_j = 27.8545 + 31.9511j \quad (j = 0, 1, 2, \cdots) \qquad (3.2.58)$$

所以 $s_c = \min(s_j) = 27.8545$。根据引理 3.1，当 $s \in [0, s_c)$ 时，系统 $(3.2.57)$ 的正平衡点是渐近稳定的（图 3.1）。

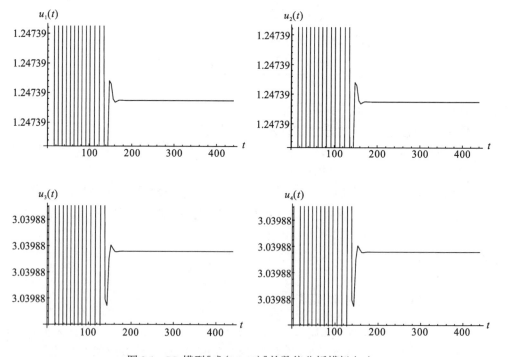

图 3.1　PP 模型 $[$式 $(3.2.57)]$ 的数值分析模拟（一）

由图 3.1 可知，当 $\tau=0, s=1$ 时，系统(3.2.57)的正平衡点 $E^*=(1.24739,1.24739,3.03988,$ $3.03988)$ 是渐近稳定的。

让 $s=1\in\left[0,s_c\right)$ ，将 τ 作为参数。得到一个简单的正根 $\omega=0.337531$ 和

$$\tau_j=1.0469+9.30757j \quad (j=0,1,2,\cdots) \tag{3.2.59}$$

所 以 $\tau_{c_1}=\min(\tau_j)=1.0469$ ， $\omega_{c_1}=\omega=0.337531$ 。 此 外 ， 通 过 计 算 得 到 $\lambda'(\tau_{c_1})=$ $0.132825-0.0880111i$ ，因此横截条件满足。由定理 3.1, $s=1,\tau<\tau_{c_1}=1.0469$ ，系统(3.2.57) 的正平衡点 $E^*=(1.24739,1.24739,3.03988,3.03988)$ 是渐近稳定的(图 3.2)。当 τ 穿过临界 值 τ_{c_1} 时， 正平衡点失去稳定性而产生 Hopf 分岔，例如一族周期解从正平衡点 $E^*=(1.24739,1.24739,3.03988,3.03988)$ 分岔出来(图 3.3)。

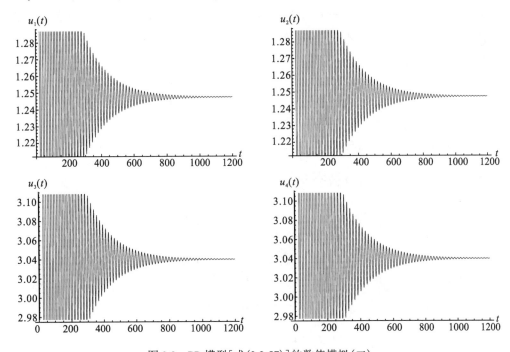

图 3.2　PP 模型[式(3.2.57)]的数值模拟(二)

由图 3.2 可知，当 $s=1$ 和 $\tau=1<\tau_c=1.0469$ 时，系统(3.2.57)的正平衡点 $E^*=(1.24739,$ $1.24739,3.03988,3.03988)$ 是渐近稳定的。

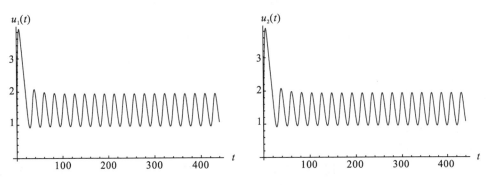

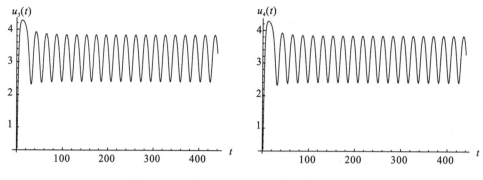

图 3.3　PP 模型［式（3.2.57）］的数值模拟（三）

由图 3.3 可知，当 $s=1$ 和 $\tau=1.2>\tau_c=1.0469$ 时，一个稳定的周期解从正平衡点 $E^*=(1.24739,1.24739,3.03988,3.03988)$ 分岔出来。

把 $s=1,\tau=\tau_{c_1}=1.0469$ 和 $\omega=\omega_{c_1}=0.337531$ 代入式（3.2.56），得到

$$
\begin{aligned}
&C_1(0)=-0.0221209-0.721719i, \quad \mu_2=0.209144>0, \\
&T_2=1.36987>0, \qquad\qquad\qquad \beta_2=-0.0555592<0
\end{aligned}
\tag{3.2.60}
$$

根据定理 3.2，由 $\mu_2>0$ 和 $\beta_2<0$ 可知，分岔周期解是超临界分岔，分岔的方向是 $\tau>\tau_{c_1}$，分岔的周期解是稳定的。此外，由 $T_2>0$ 可知，分岔周期解的周期随着 τ 的增大而增大。

3.2.4.2　NN 模型的数值分析

$$
\begin{cases}
\dot{u}_1=\dfrac{2}{1+1.5^3 u_2^3(t-s)+u_3^3(t-\tau)}-0.5u_1(t)+0.2 \\[2mm]
\dot{u}_2=\dfrac{2}{1+1.5^3 u_1^3(t-s)+u_4^3(t-\tau)}-0.5u_2(t)+0.2 \\[2mm]
\dot{u}_3=\dfrac{2u_1^3(t-\tau)}{1+u_1^3(t-\tau)}-0.5u_3(t)+0.2 \\[2mm]
\dot{u}_4=\dfrac{2u_2^3(t-\tau)}{1+u_2^3(t-\tau)}-0.5u_4(t)+0.2
\end{cases}
\tag{3.2.61}
$$

通过计算，系统（3.2.61）有一个正平衡点 $E^*=(0.829812,0.829812,1.8545,1.8545)$。类似地，当 $s=\tau=0$ 时，系统（3.2.61）的正平衡点是渐近稳定的；当 $\tau=0,s\neq0$ 时，没得到正根。由引理 3.1，当 $s\in[0,+\infty)$ 时，系统（3.2.61）的正平衡点是渐近稳定的（图 3.4）。

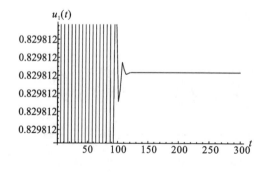

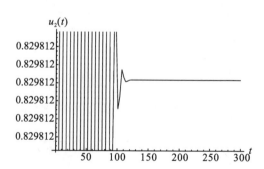

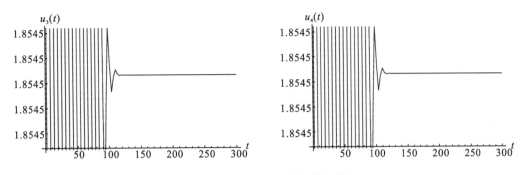

图 3.4　NN 模型[式(3.2.57)]的数值模拟(一)

由图 3.4 可知,当 $\tau = 0, s = 6$ 时,系统(3.2.61)的正平衡点 $E^* = (0.829812, 0.829812, 1.8545,$ $1.8545)$ 是渐近稳定的。

固定 $s = 6$,将 τ 作为参数,我们得到两个正根 $\omega_1 = 0.488933$ 和 $\omega_2 = 0.328003$,以及

$$\begin{cases} \tau_{1,j} = 1.4737 + 6.4254j, & j = 0,1,2,\cdots \\ \tau_{2,j} = 2.12245 + 9.57795j, & j = 0,1,2,\cdots \end{cases} \tag{3.2.62}$$

所以 $\tau_{c_2} = \min(\tau_{1,j}, \tau_{1,j}) = 1.4737$,$\omega_{c_2} = \omega_1 = 0.488933$。同时,通过计算,横截条件也满足。根据定理 3.1,当 $\tau < \tau_{c_1} = 1.0469$ 时,正平衡点 $E^* = (0.843262, 0.843262, 1.89943, 1.89943)$ 是渐近稳定的(图 3.5)。当 τ 穿过临界值 τ_{c_2} 时,正平衡点失去稳定性而产生 Hopf 分岔,例如一族周期解从正平衡点 $E^* = (0.843262,0.843262,1.89943,1.89943)$ 分岔出来(图 3.6)。

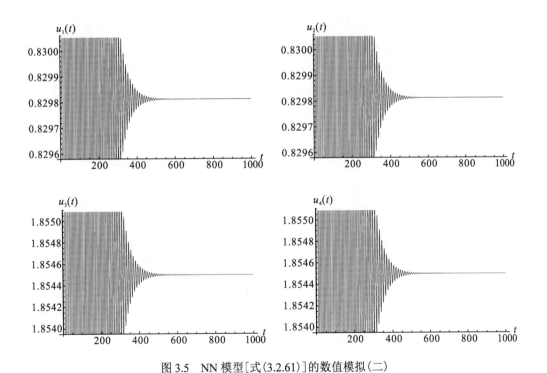

图 3.5　NN 模型[式(3.2.61)]的数值模拟(二)

由图 3.5 可知，当 $s=6$ 和 $\tau=1.2 < \tau_{c_2}=1.4737$ 时，系统 (3.2.61) 的正平衡点 $E^*=(0.829812,0.829812,1.8545,1.8545)$ 是渐近稳定的。

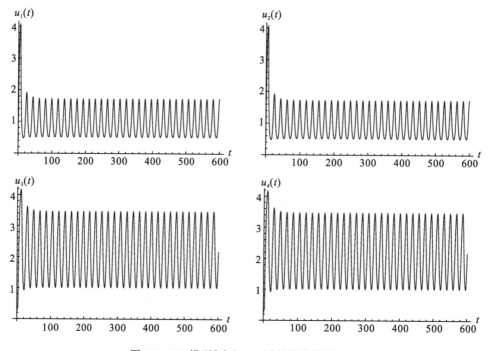

图 3.6   NN 模型［式 (3.2.61)］的数值模拟 (三)

由图 3.6 可知，当 $s=6$ 和 $\tau=3 > \tau_{c_2}=1.4737$ 时，一个稳定的周期解从正平衡点 $E^*=(0.829812,0.829812,1.8545,1.8545)$ 分岔出来。

把 $s=6, \tau=\tau_{c_2}=1.4737$ 和 $\omega=\omega_{c_2}=0.488933$ 代入式 (3.2.56)，得到

$$
\begin{aligned}
&C_1(0)=0.0660719-0.118335\mathrm{i}, \quad \mu_2=3.58687 > 0, \\
&T_2=4.7167 > 0, \quad \beta_2=-0.473982 < 0
\end{aligned}
\tag{3.2.63}
$$

根据定理 3.2、$\mu_2 > 0$ 和 $\beta_2 < 0$ 可知，分岔周期解是超临界分岔，分岔的方向是 $\tau > \tau_{c_2}$，分岔周期是稳定的。此外，由 $T_2 > 0$，分岔周期解的周期随着 τ 的增大而增大。

3.2.4.3   交流时滞对系统的影响

从上面的数值分析中，我们发现 s 对系统的影响很小。然而，在论文[50]中，我们知道时滞 s 的长短会影响系统的同步，作者得出的结论是：当两个振荡子相距很近时 (即时滞 s 略小) 可以通过 PP 模式进行同步振荡，而那些相距很远 (即时滞 s 略大) 的振荡子则可以通过 NN 模式进行同步振荡。因此，在本小节，我们将进一步来学习 s 对系统的同步影响。

对于系统 (3.2.57)，让 $s=4\in\left[0,s_c\right)$，将 τ 作为参数。得到两个简单的正根 $\omega_1=0.403459$ 和 $\omega_2=0.188559$ 及

$$
\begin{cases}
\tau_{1,j}=0.151248+7.78664j, & j=0,1,2,\cdots \\
\tau_{2,j}=3.17796+16.6611j, & j=0,1,2,\cdots
\end{cases}
\tag{3.2.64}
$$

让 $\tau_{c_3}=\min(\tau_{1,j},\tau_{2,j})=0.151248$。同时，横截条件满足，所以由定理 3.1 可知，当 τ 穿过临界值 τ_{c_3} 时，正平衡点失去稳定性而产生 Hopf 分岔，例如一族异步周期解从正平衡点 E^* $=(1.24739,\ 1.24739,\ 3.03988,\ 3.03988)$ 分岔出来［见图 3.7（a）］。

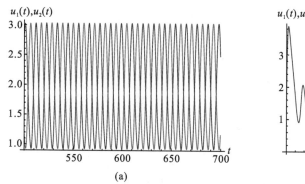
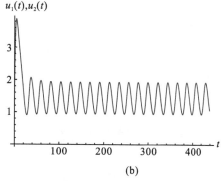

(a)　　　　　　　　　　　　(b)

图 3.7　PP 模型［式（3.2.57）］的振荡显示

注：(a) PP 模型（3.2.57）的异步振荡，其中 $s=4,\tau=1.2>\tau_{c_3}$；(b) PP 模型（3.2.57）的同步振荡，其中 $s=1,\tau=1.2>\tau_{c_1}$。红色曲线代表 $u_1(t)$，蓝色曲线代表 $u_2(t)$。

类似地，对于模型（3.2.61），让 $s=1$，将 τ 作为参数，于是我们得两个简单的正根 $\omega_1=0.2798$ 和 $\omega_2=0.426436$ 及

$$\begin{cases} \tau_{1,j}=1.52831+11.228j, & j=0,1,2,\cdots \\ \tau_{2,j}=1.74302+7.36709j, & j=0,1,2,\cdots \end{cases} \tag{3.2.65}$$

让 $\tau_{c_4}=\min(\tau_{1,j},\tau_{2,j})=1.52831$。同时，横截条件满足，所以由定理 3.1 可知，当 τ 穿过临界值 $\tau_{c_4}=1.52831$ 时，正平衡点 $E^*=(0.843262,0.843262,1.89943,1.89943)$ 将失去稳定性而发生 Hopf 分岔，例如一族异步周期解从正平衡点 $E^*=(0.843262,0.843262,1.89943,1.89943)$ 分岔出来［图 3.8（a）］。

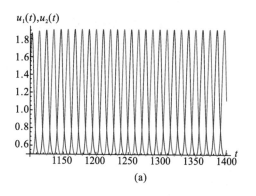
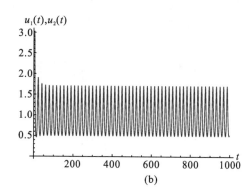

(a)　　　　　　　　　　　　(b)

图 3.8　NN 模型［式（3.2.61）］的振荡显示

注：(a) NN 模型（3.2.61）的异步振荡，其中 $s=1,\tau=3>\tau_{c_4}$；(b) NN 模型（3.2.61）的同步振荡，其中 $s=6,\tau=3>\tau_{c_2}$。红色曲线代表 $u_1(t)$，蓝色曲线代表 $u_2(t)$。

3.3 具扩散效应的时滞小 RNA 模型的稳定性和分岔分析

在本节，首先，将时间延滞和 $\tau = \tau_1 + \tau_2$ 作为分岔参数，通过分析相应的特征方程来讨论平衡点的稳定性、空间齐次和非齐次周期解的存在性；其次，通过运用中心流形定理和规范型方法，给出确定分岔周期解的稳定性、分岔分析和周期的公式；最后，为了验证理论分析的正确性，我们将对系统进行数值分析。

3.3.1 小 RNA 模型的介绍

非编码小分子 RNA（small RNA，sRNA），是近年来发现的一类长度主要是在 20～430 个核苷酸的非编码的调控 RNA 分子，与基因表达、细胞周期乃至整个个体发育过程密切相关，是对中心法则中 RNA 中介角色的重要补充。sRNA 已经被证明在原核生物和真核生物中都起着至关重要的作用[52]，它的调节作用在过去几十年里一直备受关注[42]。事实上，已有实验证据表明 sRNA 在许多细胞过程中发挥着核心作用，包括发育进程、器官形成、造血过程、细胞增殖、甚至是肿瘤发生等[53]。根据 sRNA 的生成、结构和功能，大约可将其分为三类：①核苷酸数可达 10^2 的 sRNA，包括 snRNA（small nuclear RNA，小核 RNA）、scRNA（small cytoplasmic RNA，胞质小 RNA）、tmRNA（transfer-messenger RNA，转运-信使 RNA）和 snoRNA（small nucleolar RNA，核仁小 RNA）；②siRNA（short interfering RNA，小干涉 RNA）；③miRNA（micorRNA，微 RNA）。其中 siRNA 和 miRNA 已被广泛地研究，其研究成果在 2002 年和 2003 年被 Science 杂志评为年度十大科学成就之一。由于这些 sRNA 对基因调控和基因表达起着至关重要的作用，其异常表达被认为与细胞功能障碍和疾病有关[54]。越来越多的研究也表明 miRNAs 和 siRNAs 会参与到人类的健康和疾病中，从各种器官系统代谢紊乱到疾病，以及各种形式的癌症[55]。

在过去，许多学者建立了用于描述转录后由 sRNA 调控的基因网络模型[56]。特别地，在论文[57]中，研究结果表明 sRNA、mRNA 和蛋白质之间的相互作用引起的振荡。在论文[57]的数学模型基础上，Liu 等[58]进一步引入了两个时间延迟，研究了时滞对系统的影响。具体的模型如下：

$$\begin{cases} \dot{x}(t) = \gamma y(t-\tau_2) - \delta x(t) \\ \dot{y}(t) = \bar{\lambda} \dfrac{1 + \rho x(t-\tau_1)^2}{1 + x(t-\tau_1)^2} - \alpha y(t) - \sigma y(t)z(t) \\ \dot{z}(t) = \mu \dfrac{1 + \rho x(t-\tau_1)^2}{1 + x(t-\tau_1)^2} - \beta z(t) - \sigma y(t)z(t) \end{cases} \quad (3.3.1)$$

其中，x、y 和 z 分别表示蛋白质、mRNA 和 sRNA 的浓度；γ 是蛋白质的合成率；δ、α 和 β 分别表示蛋白质、mRNA 和 sRNA 的降解率；$\bar{\lambda}$ 和 μ 分别表示转录因子对每个基因

的影响效果；σ 是两个 RNAs 的结合率；ρ 表示转录率的增量因激活子绑定到启动子上；τ_1 和 τ_2 是时间延滞；所有的参数都是正的。在这个模型里，除了 mRNA 和 sRNA 的线性降解项外，mRNA 和 sRNA 的非线性降解项由它们相互结合而得到。蛋白质作为转录因子，通过将它们的激活子绑定到两个 RNA 的基因启动子上促进 mRNA 和 sRNA 的转录。通过加速 sRNA 降解率直接影响 mRNA 转录水平，从而降低其表达水平，这是通过 sRNA 和目标 mRNA 进行部分碱基互补配对而实现的。一旦 mRNA 形成复合体 mRNA-sRNA，它就不能用于翻译，这就导致了能编码的蛋白质减少[57]。

在生物细胞内，基因产物浓度的不均匀分布会导致扩散现象的出现，因此，扩散现象也是不可避免的。基于这样的考虑，我们将在原模型 (3.3.1) 上引入扩散项，同时考虑时滞和扩散项对模型的影响。最后，在 Neumann 边界条件下，考虑下面带有两个时间延迟的反应扩散模型[59]：

$$
\begin{cases}
\dfrac{\partial y_1(t,x)}{\partial t} = d_1 \Delta y_1(t,x) + \gamma y_2(t-\tau_2,x) - \delta y_1(t,x), \quad t>0, x\in\Omega \\[2mm]
\dfrac{\partial y_2(t,x)}{\partial t} = d_2 \Delta y_2(t,x) + \bar{\lambda}\dfrac{1+\rho y_1(t-\tau_1,x)^2}{1+y_1(t-\tau_1,x)^2} - \alpha y_2(t,x) - \sigma y_2(t,x)y_3(t,x), \quad t>0, x\in\Omega \\[2mm]
\dfrac{\partial y_3(t,x)}{\partial t} = d_3 \Delta y_3(t,x) + \mu\dfrac{1+\rho y_1(t-\tau_1,x)^2}{1+y_1(t-\tau_1,x)^2} - \beta y_3(t,x) - \sigma y_2(t,x)y_3(t,x), \quad t>0, x\in\Omega \\[2mm]
\dfrac{\partial y_1}{\partial v} = \dfrac{\partial y_2}{\partial v} = \dfrac{\partial y_3}{\partial v} = 0, \quad t>0, x\in\partial\Omega \\[2mm]
y_1(t,x) = \psi_1(t,x), \quad (t,x)\in\left[-\max\{\tau_1,\tau_2\},0\right]\times\bar{\Omega} \\[2mm]
y_2(t,x) = \psi_2(t,x), \quad (t,x)\in\left[-\max\{\tau_1,\tau_2\},0\right]\times\bar{\Omega} \\[2mm]
y_3(t,x) = \psi_3(t,x), \quad (t,x)\in\left[-\max\{\tau_1,\tau_2\},0\right]\times\bar{\Omega}
\end{cases}
$$

$$(3.3.2)$$

其中，Ω 是定义在 $R^N (N\geqslant 0)$ 上具有光滑边界 $\partial\Omega$ 的有界开域；Δ 是定义在 R^N 上的拉普拉斯算子；d_1、d_2 和 d_3 分别表示蛋白质、mRNA 和 sRNA 的扩散系数；v 是 $\partial\Omega$ 上的向外的单位法向量。其他参数的含义和模型 (3.3.1) 一样。

在文献[58]中，刘海鸿等研究了模型 (3.3.1) 的动力学行为并得到了系统振荡的充分条件，但是他们并没有考虑扩散效应对系统的影响。在本书中，我们不仅考虑了时滞对系统的影响，而且也考虑了扩散效应对系统的影响。特别地，含时滞的反应扩散系统在非齐次 Neumann 边界条件下，会同时得到空间齐次解和空间非齐次解。但是，据我们所知，到目前为止，并没有任何学者研究过模型 (3.3.2)。因此，基于这些考虑，在模型 (3.3.3) 中，我们把转录时间延滞和 $\tau = \tau_1 + \tau_2$ 作为分岔参数，通过运用 Hopf 分岔的相关理论，研究时滞和扩散效应对系统的综合影响。近年来，含时滞和扩散效应的基因调控网络在生物工程等领域中引起了越来越多的关注，学习这些系统将有助于进一步理解时滞和扩散效应在基因调控中的角色。

3.3.2　小 RNA 模型正平衡点的稳定性和 Hopf 分岔的存在性

在本小节中，主要研究系统 (3.3.1) 的 Hopf 分岔。为简单起见，我们选择 $\Omega = (0, \pi)$，令 $u_1(t,x) = y_1(t-\tau_1, x),\ u_2(t,x) = y_2(t,x),\ u_3(t,x) = y_3(t,x)$，于是系统 (3.3.2) 等价于以下的系统：

$$\begin{cases} \dfrac{\partial u_1(t,x)}{\partial t} = d_1 \Delta u_1(t,x) + \gamma u_2(t-\tau, x) - \delta u_1(t,x), \quad t>0, x \in \Omega, \\[3mm] \dfrac{\partial u_2(t,x)}{\partial t} = d_2 \Delta u_2(t,x) + \bar{\lambda} \dfrac{1+\rho u_1(t,x)^2}{1+u_1(t,x)^2} - \alpha u_2(t,x) - \sigma u_2(t,x)u_3(t,x), \quad t>0, x \in \Omega, \\[3mm] \dfrac{\partial u_3(t,x)}{\partial t} = d_3 \Delta u_3(t,x) + \mu \dfrac{1+\rho u_1(t,x)^2}{1+u_1(t,x)^2} - \beta u_3(t,x) - \sigma u_2(t,x)u_3(t,x), \quad t>0, x \in \Omega, \\[3mm] \dfrac{\partial u_1}{\partial v} = \dfrac{\partial u_2}{\partial v} = \dfrac{\partial u_3}{\partial v} = 0, \quad t>0, x \in \partial\Omega, \\[3mm] u_1(t,x) = \psi_1(t,x), \quad (t,x) \in [-\tau, 0] \times \bar{\Omega}, \\[2mm] u_2(t,x) = \psi_2(t,x), \quad (t,x) \in [-\tau, 0] \times \bar{\Omega}, \\[2mm] u_3(t,x) = \psi_3(t,x), \quad (t,x) \in [-\tau, 0] \times \bar{\Omega}, \end{cases}$$

$$(3.3.3)$$

其中，$\tau = \tau_1 + \tau_2$。由于生物的原因，我们只研究系统 (3.3.3) 的正解。假设

(H1) 系统 (3.3.3) 有唯一的正平衡点 $E^*(u_1^*, u_2^*, u_3^*)$。

在本节中，我们假设条件 (H1) 恒成立，令 $\bar{u}_1(x,t) = u_1(x,t) - u_1^*,\ \bar{u}_2(x,t) = u_2(x,t) - u_2^*,$ $\bar{u}_3(x,t) = u_3(x,t) - u_3^*$，仍然用 $\bar{u}_1(x,t)$、$\bar{u}_2(x,t)$、$\bar{u}_3(x,t)$ 分别表示 $u_1(x,t)$、$u_2(x,t)$、$u_3(x,t)$，于是系统 (3.3.3) 等价于以下的形式：

$$\begin{cases} \dfrac{\partial u_1(t,x)}{\partial t} = d_1 \Delta u_1(t,x) + \gamma u_2(t-\tau, x) - \delta u_1(t,x), \quad t>0, x \in \Omega \\[3mm] \dfrac{\partial u_2(t,x)}{\partial t} = d_2 \Delta u_2(t,x) \\[2mm] \qquad\qquad + \bar{\lambda} \sum_{i=1}^{\infty} \dfrac{1}{i!} f^{(i)}(u_1^*) u_1^i(t,x) + M u_2(t,x) + N u_3(t,x) - \sigma u_2(t,x) u_3(t,x), \quad t>0, x \in \Omega \\[3mm] \dfrac{\partial u_3(t,x)}{\partial t} = d_3 \Delta u_3(t,x) \\[2mm] \qquad\qquad + \mu \sum_{i=1}^{\infty} \dfrac{1}{i!} f^{(i)}(u_1^*) u_1^i(t,x) + P u_2(t,x) + Q u_3(t,x) - \sigma u_2(t,x) u_3(t,x), \quad t>0, x \in \Omega \\[3mm] \dfrac{\partial u_1}{\partial v} = \dfrac{\partial u_2}{\partial v} = \dfrac{\partial u_3}{\partial v} = 0, \quad t>0, x \in \partial\Omega \\[3mm] u_1(t,x) = \psi_1(t,x) - u_1^*, \quad (t,x) \in [-\tau, 0] \times \bar{\Omega} \\[2mm] u_2(t,x) = \psi_2(t,x) - u_2^*, \quad (t,x) \in [-\tau, 0] \times \bar{\Omega} \\[2mm] u_3(t,x) = \psi_3(t,x) - u_3^*, \quad (t,x) \in [-\tau, 0] \times \bar{\Omega} \end{cases}$$

$$(3.3.4)$$

其中，

$$f(u_1) = \frac{1 + \rho u_1(t,x)^2}{1 + u_1(t,x)^2}, M = -(\alpha + \sigma u_3^*), N = -\sigma u_2^*, Q = -(\beta + \sigma u_2^*), P = -\sigma u_3^*$$

令 $U(t) = (u_1(t), u_2(t), u_3(t))^{\mathrm{T}} = (u_1(t, \cdot), u_2(t, \cdot), u_3(t, \cdot))^{\mathrm{T}}$ ，于是系统 (3.3.4) 在巴拿赫空间 $C = C([-\tau, 0], X)$ 上，其中，

$$X = \left\{ u_1, u_2, u_3 \in W^{2,2}(0, \pi) : \frac{\partial u_1}{\partial x} = \frac{\partial u_2}{\partial x} = \frac{\partial u_3}{\partial x} = 0, x = 0, \pi \right\}$$

等价于以下的抽象微分方程：

$$\dot{U}(t) = D\Delta U(t) + L(U_t) + F(U_t) \tag{3.3.5}$$

其中， $D = \mathrm{diag}(d_1, d_2, d_3), U_t(\theta) = U(t + \theta), -\tau \le \theta \le 0.$ $L : C \to X$ 和 $F : C \to X$ 分别定义为

$$L(\phi) = \begin{pmatrix} -\delta\phi_1(0) + \gamma\phi_2(-\tau) \\ \bar{\lambda} f'(u_1^*)\phi_1(0) + M\phi_2(0) + N\phi_3(0) \\ \mu f'(u_1^*)\phi_1(0) + P\phi_2(0) + Q\phi_3(0) \end{pmatrix}$$

和

$$F(\phi) = \begin{pmatrix} 0 \\ \bar{\lambda}\sum_{i=2}^{\infty}\frac{1}{i!}f^{(i)}(u_1^*)\phi_1^i(0) - \sigma\phi_2(0)\phi_3(0) \\ \mu\sum_{i=2}^{\infty}\frac{1}{i!}f^{(i)}(u_1^*)\phi_1^i(0) - \sigma\phi_2(0)\phi_3(0) \end{pmatrix},$$

这里 $\phi(\theta) = U_t(\theta)$ ， $\phi = (\phi_1, \phi_2, \phi_3)^{\mathrm{T}} \in C$ 。系统 (3.3.5) 的线性部分是

$$\dot{U}(t) = D\Delta U(t) + L(U_t) \tag{3.3.6}$$

它的特征方程是

$$\lambda y - D\Delta y - L(e^{\lambda\cdot}y) = 0 \tag{3.3.7}$$

其中 $y \in \mathrm{dom}(\Delta)$ ， $d \ne 0$ ， $\mathrm{dom}(\Delta) \subset X$ 。

定义在有界域上的拉普拉斯算子 Δ ，其算子 Δ 有特征值 $-k^2, k \in \mathbb{N}_0 = \{0, 1, 2, \cdots\}$ 。每个 k 相应的特征函数为

$$\beta_k^1 = \begin{pmatrix} \gamma_k \\ 0 \\ 0 \end{pmatrix}, \quad \beta_k^2 = \begin{pmatrix} 0 \\ \gamma_k \\ 0 \end{pmatrix}, \quad \beta_k^3 = \begin{pmatrix} 0 \\ 0 \\ \gamma_k \end{pmatrix}, \quad \gamma_k = \cos(kx)$$

显然， $\left\{ \beta_k^1, \beta_k^2, \beta_k^3 \right\}_{k=0}^{\infty}$ 构成了相空间 X 的一组基。所以 X 上的任意一个元素 y 可以展开成傅里叶级数，如：

$$y = \sum_{k=0}^{\infty} Y_k^{\mathrm{T}} \begin{pmatrix} \beta_k^1 \\ \beta_k^2 \\ \beta_k^3 \end{pmatrix}, \quad Y_k = \begin{pmatrix} <y, \beta_k^1> \\ <y, \beta_k^2> \\ <y, \beta_k^3> \end{pmatrix} \tag{3.3.8}$$

此外，通过计算，有

$$L\left[\phi^{\mathrm{T}}\begin{pmatrix}\beta_k^1\\\beta_k^2\\\beta_k^3\end{pmatrix}\right]=L(\phi)^{\mathrm{T}}\begin{pmatrix}\beta_k^1\\\beta_k^2\\\beta_k^3\end{pmatrix},k\in\mathbb{N}_0 \tag{3.3.9}$$

根据式 (3.3.8) 和式 (3.3.9)，式 (3.3.7) 等价于

$$\sum_{k=0}^{\infty}Y_k^{\mathrm{T}}\left[\lambda I_3+Dk^2-\begin{pmatrix}-\delta & \gamma\mathrm{e}^{-\lambda\tau} & 0\\\bar{\lambda}f'(u_1^*) & M & N\\\mu f'(u_1^*) & P & Q\end{pmatrix}\right]\times\begin{pmatrix}\beta_k^1\\\beta_k^2\\\beta_k^3\end{pmatrix}=0 \tag{3.3.10}$$

其中，I_3 是 3×3 单位矩阵。因此，我们得到式 (3.3.10) 等价于以下的形式：

$$\lambda^3+A_k\lambda^2+B_k\lambda+C_k+(G\lambda+D_k)\mathrm{e}^{-\lambda\tau}=0 \tag{3.3.11}$$

其中，

$$\begin{cases}A_k=(d_1+d_2+d_3)k^2-M-Q+\delta\\B_k=(d_1d_2+d_1d_3+d_2d_3)k^4-(d_1+d_3)k^2M-(d_1+d_2)k^2Q\\\quad\quad+(d_2+d_3)k^2\delta+QM-\delta(Q+M)-PN\\C_k=d_1d_2d_3k^6-d_1d_3k^4M-d_1d_2k^4Q+d_2d_3k^4\delta+QMd_1k^2\\\quad\quad-\delta Qd_2k^2-\delta Md_3k^2+\delta MQ-PNd_1k^2-PN\delta\\G=-\bar{\lambda}f'(u_1^*)\gamma\\D_k=-\mu f'(u_1^*)N\gamma-\bar{\lambda}f'(u_1^*)\gamma d_3k^2+\bar{\lambda}f'(u_1^*)\gamma Q\end{cases} \tag{3.3.12}$$

很显然，对于 $\forall k\in\mathbb{N}_0,\lambda=0$ 不是式 (3.3.11) 的根。

定义 Δ_1、Δ_2 和 Δ_3，如下：

$$\begin{cases}\Delta_1=A_k\\\Delta_2=\begin{vmatrix}A_k & 1\\C_k+D_k & B_k+G\end{vmatrix}=A_k(B_k+G)-(C_k+D_k)\\\Delta_3=\begin{vmatrix}A_k & 1 & 0\\C_k+D_k & B_k+G & A_k\\0 & 0 & C_k+D_k\end{vmatrix}=(C_k+D_k)\Delta_2\end{cases}$$

做以下的假设：

(H2) $A_k(B_k+G)-(C_k+D_k)>0$ 对于任意 $k\in\mathbb{N}_0$；

(H3) $C_k+D_k>0$ 对于任意 $k\in\mathbb{N}_0$。

引理 3.2 如果 (H1)～(H3) 成立，当 $\tau=0$，系统 (3.3.3) 的平衡点 $E^*=(u_1^*,u_2^*,u_3^*)$ 是局部渐近稳定的。

证明 注意到当 $\tau=0$ 时，从方程 (3.3.11)，有

$$\lambda^3+A_k\lambda^2+(B_k+G)\lambda+C_k+D_k=0 \tag{3.3.13}$$

因为 $\alpha>0,\beta>0,\sigma>0$，于是

$$M=-(\alpha+\sigma u_3^*)<0,\quad Q=-(\beta+\sigma u_2^*)<0$$

显然地，对于任意 $k\in\mathbb{N}_0$，$\Delta_1=A_k>0$。当条件 (H2) 和 (H3) 成立时，

$$\begin{cases} \Delta_2 = A_k(B_k + G) - (C_k + D_k) > 0 \\ \Delta_3 = (C_k + D_k)\Delta_2 > 0 \end{cases}$$

根据 Routh-Hurwitz 定理, 当 $\tau = 0$, 系统 (3.3.13) 的所有根负实部, 因此系统 (3.3.3) 平衡点 $E^*(u_1^*, u_2^*, u_3^*)$ 是局部渐近稳定的。这就完成了引理的证明。

接下来, 我们将考虑时滞 τ 对系统 (3.3.3) 的平衡点 $E^* = (u_1^*, u_2^*, u_3^*)$ 的稳定性的影响。假设 $i\omega(\omega > 0)$ 是方程 (3.3.11) 的根。于是, 对于一些 $k \in \mathbb{N}_0$, ω 应该满足以下方程:

$$i\omega^3 + A_k\omega^2 - iB_k\omega - C_k - (Gi\omega + D_k)[\cos(\omega\tau) - i\sin(\omega\tau)] = 0 \quad (3.3.14)$$

分离方程 (3.3.14) 的实部与虚部, 得到

$$\begin{cases} -A_k\omega^2 + C_k = -D_k\cos(\omega\tau) - G\omega\sin(\omega\tau) \\ -\omega^3 + B_k\omega = D_k\sin(\omega\tau) - G\omega\cos(\omega\tau) \end{cases} \quad (3.3.15)$$

方程 (3.3.15) 两端分别平方相加, 得到

$$\omega^6 + (A_k^2 - 2B_k)\omega^4 + (B_k^2 - 2A_kC_k - G^2)\omega^2 + C_k^2 - D_k^2 = 0 \quad (3.3.16)$$

令

$$z = \omega^2, \quad P_k = A_k^2 - 2B_k, \quad Q_k = B_k^2 - 2C_kA_k - G^2, \quad V_k = C_k^2 - D_k^2 \quad (3.3.17)$$

于是方程 (3.3.17) 可以改写成如下形式:

$$z^3 + P_kz^2 + Q_kz + V_k = 0 \quad (3.3.18)$$

当 $k = 0$, 方程 (3.3.18) 变为

$$z^3 + P_0z^2 + Q_0z + V_0 = 0 \quad (3.3.19)$$

令

$$h(z) = z^3 + P_0z^2 + Q_0z + V_0 \quad (3.3.20)$$

我们再进一步做以下假设:

$$(H4) \ C_0 - D_0 > 0;$$
$$(H5) \ B_k^2 - 2C_kA_k - G^2 > 0 \ 对于任意 \ k \in \mathbb{N}_0;$$
$$(H6) \ d_1MQ - d_1NP - d_2Q\delta - d_3M\delta + d_3f'(u_1^*)\gamma\bar{\lambda} > 0 \ 且$$
$$-[NP\delta - MQ\delta + f'(u_1^*)Q\gamma\bar{\lambda} - f'(u_1^*)N\gamma u] > 0。$$

引理 3.3　如果 (H1) ~ (H4) 成立, 方程 (3.3.19) 有唯一的正根。

证明　由于 $\alpha > 0$, $\beta > 0$, $\sigma > 0$, 于是 $M < 0$, $Q < 0$, $N < 0$, $P < 0$, 显然, 根据式 (3.3.12)

$$P_0 = A_0^2 - 2B_0 = M^2 + Q^2 + \delta^2 + 2PN > 0$$

当 (H2) ~ (H4) 成立时,

$$V_0 = (C_0 + D_0)(C_0 - D_0) > 0$$

根据笛卡儿符号法则[60], 方程 (3.3.19) 有唯一的正根。这就完成了引理的证明。

根据引理 3.3, 方程 (3.3.19) 有唯一的正根, 用 z_0 表示, 所以方程 (3.3.16) 有唯一的正根 $\omega_0 = \sqrt{z_0}$。由式 (3.3.15), 有

$$\begin{cases} \cos(\omega_0\tau) = \dfrac{A_0D_0\omega_0^2 - C_0D_0 + G\omega_0^4 - B_0G\omega_0^2}{D_0^2 + G^2\omega_0^2} \equiv b^* \\[3mm] \sin(\omega_0\tau) = \dfrac{D_0B_0\omega_0 + GA_0\omega_0^2 - D_0\omega_0^3 - GC_0}{G(D_0^2 + G^2\omega_0^2)} \equiv a^* \end{cases} \tag{3.3.21}$$

所以

$$\tau = \tau_0^j = \begin{cases} \dfrac{\arccos(b^*) + 2j\pi}{\omega_0}, & a^* \geqslant 0 \\[3mm] \dfrac{2\pi - \arccos(b^*) + 2j\pi}{\omega_0}, & a^* < 0 \end{cases} \tag{3.3.22}$$

于是，当 $\tau = \tau_0^j$，$j \in \mathbb{N}_0$，$\pm\mathrm{i}\omega_0$ 是方程 (3.3.16) 的一对纯虚根。显然，序列 $\{\tau_0^j\}_{j=0}^{\infty}$ 单调增加，且

$$\lim_{j \to +\infty} \tau_0^j = +\infty. \tag{3.3.23}$$

所以，我们定义

$$\tau_0^0 = \min\{\tau_0^j\}. \tag{3.3.24}$$

引理 3.4　如果 (H1)～(H5) 成立，则对于所有 $k \geqslant 1$，方程 (3.3.18) 没有正实根。

证明　根据式 (3.3.12)，我们得到

$$P_k = A_k^2 - 2B_k = (d_1 + d_2 + d_3)k^4 + 2(d_1\delta - d_2M - d_3Q)k^2 + \delta^2 + M^2 + 2NP + Q^2 > 0$$

由假设 (H5)，我们知道

$$Q_k = B_k^2 - 2C_kA_k - G^2 > 0$$

此外，有

$$V_k = C_k^2 - D_k^2 = (C_k + D_k)(C_k - D_k)$$

很显然，由假设 (H3)，$C_k + D_k > 0$，

$$\begin{aligned} C_k - D_k &= d_1d_2d_3k^6 + (-d_1d_2Q - d_1d_3M + d_2d_3\delta)k^4 \\ &\quad + [d_1MQ - d_1NP - d_2Q\delta - d_3M\delta + d_3f'(u_1^*)\gamma\overline{\lambda}]k^2 \\ &\quad - [NP\delta - MQ\delta + f'(u_1^*)Q\gamma\overline{\lambda} - f'(u_1^*)N\gamma\mu] \end{aligned}$$

再由假设 (H6)，有 $C_k - D_k > 0$。

根据笛卡儿符号法则[60]，对于所有 $k \geqslant 1$，方程 (3.3.18) 没有正根。这就完成了证明。

引理 3.5　令 $\lambda(\tau) = \alpha(\tau) \pm \mathrm{i}\omega(\tau)$ 是方程 (3.3.11) 接近 $\tau = \tau_0^j$ 时满足 $\alpha(\tau_0^j) = 0$，$\omega(\tau_0^j) = \omega_0$ 的一个根。假设 $h'(z_0) \neq 0$，其中 $h(z)$ 由式 (3.3.20) 定义。于是，下面的横截性条件成立：

$$\frac{\mathrm{d}[\mathrm{Re}\lambda(\tau)]}{\mathrm{d}\tau}\bigg|_{\tau = \tau_0^j} \neq 0 \tag{3.3.25}$$

且 $\dfrac{\mathrm{d}[\mathrm{Re}\lambda(\tau)]}{\mathrm{d}\tau}\bigg|_{\tau = \tau_0^j}$ 的符号和 $h'(z_0)$ 相同。

证明　对方程 (3.3.11) 两边关于 τ 求导，得到

$$\left(\frac{\mathrm{d}\lambda}{\mathrm{d}\tau}\right)^{-1} = \frac{(3\lambda^2 + 2A_0\lambda + B_0)\mathrm{e}^{\lambda\tau} + G}{\lambda(G\lambda + D_0)} - \frac{\tau}{\lambda}$$

从式 (3.3.15) 和式 (3.3.17)，我们很容易得到

$$
\left[\frac{\mathrm{d}[\mathrm{Re}\lambda(\tau)]}{\mathrm{d}\tau}\right]_{\tau=\tau_0^j}^{-1}=\mathrm{Re}\left[\frac{(3\lambda^2+2A_0\lambda+B_0)\mathrm{e}^{\lambda\tau}}{\lambda(G\lambda+D_0)}\right]_{\tau=\tau_0^j,\lambda=\mathrm{i}\omega_0}+\left[\frac{G}{\lambda(G\lambda+D_0)}\right]_{\tau=\tau_0^j,\lambda=\mathrm{i}\omega_0}
$$

$$
=-\frac{G\omega_0^2\left[(B_0-3\omega_0^2)\cos(\omega_0\tau_0^j)-2A_0\omega_0\sin(\omega_0\tau_0^j)\right]}{G^2\omega_0^4+D_0^2\omega_0^2}
$$

$$
+\frac{D_0\omega_0\left[2A_0\omega_0\cos(\omega_0\tau_0^j)+(B_0-3\omega_0^2)\sin(\omega_0\tau_0^j)\right]-G^2\omega_0^2}{G^2\omega_0^4+D_0^2\omega_0^2}
$$

$$
=\frac{3\omega_0^6+2(A_0^2-2B_0)\omega_0^4+(B_0^2-2A_0C_0-G^2)\omega_0^2}{G^2\omega_0^4+D_0^2\omega_0^2}
$$

$$
=\frac{z_0+(3z_0^2+2P_0z_0+Q_0)}{G^2\omega_0^4+D_0^2\omega_0^2}=\frac{z_0h'(z_0)}{G^2\omega_0^4+D_0^2\omega_0^2}
$$

所以，有

$$
\mathrm{sign}\left\{\frac{\mathrm{d}[\mathrm{Re}\lambda(\tau)]}{\mathrm{d}\tau}\right\}_{\tau=\tau_0^j}=\mathrm{sign}\left\{\frac{\mathrm{d}[\mathrm{Re}\lambda(\tau)]}{\mathrm{d}\tau}\right\}_{\tau=\tau_0^j}^{-1}=\mathrm{sign}\left\{\frac{z_0h'(z_0)}{G^2\omega_0^4+D_0^2\omega_0^2}\right\}
$$

注意到 $G^2\omega_0^4+D_0^2\omega_0^2>0$，$z_0>0$，得到 $\left[\mathrm{d}[\mathrm{Re}\lambda(\tau)]/\mathrm{d}\tau\right]_{\tau=\tau_0^j}$ 的符号取决于 $h'(z_0)$。这就完成了证明。

基于文献 [61] 中的理论，得到下面的结论。

定理 3.3　如果假设 (H1)～(H6) 满足，且 $h'(z_0)\neq0$，那么以下条件成立：

(i) 如果 $\tau\in[0,\tau_0)$，则平衡点 $E^*(u_1^*,u_2^*,u_3^*)$ 是渐近稳定的；

(ii) 如果 $\tau>\tau_0^0$，则平衡点 $E^*(u_1^*,u_2^*,u_3^*)$ 是不稳定的；

(iii) $\tau=\tau_0^j(j=0,1,2,\cdots)$ 是系统 (3.3.3) 的 Hopf 分岔值，且这些分岔周期解都是空间齐次的。

接下来，我们将讨论扩散效应对空间非齐次 Hopf 分岔的影响。我们再次考虑系统 (3.3.18)。注意到 $P_k>0$，我们假设存在某个 $k_0\in\mathbb{N}=\{1,2,3,\cdots\}$，使得

$$
(\mathrm{H7})\ C_{k_0}-D_{k_0}<0\ \text{和}\ C_{k_0+1}-D_{k_0+1}>0,
$$

当假设 (H7) 成立时，则根据笛卡儿符号法则 [60]，方程 (3.3.18) 有唯一的正根，用 z_{k_0} 表示，因此方程 (3.3.16) 有唯一的正根 $\omega_{k_0}=\sqrt{z_{k_0}}$。由式 (3.3.15)，得到

$$
\begin{cases}
\cos(\omega_{k_0}\tau)=\dfrac{A_{k_0}D_{k_0}\omega_{k_0}^2+G\omega_{k_0}^4-C_{k_0}D_{k_0}-B_{k_0}G\omega_{k_0}^2}{D_{k_0}^2+G^2\omega_{k_0}^2}\equiv d^* \\[4mm]
\sin(\omega_{k_0}\tau)=\dfrac{D_{k_0}B_{k_0}\omega_{k_0}+GA_{k_0}\omega_{k_0}^2-D_{k_0}G\omega_{k_0}^3-GC_{k_0}}{G(D_{k_0}^2+G^2\omega_{k_0}^2)}\equiv c^*
\end{cases}
\tag{3.3.26}
$$

所以

$$
\tau=\tau_{k_0}^j=\begin{cases}
\dfrac{\arccos(d^*)+2j\pi}{\omega_{k_0}}, & c^*\geqslant0 \\[4mm]
\dfrac{2\pi-\arccos(d^*)+2j\pi}{\omega_{k_0}}, & c^*<0
\end{cases}
\tag{3.3.27}
$$

其中，$j \in \mathbb{N}_0$，于是当 $\tau = \tau_{k_0}^j$ 时，$\pm i\omega_{k_0}$ 是系统 (3.3.11) 的一对纯虚根。我们假设 $h'(z_{k_0}) \neq 0$。

使用证明引理 **3.4** 的同样方法，下面的横截条件成立：

$$\frac{\mathrm{d}[\mathrm{Re}\lambda(\tau)]}{\mathrm{d}\tau}\bigg|_{\tau=\tau_{k_0}^j} \neq 0 \tag{3.3.28}$$

因此，基于文献 [61] 中的理论，我们得到以下的结论。

定理 3.4　如果假设 (H1) 和 (H7) 成立，假设 $h'(z_{k_0}) \neq 0$，则系统 (3.3.3) 在平衡点 $E^*(u_1^*, u_2^*, u_3^*)$ 处产生空间非齐次周期解，当 $\tau = \tau_{k_0}^j (j \in \mathbb{N}_0)$ 并穿过临界值 $\tau = \tau_{k_0}^j (j \in \mathbb{N}_0)$ 时，一族空间非齐次周期解从平衡点 $E^*(u_1^*, u_2^*, u_3^*)$ 分岔出来。

3.3.3 小 RNA 模型 Hopf 分岔的方向及稳定性

当 $\tau = \tau_k^j (k = 0, k_0; j \in \mathbb{N}_0)$ 时，我们总假设系统 (3.3.3) 在平衡点 E^* 处产生 Hopf 分岔，$i\omega_k$ 是特征方程相应的纯虚根。固定 $j \in \mathbb{N}_0$，用 τ^* 表示 τ_k^j，引入新参数 $\mu = \tau - \tau^*$。令 $t \to t/\tau$，于是系统 (3.3.4) 可以转化为空间 $C = C([-1,0], X)$ 上的泛函微分方程：

$$\dot{U}(t) = \tau^* D\Delta U_t + \tau^* L(U_t) + F(U_t, \mu) \tag{3.3.29}$$

其中，$L(\phi): C \to X$ 和 $F(\cdot, \mu): C \to X$ 分别为

$$L(\phi) = \begin{pmatrix} -\delta\phi_1(0) + \phi_2(-\tau) \\ \bar{\lambda}f'(u_1^*)\phi_1(0) + M\phi_2(0) + N\phi_3(0) \\ \mu f'(u_1^*)\phi_1(0) + P\phi_2(0) + Q\phi_3(0) \end{pmatrix} \tag{3.3.30}$$

和

$$F(\phi, \mu) = \mu D\Delta\phi(0) + \mu L(\varphi) + (\tau^* + \mu)f(\phi) \tag{3.3.31}$$

且

$$f(\phi) = \begin{pmatrix} 0 \\ \bar{\lambda}\sum_{i=2}^{\infty}\frac{1}{i!}f^{(i)}(u_1^*)\phi_1^i(0) - \sigma\phi_2(0)\phi_3(0) \\ \mu\sum_{i=2}^{\infty}\frac{1}{i!}f^{(i)}(u_1^*)\phi_1^i(0) - \sigma\phi_2(0)\phi_3(0) \end{pmatrix} \tag{3.3.32}$$

其中，$\phi(\theta) = (\phi_1(\theta), \phi_2(\theta), \phi_3(\theta))^\mathrm{T} \in C$。

显然地，如果我们令 $\mu = 0$，于是方程 (3.3.29) 变为

$$\dot{U}(t) = \tau^* D\Delta U_t + \tau^* L(U_t) + \tau^*(U_t, \mu) \tag{3.3.33}$$

考虑线性方程

$$\dot{U}(t) = \tau^* D\Delta U_t + \tau^*(U_t) \tag{3.3.34}$$

由 Riesz 表示定理，存在一个有界变差的 3×3 矩阵函数 $\eta(\theta, \mu)(-1 \leqslant \theta \leqslant 0)$，使得

$$-\tau^* Dk^2\phi(0) + \tau*L(\phi) = \int_{-1}^{0}\mathrm{d}[\eta(\theta, \mu)]\phi(\theta), \quad \phi(\theta) \in C \tag{3.3.35}$$

事实上，可以选择

$$\eta(\theta,\mu)=\tau^{*}\begin{pmatrix} -d_1k^2-\delta & 0 & 0 \\ \bar{\lambda}f'(u_1^{*}) & -d_2k^2+M & +N \\ \mu f'(u_1^{*}) & P & -d_3k^2+Q \end{pmatrix}\delta(\theta)+\tau^{*}\begin{pmatrix} 0 & \gamma & 0 \\ 0 & 0 & 0 \\ 0 & 0 & 0 \end{pmatrix}\delta(\theta+1)$$

其中，δ 是狄拉克 δ 函数。

对 $\phi(\theta)=(\phi_1(\theta),\phi_2(\theta),\phi_3(\theta))\in C^1\left([-1,0],R^3\right)$ 和 $\psi=(\psi_1(\theta),\psi_2(\theta),\psi_3(\theta))\in C^1\left([0,1],(R^3)^{*}\right)$，定义 A 和 A^{*} 分别为

$$A\phi(\theta)=\begin{cases} \dfrac{\mathrm{d}\phi(\theta)}{\mathrm{d}\theta}, & \theta\in[-1,0) \\ \displaystyle\int_{-1}^{0}\mathrm{d}\eta(\theta,0)\phi(\theta), & \theta=0 \end{cases}; \quad A^{*}\phi(\theta)=\begin{cases} -\dfrac{\mathrm{d}\psi(s)}{\mathrm{d}s}, & s\in(0,1] \\ \displaystyle\int_{-1}^{0}\mathrm{d}\eta(\theta,0)\phi(-\theta), & s=0 \end{cases}$$

于是 A 和 A^{*} 是一对伴随算子。定义双线性内积，如下

$$<\psi,\phi>_0=\bar{\psi}(0)\phi(0)-\int_{-1}^{0}\int_{\xi=0}^{\theta}\bar{\psi}(\xi-\theta)\mathrm{d}\eta(\theta)\phi(\xi)\mathrm{d}\xi \tag{3.3.36}$$

其中，$\eta(\theta)=\eta(\theta,\mu)$。由第 3.2 节，我们知道 $\pm\mathrm{i}\omega_k\tau^{*}$ 是 A 的特征值，且其他的特征值有严格的负实部。所以，它们也是 A^{*} 的特征值。接下来，计算 $A(0)$ 关于特征值 $\mathrm{i}\omega_k\tau^{*}$ 的特征向量 $q(\theta)$，$A^{*}(0)$ 关于特征值 $-\mathrm{i}\omega_k\tau^{*}$ 的特征向量 $q^{*}(\theta^{*})$。

令 $q(\theta)=(1,\xi_1,\xi_2)^{\mathrm{T}}\mathrm{e}^{\mathrm{i}\omega_k\tau^{*}\theta}$ 和 $q^{*}(s)=D(1,\xi_1^{*},\xi_2^{*})\mathrm{e}^{\mathrm{i}\omega_k\tau^{*}s}$。由以上的讨论，很容易知道 $A(0)q(0)=\mathrm{i}\omega_k\tau^{*}q(\theta)$ 和 $A^{*}(0)q^{*}(0)=-\mathrm{i}\omega_k\tau^{*}q^{*}(\theta^{*})$。通过计算，得到

$$\xi_1=\frac{\mathrm{i}\omega_k+d_1k^2+\delta}{\gamma\mathrm{e}^{-\mathrm{i}\omega_k\tau^{*}}}$$

$$\xi_2=\frac{(\mathrm{i}\omega_k+d_1k^2+\delta)(\mathrm{i}\omega_k+d_2k^2-M)-\bar{\lambda}f'(u_1^{*})\gamma\mathrm{e}^{-\mathrm{i}\omega_k\tau^{*}}}{N\gamma\mathrm{e}^{-\mathrm{i}\omega_k\tau^{*}}}$$

$$\xi_1^{*}=-\frac{P(\delta+d_1k^2-\mathrm{i}\omega_k)+\gamma\mu f'(u_1^{*})\mathrm{e}^{-\mathrm{i}\omega_k\tau^{*}}}{(\mathrm{i}\omega_k-d_2k^2+M)\mu f'(u_1^{*})-\bar{\lambda}f'(u_1^{*})P}$$

$$\xi_2^{*}=\frac{(\mathrm{i}\omega_k-d_2k^2+M)(\delta+d_1k^2-\mathrm{i}\omega_k)+\gamma\bar{\lambda}f'(u_1^{*})\mathrm{e}^{-\mathrm{i}\omega_k\tau^{*}}}{(\mathrm{i}\omega_k-d_2k^2+M)\mu f'(u_1^{*})-\bar{\lambda}f'(u_1^{*})P}$$

由双线性内积的定义，得到

$$\begin{aligned}
\langle q^{*},q\rangle_0 &=\bar{q}^{*}(0)q(0)-\int_{-1}^{0}\int_{\xi=0}^{\theta}\bar{q}^{*}(\xi-\theta)\mathrm{d}\eta(\theta)q(\xi)\mathrm{d}\xi \\
&=\bar{q}^{*}(0)q(0)-\int_{-1}^{0}\int_{\xi=0}^{\theta}\bar{D}(1,\bar{\xi}_1^{*},\bar{\xi}_2^{*})\mathrm{e}^{-\mathrm{i}\omega_k\tau^{*}(\xi-\theta)}\times\mathrm{d}\eta(\theta)(1,\xi_1,\xi_2)^{\mathrm{T}}\mathrm{e}^{\mathrm{i}\omega_k\tau^{*}\theta} \\
&=\bar{q}^{*}(0)q(0)-\bar{q}^{*}(0)\int_{-1}^{0}\theta\mathrm{e}^{\mathrm{i}\omega_k\tau^{*}\theta}\mathrm{d}\eta(\theta)q(0) \\
&=\bar{q}^{*}(0)q(0)-\bar{q}^{*}(0)\tau^{*}\begin{pmatrix} 0 & \gamma & 0 \\ 0 & 0 & 0 \\ 0 & 0 & 0 \end{pmatrix}(-\mathrm{e}^{\mathrm{i}\omega_k\tau^{*}})q(0) \\
&=\bar{D}(1+\xi_1\bar{\xi}_1^{*}+\xi_2\bar{\xi}_2^{*}+\tau^{*}\gamma\xi_1\mathrm{e}^{-\mathrm{i}\omega_k\tau^{*}})
\end{aligned}$$

所以得到

$$D = \frac{1}{1 + \overline{\xi}_1 \xi_1^* + \overline{\xi}_2 \xi_2^* + \tau^* \gamma \overline{\xi}_1 e^{i\omega_k \tau^*}}$$

满足了 $\langle q^*(s), q(\theta) \rangle_0 = 1$ 和 $\langle q^*(s), \overline{q}(\theta) \rangle_0 = 0$。在这种情况下，$\langle \Psi, \Phi \rangle_0 = I$，其中 $\Phi = (q(\theta), \overline{q}(\theta)), \Psi = (q^*(s), \overline{q}^*(s))^T$ 和 I 是单位矩阵。

接下来，令 $P = \text{span}\{q(\theta), \overline{q}(\theta)\}$ 和 $P^* = \text{span}\{q^*(s), \overline{q}^*(s)\}$，于是 P 是方程 $(3.3.34)$ 的中心子空间和 P^* 是伴随子空间。

定义 $f_k = (\beta_k^1, \beta_k^2, \beta_k^3)$，其中，

$$\beta_k^1 = \begin{pmatrix} \cos(kx) \\ 0 \\ 0 \end{pmatrix}, \quad \beta_k^2 = \begin{pmatrix} 0 \\ \cos(kx) \\ 0 \end{pmatrix}, \quad \beta_k^3 = \begin{pmatrix} 0 \\ 0 \\ \cos(kx) \end{pmatrix}$$

定义 $c \cdot f_k$ 为

$$c \cdot f_k = c_1 \beta_k^1 + c_2 \beta_k^2 + c_3 \beta_k^3$$

其中，$c = (c_1, c_2, c_3)^T, c_j \in R(j = 1, 2, 3)$。再定义

$$\langle u, v \rangle = \frac{1}{\pi} \int_0^\pi (u_1 v_1 + u_2 v_2 + u_3 v_3) dx$$

其中，$u = (u_1, u_2, u_3)^T, v = (v_1, v_2, v_3) \in X$ 和 $\langle \beta_0^1, \beta_0^1 \rangle = 1, \langle \beta_k^1, \beta_k^1 \rangle = 1/2, k = 1, 2, \cdots$。

$$\langle \phi, f_k \rangle = \left(\langle \phi, \beta_k^1 \rangle, \langle \phi, \beta_k^2 \rangle, \langle \phi, \beta_k^3 \rangle \right)^T \tag{3.3.37}$$

其中，$\phi \in C$。

于是方程 $(3.3.34)$ 的中心子空间由 $P_{CN}C$ 给出，其中，

$$P_{CN}\phi = \Phi \langle \Psi, \langle \phi, f_k \rangle \rangle_0 \cdot f_k, \quad \phi \in C$$

$$P_{CN}C = \{[q(\theta)z + \overline{q}(\theta)\overline{z}] \cdot f_k, \ z \in C\}$$

其中，$C = P_{CN}C \oplus P_S C$，$P_S C$ 是 $P_{CN}C$ 在 C 中的补子空间。所以方程 $(3.3.34)$ 诱导的无穷小生成元 A_τ 如下

$$A_\tau \cdot \phi = \dot{\phi}(\theta)$$

此外，$\text{dom}(A_\tau) = \{\phi(\theta) \in C, \dot{\phi}(\theta) \in C, \phi(0) \in \text{dom}(\tau^* D\Delta), \dot{\phi}(0) = \tau^* L(\phi) + \tau^* D\Delta\phi(0)\}$。

方程 $(3.3.33)$ 在中心流形上的流为

$$U_t = \Phi(z, \overline{z})^T \cdot f_k + W(z, \overline{z}) \tag{3.3.38}$$

其中，$W(z, \overline{z}) = (W^{(1)}, W^{(2)}, W^{(3)})^T \in P_S C$；$z$ 和 $\overline{z}$ 是中心流形在 q^* 和 $\overline{q}^*$ 方向上的局部坐标。此外，在 $\mu = 0, z$ 满足

$$\dot{z}(t) = i\omega_k \tau^* z + g(z, \overline{z}) \tag{3.3.39}$$

其中，

$$g(z, \overline{z}) = \overline{q}^*(0)\langle F(U_t, 0), f_k \rangle = \overline{q}^*(0)\tau^* \langle f(U_t), f_k \rangle$$

令

$$W(z, \overline{z}) = W_{20}(\theta)\frac{z^2}{z} + W_{11}(\theta)z\overline{z} + W_{02}(\theta)\frac{\overline{z}^2}{2} + W_{21}(\theta)\frac{z^2\overline{z}}{2} + \cdots \tag{3.3.40}$$

和

$$g(z,\overline{z}) = g_{20}\frac{z^2}{2} + g_{11}z\overline{z} + g_{02}\frac{\overline{z}^2}{2} + g_{21}\frac{z^2\overline{z}}{2} + \cdots \tag{3.3.41}$$

由式 (3.3.38)、式 (3.3.40) 和 Φ 的定义，得到

$$u_{1t}(\theta) = \cos(kx)\mathrm{e}^{\mathrm{i}\omega_k\tau^\bullet\theta}z + \cos(kx)\mathrm{e}^{-\mathrm{i}\omega_k\tau^\bullet\theta}\overline{z} + W_{20}^{(1)}(\theta)\frac{z^2}{2}$$

$$+ W_{11}^{(1)}(\theta)z\overline{z} + W_{02}^{(1)}(\theta)\frac{\overline{z}^2}{2} + W_{21}^{(1)}(\theta)\frac{z^2\overline{z}}{2} + \cdots$$

$$u_{2t}(\theta) = \xi_1\cos(kx)\mathrm{e}^{\mathrm{i}\omega_k\tau^\bullet\theta}z + \overline{\xi}_1\cos(kx)\mathrm{e}^{-\mathrm{i}\omega_k\tau^\bullet\theta}\overline{z} + W_{20}^{(2)}(\theta)\frac{z^2}{2}$$

$$+ W_{11}^{(2)}(\theta)z\overline{z} + W_{02}^{(2)}(\theta)\frac{\overline{z}^2}{2} + W_{21}^{(2)}(\theta)\frac{z^2\overline{z}}{2} + \cdots$$

$$u_{3t}(\theta) = \xi_2\cos(kx)\mathrm{e}^{\mathrm{i}\omega_k\tau^\bullet\theta}z + \overline{\xi}_2\cos(kx)\mathrm{e}^{-\mathrm{i}\omega_k\tau^\bullet\theta}\overline{z} + W_{20}^{(3)}(\theta)\frac{z^2}{2}$$

$$+ W_{11}^{(3)}(\theta)z\overline{z} + W_{02}^{(3)}(\theta)\frac{\overline{z}^2}{2} + W_{21}^{(3)}(\theta)\frac{z^2\overline{z}}{2} + \cdots$$

结合方程 (3.3.32)，得到

$$g(z,\overline{z}) = \overline{q}^*(0)\tau^*\langle f(U_t), f_k\rangle$$

$$= \overline{D}\tau^*\Big[\langle f(U_t), \beta_k^1\rangle + \overline{\xi}_1^*\langle f(U_t), \beta_k^2\rangle + \overline{\xi}_2^*\langle f(U_t), \beta_k^3\rangle\Big]$$

$$= \frac{\overline{D}\tau^*}{\pi}\left(\begin{array}{l} \overline{\xi}_1^*\int_0^\pi\left\{\overline{\lambda}\displaystyle\sum_{i=2}^\infty\frac{1}{i!}f^{(i)}(u_1^*)\big[u_{1t}(0)\big]^i - \sigma u_{2t}(0)u_{3t}(0)\right\}\cos(kx)\mathrm{d}x \\[2mm] \qquad + \overline{\xi}_2^*\int_0^\pi\left\{\mu\displaystyle\sum_{i=2}^\infty\frac{1}{i!}f^{(i)}(u_1^*)\big[u_{1t}(0)\big]^i - \sigma u_{2t}(0)u_{3t}(0)\right\}\cos kx\mathrm{d}x \end{array}\right)$$

$$= \frac{\overline{D}\tau^*}{\pi}\left[\begin{array}{l} \left\{\begin{array}{l}\overline{\xi}_1^*\left[\dfrac{\overline{\lambda}}{2}f''(u_1^*) - \delta\xi_1\xi_2\right]\displaystyle\int_0^\pi\cos^3(kx)\mathrm{d}x \\[2mm] +\overline{\xi}_2^*\left[\dfrac{\mu}{2}f''(u_1^*) - \delta\xi_1\xi_2\right]\displaystyle\int_0^\pi\cos^3(kx)\mathrm{d}x\end{array}\right\}z^2 \\[6mm] + 2\left\{\begin{array}{l}\overline{\xi}_1^*\left[\dfrac{\overline{\lambda}}{2}f''(u_1^*) - \delta\mathrm{Re}\{\xi_1\overline{\xi}_2\}\right]\displaystyle\int_0^\pi\cos^3(kx)\mathrm{d}x \\[2mm] +\overline{\xi}_2^*\left[\dfrac{\mu}{2}f''(u_1^*) - \delta\mathrm{Re}\{\xi_1\overline{\xi}_2\}\right]\displaystyle\int_0^\pi\cos^3(kx)\mathrm{d}x\end{array}\right\}z\overline{z} \\[6mm] + \left\{\begin{array}{l}\overline{\xi}_1^*\left[\dfrac{\overline{\lambda}}{2}f''(u_1^*) - \delta\overline{\xi}_1\overline{\xi}_2\right]\displaystyle\int_0^\pi\cos^3 kx\mathrm{d}x \\[2mm] +\overline{\xi}_2^*\left[\dfrac{\mu}{2}f''(u_1^*) - \delta\overline{\xi}_1\overline{\xi}_2\right]\displaystyle\int_0^\pi\cos^3 kx\mathrm{d}x\end{array}\right\}\overline{z}^2 \\[6mm] + \left(\overline{\xi}_1^*\left\{\dfrac{\overline{\lambda}}{2}f''(u_1^*)\right)\displaystyle\int_0^\pi\big[2W_{11}^{(1)}(0) + W_{20}^{(1)}(0)\big]\cos^2(kx)\mathrm{d}x \end{array}\right.$$

$$+\frac{\overline{\lambda}}{2}f'''(u_1^*)\int_0^\pi\cos^4(kx)\mathrm{d}x-\delta\int_0^\pi\left[\xi_1W_{11}^{(3)}(0)+\frac{\overline{\xi_1}W_{20}^{(3)}(0)}{2}+\xi_2W_{11}^{(2)}(0)+\frac{\overline{\xi_2}W_{20}^{(2)}(0)}{2}\right]\cos^2(kx)\mathrm{d}x\bigg\}$$

$$+\overline{\xi_2^*}\left\{\begin{array}{l}\dfrac{\mu}{2}f''(u_1^*)\int_0^\pi\left[2W_{11}^{(1)}(0)+W_{20}^{(1)}(0)\right]\cos^2(kx)\mathrm{d}x\\[2mm]+\dfrac{\mu}{2}f'''(u_1^*)\int_0^\pi\cos^4(kx)\mathrm{d}x-\delta\int_0^\pi\left[\begin{array}{l}\xi_1W_{11}^{(3)}(0)\dfrac{\overline{\xi_1}W_{20}^{(3)}(0)}{2}\\[2mm]+\xi_2W_{11}^{(2)}(0)+\dfrac{\overline{\xi_2}W_{20}^{(2)}(0)}{2}\end{array}\right]\cos^2(kx)\mathrm{d}x\end{array}\right\}\Bigg]\Bigg]z^2\overline{z}$$

$$\tag{3.3.42}$$

注意到 $\int_0^\pi\cos^3(kx)\mathrm{d}x=0,\forall k\in\mathbb{N}=\{1,2,\cdots\}$，比较方程 $(3.3.41)$ 和方程 $(3.3.42)$ 的系数，得到

$$g_{20}=\begin{cases}0,&k\in\mathbb{N}\\[2mm]\dfrac{2\overline{D}\tau^*}{\pi}\left\{\begin{array}{l}\overline{\xi_1^*}\left[\dfrac{\overline{\lambda}}{2}f''(u_1^*)-\delta\xi_1\xi_2\right]\int_0^\pi\cos^3(kx)\mathrm{d}x\\[2mm]+\overline{\xi_2^*}\left[\dfrac{\mu}{2}f''(u_1^*)-\delta\xi_1\xi_2\right]\int_0^\pi\cos^3(kx)\mathrm{d}x\end{array}\right\}&k=0\end{cases}$$

$$g_{11}=\begin{cases}0,&k\in\mathbb{N}\\[2mm]\dfrac{2\overline{D}\tau^*}{\pi}\left\{\begin{array}{l}\overline{\xi_1^*}\left[\dfrac{\overline{\lambda}}{2}f''(u_1^*)-\delta\mathrm{Re}\{\xi_1\overline{\xi_2}\}\right]\int_0^\pi\cos^3(kx)\mathrm{d}x\\[2mm]+\overline{\xi_2^*}\left[\dfrac{\mu}{2}f''(u_1^*)-\delta\mathrm{Re}\{\xi_1\overline{\xi_2}\}\right]\int_0^\pi\cos^3(kx)\mathrm{d}x\end{array}\right\},&k=0\end{cases}$$

$$g_{02}=\begin{cases}0,&k\in\mathbb{N}\\[2mm]\dfrac{2\overline{D}\tau^*}{\pi}\left\{\begin{array}{l}\overline{\xi_1^*}\left[\dfrac{\overline{\lambda}}{2}f''(u_1^*)-\delta\overline{\xi_1}\overline{\xi_2}\right]\int_0^\pi\cos^3(kx)\mathrm{d}x\\[2mm]+\overline{\xi_2^*}\left[\dfrac{\mu}{2}f''(u_1^*)-\delta\overline{\xi_1}\overline{\xi_2}\right]\int_0^\pi\cos^3(kx)\mathrm{d}x\end{array}\right\},&k=0\end{cases}$$

$$\begin{aligned}g_{21}=\frac{2\overline{D}\tau^*}{\pi}\Bigg(&\overline{\xi_1^*}\bigg\{\frac{\overline{\lambda}}{2}f''(u_1^*)\int_0^\pi\left[2W_{11}^{(1)}(0)+W_{20}^{(1)}(0)\right]\cos^2(kx)\mathrm{d}x\\&+\frac{\overline{\lambda}}{2}f'''(u_1^*)\int_0^\pi\cos^4(kx)\mathrm{d}x-\delta\int_0^\pi\Big[\xi_1W_{11}^{(3)}(0)\\&+\frac{\overline{\xi_1}W_{20}^{(3)}(0)}{2}+\xi_2W_{11}^{(2)}(0)+\frac{\overline{\xi_2}W_{20}^{(2)}(0)}{2}\Big]\cos^2(kx)\mathrm{d}x\bigg\}\\&+\overline{\xi_2^*}\bigg\{\frac{\mu}{2}f''(u_1^*)\int_0^\pi\left[2W_{11}^{(1)}(0)+W_{20}^{(1)}(0)\right]\cos^2(kx)\mathrm{d}x\\&+\frac{\mu}{2}f'''(u_1^*)\int_0^\pi\cos^4(kx)\mathrm{d}x-\delta\int_0^\pi\Big[\xi_1W_{11}^{(3)}(0)+\frac{\overline{\xi_1}W_{20}^{(3)}(0)}{2}\end{aligned}$$

$$\left.\left.+\xi_2 W_{11}^{(2)}(0)+\frac{\overline{\xi}_2 W_{20}^{(2)}(0)}{2}\right]\cos^2(kx)\mathrm{d}x\right\}\right)$$

为了计算 g_{21}，我们需要先计算 $W_{11}(\theta)$ 和 $W_{20}(\theta)$。根据 Wu[62]的研究，得到

$$\dot{W}=A_{\tau^*}W+H(z,\overline{z}).\tag{3.3.43}$$

其中，

$$H(z,\overline{z})=\tau^*\begin{cases}-\varPhi(\theta)\varPsi(0)\langle f(U_t),f_k\rangle\cdot f_k, & \theta\in[-1,0)\\ -\varPhi(\theta)\varPsi(0)\langle f(U_t),f_k\rangle\cdot f_k+f(U_k), & \theta=0\end{cases}\tag{3.3.44}$$

令

$$H(z,\overline{z},\theta)=H_{20}(\theta)\frac{z^2}{2}+H_{11}(\theta)z\overline{z}+H_{02}(\theta)\frac{\overline{z}^2}{2}+\cdots\tag{3.3.45}$$

另外，$W(z,\overline{z})$ 满足

$$\dot{W}=W_{20}(\theta)z\dot{z}+W_{11}(\theta)(\dot{z}\overline{z}+z\dot{\overline{z}})+W_{02}(\theta)\overline{z}\dot{\overline{z}}+\cdots\tag{3.3.46}$$

和

$$A_{\tau^*}W=A_{\tau^*}W_{20}(\theta)\frac{z^2}{2}+A_{\tau^*}W_{11}(\theta)z\overline{z}+A_{\tau^*}W_{02}(\theta)\frac{\overline{z}^2}{2}+\cdots\tag{3.3.47}$$

由式(3.3.39)，式(3.3.43)和式(3.3.45)~式(3.3.47)，得到

$$\begin{cases}(2\mathrm{i}\omega_k\tau^*-A_{\tau^*})W_{20}(\theta)=H_{20}(\theta)\\ A_{\tau^*}W_{11}(\theta)=-H_{11}(\theta)\end{cases}\tag{3.3.48}$$

从式(3.3.44)，我们知道对于 $\theta\in[-1,0)$，有

$$\begin{aligned}H(z,\overline{z})&=-\big[g(z,\overline{z})q(\theta)+\overline{g}(z,\overline{z})\overline{q}(\theta)\big]\cdot f_k\\ &=-\big[g_{20}q(\theta)+\overline{g}_{02}\overline{q}(\theta)\big]\cos(kx)\frac{z^2}{2}-\big[g_{11}q(\theta)+\overline{g}_{11}(\theta)\overline{q}(\theta)\big]\cos(kx)z\overline{z}+\cdots\end{aligned}\tag{3.3.49}$$

因此，对于 $\theta\in[-1,0)$，有

$$H_{20}(\theta)=\begin{cases}0, & k\in\mathbb{N}\\ -g_{20}q(\theta)-\overline{g}_{02}\overline{q}(\theta), & k=0\end{cases}\tag{3.3.50}$$

$$H_{11}(\theta)=\begin{cases}0, & k\in\mathbb{N}\\ -g_{11}q(\theta)-\overline{g}_{11}\overline{q}(\theta), & k=0\end{cases}\tag{3.3.51}$$

根据式(3.3.48)、式(3.3.50)和 A_{τ^*} 的定义，有

$$\dot{W}_{20}(\theta)=2\mathrm{i}\omega_k\tau^*W_{20}(\theta)+\big[g_{20}q(\theta)+\overline{g}_{02}\overline{q}(\theta)\big]\cdot f_k\tag{3.3.52}$$

和

$$\dot{W}_{11}(\theta)=\big[g_{11}q(\theta)+\overline{g}_{11}\overline{q}(\theta)\big]\cdot f_k\tag{3.3.53}$$

因此

$$W_{20}(\theta)=\frac{\mathrm{i}g_{20}}{\omega_k\tau^*}q(\theta)\cdot f_k+\frac{\mathrm{i}\overline{g}_{02}}{3\omega_k\tau^*}\overline{q}(\theta)\cdot f_k+E_1\mathrm{e}^{2\mathrm{i}\omega_k\tau^*\theta}\tag{3.3.54}$$

和

$$W_{11}(\theta)=\frac{\mathrm{i}g_{11}}{\omega_k\tau^*}q(\theta)\cdot f_k+\frac{\mathrm{i}\overline{g}_{11}}{\omega_k\tau^*}\overline{q}(\theta)\cdot f_k+E_2\tag{3.3.55}$$

其中，$E_1, E_2 \in R^3$，是常向量。

在下面，我们将分别计算式 $(3.3.54)$ 和式 $(3.3.55)$ 中的 E_1 和 E_2。由 A_{τ^*} 和式 $(3.3.48)$ 的定义，得到

$$
\begin{aligned}
H_{20}(0) &= 2\mathrm{i}\omega_k\tau^* W_{20}(0) - A_{\tau^*}W_{20}(0) \\
&= 2\mathrm{i}\omega_k\tau^* W_{20}(0) - \tau^* L(W_{20}(0)) - \tau^* D\Delta W_{20}(0)
\end{aligned}
\tag{3.3.56}
$$

和

$$
\begin{aligned}
H_{11}(0) &= -A_{\tau^*}W_{11}(0) \\
&= -\tau^* L\big[W_{11}(0)\big] - \tau^* D\Delta W_{11}(0)
\end{aligned}
\tag{3.3.57}
$$

另外，根据式 $(3.3.44)$ 关于 $\theta = 0$ 和式 $(3.3.45)$，有

$$
H_{20}(0) = \begin{cases}
2\tau^* \begin{pmatrix} 0 \\ \dfrac{\overline{\lambda}}{2}f''(u_1^*) - \delta\xi_1\xi_2 \\ \dfrac{\mu}{2}f''(u_1^*) - \delta\xi_1\xi_2 \end{pmatrix} \cos^2(kx), & k \in \mathbb{N} \\[6ex]
2\tau^* \begin{pmatrix} 0 \\ \dfrac{\overline{\lambda}}{2}f''(u_1^*) - \delta\xi_1\xi_2 \\ \dfrac{\mu}{2}f''(u_1^*) - \delta\xi_1\xi_2 \end{pmatrix} - g_{20}q(\theta) - \overline{g}_{02}\overline{q}(\theta), & k = 0
\end{cases}
\tag{3.3.58}
$$

和

$$
H_{11}(0) = \begin{cases}
2\tau^* \begin{pmatrix} 0 \\ \dfrac{\overline{\lambda}}{2}f''(u_1^*) - \delta\mathrm{Re}\{\xi_1\overline{\xi}_2\} \\ \dfrac{\mu}{2}f''(u_1^*) - \delta\mathrm{Re}\{\xi_1\overline{\xi}_2\} \end{pmatrix} \cos^2(kx), & k \in \mathbb{N} \\[6ex]
2\tau^* \begin{pmatrix} 0 \\ \dfrac{\overline{\lambda}}{2}f''(u_1^*) - \delta\mathrm{Re}\{\xi_1\overline{\xi}_2\} \\ \dfrac{\mu}{2}f''(u_1^*) - \delta\mathrm{Re}\{\xi_1\overline{\xi}_2\} \end{pmatrix} - g_{11}q(\theta) - \overline{g}_{11}\overline{q}(\theta), & k = 0
\end{cases}
\tag{3.3.59}
$$

将式 $(3.3.54)$ 代入式 $(3.3.56)$，比较式 $(3.3.56)$ 和式 $(3.3.58)$，对于 $k \in \mathbb{N}_0$，得到

$$
\begin{pmatrix}
2\mathrm{i}\omega_k + d_1k^2 + \delta & -\gamma\mathrm{e}^{-\mathrm{i}\omega_k\tau^*} & 0 \\
-\overline{\lambda}f'(u_1^*) & 2\mathrm{i}\omega_k + d_2k^2 - M & -N \\
-\mu f'(u_1^*) & -P & 2\mathrm{i}\omega_k + d_3k^2 - Q
\end{pmatrix} E_1 = 2 \begin{pmatrix} 0 \\ \dfrac{\overline{\lambda}}{2}f''(u_1^*) - \delta\xi_1\xi_2 \\ \dfrac{\mu}{2}f''(u_1^*) - \delta\xi_1\xi_2 \end{pmatrix} \cos^2(kx)
\tag{3.3.60}
$$

因此

$$E_1 = 2 \begin{pmatrix} 2\mathrm{i}\omega_k + d_1 k^2 + \delta & -\gamma \mathrm{e}^{-\mathrm{i}\omega_k \tau^*} & 0 \\ -\overline{\lambda} f'(u_1^*) & 2\mathrm{i}\omega_k + d_2 k^2 - M & -N \\ -\mu f'(u_1^*) & -P & 2\mathrm{i}\omega_k + d_3 k^2 - Q \end{pmatrix}^{-1} \times \begin{pmatrix} 0 \\ \dfrac{\overline{\lambda}}{2} f''(u_1^*) - \delta \xi_1 \xi_2 \\ \dfrac{\mu}{2} f''(u_1^*) - \delta \xi_1 \xi_2 \end{pmatrix} \cos^2(kx)$$

类似地, 由式 (3.3.55)、式 (3.3.57) 和式 (3.3.59), 得到

$$\begin{pmatrix} d_1 k^2 + \delta & -\gamma & 0 \\ -\overline{\lambda} f'(u_1^*) & d_2 k^2 - M & -N \\ -\mu f'(u_1^*) & -P & d_3 k^2 - Q \end{pmatrix} E_2 = 2 \begin{pmatrix} 0 \\ \dfrac{\overline{\lambda}}{2} f''(u_1^*) - \delta \mathrm{Re}\{\xi_1 \overline{\xi}_2\} \\ \dfrac{\mu}{2} f''(u_1^*) - \delta \mathrm{Re}\{\xi_1 \overline{\xi}_2\} \end{pmatrix} \cos^2(kx) \quad (3.3.61)$$

因此

$$E_2 = 2 \begin{pmatrix} d_1 k^2 + \delta & -\gamma \mathrm{e}^{-\mathrm{i}\omega_k \tau^*} & 0 \\ -\overline{\lambda} f'(u_1^*) & d_2 k^2 - M & -N \\ -\mu f'(u_1^*) & -P & d_3 k^2 - Q \end{pmatrix}^{-1} \times \begin{pmatrix} 0 \\ \dfrac{\overline{\lambda}}{2} f''(u_1^*) - \delta \mathrm{Re}\{\xi_1 \overline{\xi}_2\} \\ \dfrac{\mu}{2} f''(u_1^*) - \delta \mathrm{Re}\{\xi_1 \overline{\xi}_2\} \end{pmatrix} \cos^2(kx)$$

到目前为止, 由式 (3.3.54) 和式 (3.3.55), 我们已经计算出了 $W_{20}(\theta)$ 和 $W_{11}(\theta)$。因此, 我们可以完全确定 g_{21}。通过运用 $\mathrm{Wu}^{[62]}$ 的方法, 我们可以计算下列式子:

$$C_1(0) = \frac{\mathrm{i}}{2\omega_k \tau^*} \left(g_{11} g_{20} - 2|g_{11}|^2 - \frac{|g_{02}|^2}{3} \right) + \frac{g_{21}}{2}$$

$$\mu_2 = -\frac{\mathrm{Re}\{C_1(0)\}}{\mathrm{Re}\{\lambda'(\tau^*)\}}$$

$$\beta_2 = 2\mathrm{Re}\{C_1(0)\} \qquad (3.3.62)$$

$$T_2 = -\frac{\mathrm{Im}\{C_1(0)\} + \mu_2 \mathrm{Im}\{\overline{\lambda}'(\tau^*)\}}{\omega_k \tau^*}$$

根据定理 3.2, 我们得出了分岔的性质。

3.3.4　图像分析

在这部分, 我们将对系统 (3.3.3) 进行数值分析以检验前面所得结论的正确性。

首先, 给出空间非齐次周期解存在的参数空间 (图 3.9)。更准确地说, 图 3.9(a) 显示了由参数 d_1、d_2 和 d_3 张成的空间非齐次振荡表达空间, 其补空间是空间齐次振荡表达空间。图 3.9(b) 显示了由参数 d_1、d_2 和 k $(k \geqslant 1)$ 张成的空间非齐次振荡表达空间。基于图 3.9, 我们知道当蛋白质、mRNA 和 sRNA 的扩散系数适当大时, 系统仅存在空间齐次周期解, 但是当蛋白质和 mRNA 的扩散系数适当小时, 系统同时存在空间齐次周期解和空间非齐次周期解。由图 3.9(a), 我们发现扩散系数 d_3 对系统的影响远小于 d_1 和 d_2, 也就是 sRNA 的扩散作用远小于蛋白质和 mRNA, 即扩散系数 d_3 具

有鲁棒性。

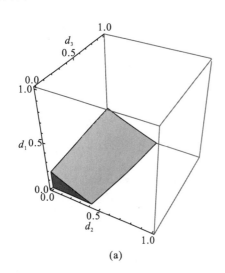
(a)

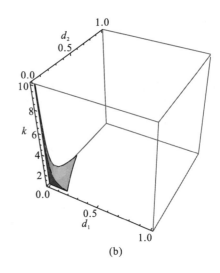
(b)

图 3.9　参数空间

(a) 显示由参数 d_1、d_2 和 d_3 张成的空间非齐次振荡空间，其中参数 $\alpha=2$，$\beta=1$，$\delta=1$，$\sigma=1$，$\rho=0.019$，$\bar{\lambda}=15$，$\mu=6.5$，$\gamma=1$；(b) 显示由参数 d_1、d_2 和 $k(k\geqslant 1)$ 张成的空间非齐次振荡空间，其中参数 $\alpha=2$，$\beta=1$，$\delta=1$，$\sigma=1$，$\rho=0.019$，$\bar{\lambda}=15$，$\mu=6.5$，$\gamma=1$，$d_3=0.5$。

接下来，我们使用一些例子来说明前面得到的结论。

例 3.1　在系统 (3.3.3) 中取参数：$d_1=1$，$d_2=1$，$d_3=0.5$ 和 $\alpha=2$，$\beta=1$，$\delta=1$，$\sigma=1$，$\rho=0.019$，$\bar{\lambda}=15$，$\mu=6.5$，$\gamma=1$。

在这个例子中，我们让蛋白质、mRNA 和 sRNA 的扩散系数适当大些。将以上的参数值代入系统 (3.3.3)，算出系统有唯一的正平衡点 $E^*=(1.608048,\ 1.608048,\ 0.729187)$。我们很容易得到假设 (H1)～(H3) 成立，由引理 3.2 可知，当 $\tau=0$，系统 (3.3.3) 的平衡点 $E^*=(1.608048,\ 1.608048,\ 0.729187)$ 是渐近稳定的。其次，假设 (H4) 也满足，由引理 3.3 可知，方程 (3.3.19) 有唯一的正根 $z_0=0.320296$，所以 $\omega_0=\sqrt{z_0}=0.565947$。由式 (3.3.22)，我们得到

$$\tau_j^0=4.27898+11.1021j\quad(j=0,1,2,\cdots)\tag{3.3.63}$$

让 $\tau_0^0=\min\left\{\tau_j^0\right\}=4.27898$。此外，假设 (H5) 和 (H6) 满足。通过计算，得到 $h'(z_0)\neq 0$，由引理 3.5 可知，横截性条件满足。因此，由定理 3.3 可知，当 $\tau\in\left[0,\tau_0^0\right)$ 时，系统正平衡点 $E^*=(1.608048,\ 1.608048,\ 0.729187)$ 是平稳的（图 3.10）；当 $\tau\in\left[\tau_0^0,\infty\right)$ 时，平衡点不稳定（图 3.11）。当 τ 穿过临界值 τ_0^0 时，系统 (3.3.3) 在正平衡点产生 Hopf 分岔，例如一簇空间齐次和稳定周期解从平衡点 $E^*=(1.608048,1.608048,0.729187)$ 分岔出来（图 3.11）。

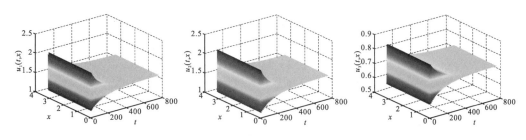

图 3.10 系统 (3.3.3) 的数值模拟

其中，$d_1=1$，$d_2=1$，$d_3=0.5$，$\alpha=2$，$\beta=1$，$\delta=1$，$\sigma=1$，$\rho=0.019$，$\bar{\lambda}=15$，$\mu=6.5$，$\gamma=1$.当 $\tau=3.8<\tau_0^0=4.27898$ 时，正平衡点 $E^*=(1.608048,\ 1.608048,\ 0.729187)$ 是渐近稳定的。初始条件为 $(u_1,u_2,u_3)=(u_1^*+0.5,u_2^*+0.5,u_3^*+0.15)$。

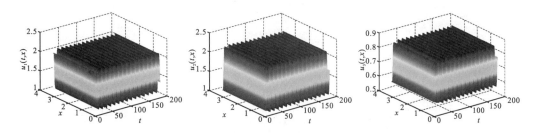

图 3.11 系统 (3.3.3) 的空间非齐次和不稳定周期解的数值模拟

其中 $d_1=1$，$d_2=1$，$d_3=0.5$，$\alpha=2$，$\beta=1$，$\delta=1$，$\sigma=1$，$\rho=0.019$，$\bar{\lambda}=15$，$\mu=6.5$，$\gamma=1$.当 $\tau=4.5<\tau_0^0=4.27898$ 时，一簇稳定的空间齐次周期解从正平衡点 $E^*=(1.608048,\ 1.608048,\ 0.729187)$ 分岔出来。初始条件为 $(u_1,u_2,u_3)=(u_1^*+0.5,u_2^*+0.5,\ u_3^*+0.15)$。

我们得到

$$C_1(0)=-0.524045-0.358556i,\quad \mu_2=51.4065, \tag{3.3.64}$$
$$T_2=2.36173,\quad \beta_2=-1.04809$$

因为 $\mu_2>0$ 和 $\beta_2<0$，所以分岔周期解是超临界分岔，同时分岔的周期解是轨道渐近稳定的。此外，由于 $T_2>0$，所以分岔的周期解随 τ 增大而增大。

例 3.2 在系统 (3.3.3) 中，取 $d_1=0.04$，$d_2=0.06$，$d_3=0.08$，$\alpha=2$，$\beta=1$，$\delta=1$，$\sigma=1$，$\rho=0.019$，$\bar{\lambda}=15$，$\mu=6.5$，$\gamma=1$。

在这个例子中，我们让蛋白质、mRNA 和 sRNA 的扩散系数适当小些。和例 3.1 一样，系统 (3.3.3) 有唯一的正平衡点 $E^*=(1.608048,\ 1.608048,\ 0.729187)$。同时，假设 H(1)～(H3) 满足，由引理 3.2 可知，当 $\tau=0$，系统 (3.3.3) 的平衡点 $E^*=(1.608048,\ 1.608048,\ 0.729187)$ 是渐近稳定的。其次，此例子的空间齐次周期解和例 3.1 一样（图 3.10，图 3.11）。此外，我们得到假设 (H7) 满足和 $k_0=1$，于是方程 (3.3.18) 有唯一的正根 $z_1=0.258636$，所以 $\omega_1=\sqrt{z_1}=0.508563$。由式 (3.3.27)，得到

$$\tau_j^1=4.86091+12.3548j\quad (j=0,1,2,\cdots) \tag{3.3.65}$$

让 $\tau_0^1=\min\{\tau_j^1\}=4.86091$。通过计算，得到 $h'(z_1)\neq 0$，因此，由定理 3.4 可知，当 τ 穿过临界值 τ_0^1 时，系统 (3.3.3) 在正平衡点 $E^*=(1.608048,\ 1.608048,\ 0.729187)$ 产生空间非齐次 Hopf 分岔，例如，当 τ 穿过临界值 τ_0^1 时，一簇空间非齐次和不稳定的周期解从平

衡点 $E^* = (1.608048,\ 1.608048,\ 0.729187)$ 分岔出来(图 3.12)。

得到

$$C_1(0) = -0.173653 + 0.0164442\mathrm{i}, \quad \mu_2 = 10.1309,$$
$$T_2 = 0.438076, \quad \beta_2 = -0.347307$$

(3.3.66)

因为 $\mu_2 > 0$ 和 $\beta_2 < 0$，所以分岔周期解是超临界分岔和分岔周期解在一段时间内在相应的中心流形上稳定，但是它们在整个相空间上不稳定，最终收敛于空间齐次周期解(图 3.12)。

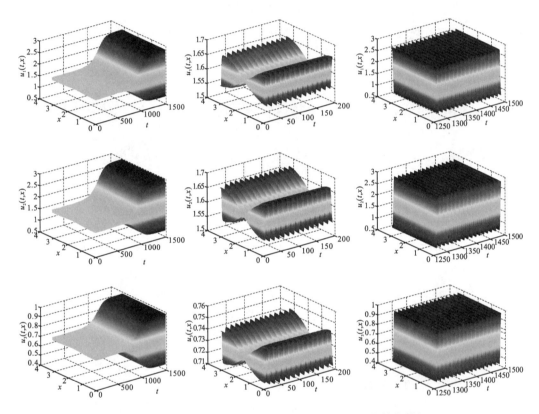

图 3.12　系统(3.3.3)的空间非齐次和不稳定周期解的数值模拟

注：其中，$d_1 = 0.04$，$d_2 = 0.06$，$d_3 = 0.08$，$\alpha = 2$，$\beta = 1$，$\delta = 1$，$\sigma = 1$，$\rho = 0.019$，$\bar{\lambda} = 15$，$\mu = 6.5$，$\gamma = 1$.
当 $\tau = 5.5 < \tau_0^1 = 5.43784$ 时，存在一个连接不稳定空间非齐次周期解和稳定齐次周期解的轨道，初始条件为 $(u_1, u_2, u_3) = (u_1^* + 0.05\cos x, u_2^* + 0.05\cos x,\ u_3^* + 0.02\cos x)$。这个解在一段时间内形如 $\cos x$，然后趋于一个均一的周期解。

此外，我们注意到，扩散作用会影响分岔周期解的振幅，从图 3.12 可以看到空间非齐次周期解的振幅远小于空间齐次周期解的振幅。

3.4　总　　结

在本章，通过 Hopf 分岔理论，分析了多时滞同步振荡子模型和具扩散效应的时滞小 RNA 模型的动力学行为。主要的结论如下：

(1) 两个模型都会发生 Hopf 分岔。在一定条件下，当时滞穿过一些临界值时，系统发生 Hopf 分岔并得到一些周期解。但是并非所有我们引入的时滞都会诱导系统发生分岔，如在多时滞同步振荡子模型中，交流时滞很难诱导 Hopf 发生分岔，而转录时滞在诱导 Hopf 分岔中发挥着决定性的作用。

(2) 对于多时滞同步振荡子模型的 PP 模型，当 s 略小，τ 穿过临界值 τ_{c_1} 时，我们得到同步周期解。相反，对于 NN 模型，当 s 略大，τ 穿过临界值 τ_{c_2} 时，我们也得到同步周期解。尽管 s 对系统的影响非常小，数值分析也显示时滞 s 的长短会影响系统的同步状态。从生物学的角度上看，s 的长度对生命活动极其重要。例如，一个有趣的大脑节律研究显示[63]：相邻的神经元(因此 s 值略小)通过 PP 模型耦合发生同步 β 节律振荡，而相距很远的神经元(因此 s 值略大)通过 NN 模型耦合发生同步 β 节律振荡。

(3) 具扩散效应的时滞小 RNA 模型比多时滞同步振荡子模型显示出更多的动力学行为。对于具扩散效应的时滞小 RNA 模型，首先，转录时滞总和会诱导 Hopf 分岔、扩散项会影响分岔周期解的振幅。其次，我们同时得到了空间齐次和非齐次周期解。当 τ 穿过临界值 τ_0^0 时，Hopf 分岔发生，得到空间均匀和稳定的周期解；当 τ 穿过临界值 τ_0^1 时，一簇空间非齐次周期解从平衡点分岔出来。然而，空间非齐次周期解是不稳定的，它只在局部中心流形上稳定，最终趋于稳定的齐次空间周期解。最后，当蛋白质和 mRNA 的扩散系数适当大时，系统只存在空间齐次周期解。而当蛋白质和 mRNA 的扩散系数适当小时，系统同时得到空间齐次和非齐次周期解。特别地，sRNA 扩散系数对系统的影响远小于蛋白质和 mRNA，这就意味着 sRNA 扩散系数具有鲁棒性。显然，空间非齐次、不稳定周期解的出现是时滞和扩散项综合影响的结果。因此，该研究表明，基因调控网络不仅受时滞的影响，也受到扩散项的影响。

第 4 章　余维数为 2 的时滞 FHN 和 BAM
神经网络的分岔研究

近年来，如 Hopfied，Bidirectional Associative Memory（BAM），Cohen-Grossberg，FitzHugh-Nagumo（FHN）以及细胞神经网络等多种神经网络被很好地应用于解决一些信号和图像处理、模式识别、优化组合、自动控制等复杂的问题。而这些应用主要是基于神经网络丰富的动力学行为。所以，神经网络动力学逐渐发展成为当今生命科学的重要前沿课题之一，受到了国际上很多学者的广泛关注。尤其是 FHN 和 BAM 神经网络系统稳定性以及分岔现象受到了格外的关注。由于在生物神经系统的信号传输中时滞出现的不可避免性和神经元突触连接强度的可变性,会使神经网络系统发生更加复杂的动力学行为。因此，对余维数为 2 的时滞神经网络的分岔研究对于改进神经网络系统和拓展其相关的应用领域有着重要的指导意义。

本章对余维数为 2 的时滞耦合 FHN 神经网络的 Hopf 分岔和中立型时滞 BAM 神经网络的 B-T 分岔进行深入的研究[64]，主要工作：

（1）时滞耦合 FHN 神经系统。首先，通过分析该系统在平衡点线性化系统的特征方程，给出系统发生 Hopf 分岔的充分条件。其次，以时滞和耦合强度为分岔参数，运用中心流形定理和规范型方法，计算系统在中心流形上 Hopf 分岔的规范型用来分析系统分岔的性质。最后，给出 Hopf 分岔的分岔图并进行详细分析，且为了验证理论分析的正确性进行数值模拟。通过分析发现，随着两个分岔参数的变化，在 Hopf 分岔临界点附近系统可能会存在一个稳定极限环、一对稳定的平衡点或是一个稳定极限环与一对稳定的平衡点共存在的多稳态现象。这意味着在神经系统中的神经元不只是处于静息状态或放电状态，还会处于静息态和周期放电共存的状态。此外，还发现随着两个分岔参数的改变，神经元不仅可以实现从静息态到周期放电的转变，还可以实现从周期放电到静息态的转变。

（2）中立型时滞 BAM 神经网络模型。首先，根据系统在平衡点线性化特征方程根的分布，得到系统发生余维数为 2 的 B-T 分岔和余维数为 3 的 Triple-zero 分岔的临界条件。其次，选择神经元之间的两个连接权重为分岔参数，利用与上面类似的方法分别计算系统在中心流形上 B-T 分岔的二阶和三阶规范型用来分析系统的分岔现象。最后，对 B-T 分岔的二阶和三阶规范型的分岔图进行详细分析，且为了验证理论分析的正确性和有效性进行数值模拟。通过分析发现，随着分岔参数的改变，在 B-T 分岔的临界点附近可能会存在一对稳定点共存、稳定的周期解或同宿轨道等有趣的现象。

4.1　研　究　背　景

4.1.1　神经网络模型的研究概况

神经网络的提出到现在已经有七十多年。根据神经网络的发展，可以将其大致分为三个阶段：启蒙时期、过渡时期和发展时期。1982 年，美国物理学家 J.J.Hopfield[65] 提出了一种被称为 Hopfield 网络的离散型神经网络，为神经网络的研究做出了开拓性的工作，开辟了应用 Hopfield 神经网络进行优化计算和信息处理智能化的新途径，促进了神经网络的理论研究，使神经网络的研究进入了新的发展时期。

随着对生物神经系统的深入理解和神经网络的发展，大量的神经网络模型被相继提出，其中 FitzHugh-Nagumo(FHN) 模型是一种简单的二维模型，不仅能够模拟神经元电活动过程的动作电位，还能够模拟神经元放电的频率，因此被广泛地研究，而且研究者发现通过选取适当的参数值，系统能出现各种分岔、极限环、周期运动、混沌等丰富的动力学行为。但是神经元作为构成神经系统结构和功能的基本单位，信息传递的实现是多个神经元相互作用的结果，而且信息在这些神经元之间是通过突触传递的，所以通过突触可以把单个神经元结合起来，形成耦合神经系统，甚至是神经网络。Bidirectional Associative Memory(BAM) 模型就是一种具有双向联想存储功能的神经网络模型，目前已经被广泛地应用于计算机、生物、经济、医学和工程等领域。我们可以看到神经网络不仅能够真实地反映信号的传递模式，而且在实际中具有很好的应用价值和应用前景，所以有越来越多的学者投身于神经网络的研究中。

4.1.2　两类非线性神经网络模型的发展

人体内生理活动和生理功能的调节主要依靠神经系统，而神经系统的基本构成单元是具有接受刺激，产生冲动，传递信息功能的神经元。神经元这些功能的实现是一个非常复杂的非线性过程。而神经网络模型是基于生物学中神经网络的基本原理，理解和抽象了人脑结构和外界刺激响应机制后，以网络拓扑知识为理论基础，模拟人脑的神经系统对复杂信息的处理机制的一种数学模型。这种模型具有并行处理、高度的容错性、鲁棒性、智能化、自学习和自适应等特点，还具有信息处理的综合能力，引起了很多学科领域研究者的高度关注。事实上，它和人的大脑结构类似，也是由大量简单的元件相互联结构成的复杂非线性网络，目前在最优化问题、自动控制、图片和信号处理、模式识别、工程、医学以及经济等很多领域的应用中都体现了神经网络良好的智能特性。因此，为了能拓展神经网络的应用领域和应用其解决更多的实际问题，我们不仅需要对生物神经系统信息传递的定性特征有深入的了解，还需要对神经网络系统进行大量的细致研究。

1952 年，A.L.Hodgkin 和 A.F.Huxley 为了研究生物神经系统电活动过程的实质，以鱿鱼(乌贼)为实验对象，利用电压钳位技术做了很多次实验，得到了大量关于鱿鱼轴突的电生理活动情况的实验数据，并在这些数据的基础上推导出了能够精确描述细胞膜电活动行为的 Hodgkin-Huxley（H-H）模型[66]，其形式如下：

$$
\begin{cases}
c\dot{V}(t) = -g_{Na}m^3h(V - V_{Na}) - g_Kn^4(V - V_K) - g_{Cl}(V - V_{Cl}) + I \\
\dot{m}(t) = \dfrac{m_\infty(V) - m}{\tau_m(V)} \\
\dot{h}(t) = \dfrac{h_\infty(\dot{V}) - h}{\tau_h(V)} \\
\dot{n}(t) = \dfrac{n_\infty(V) - n}{\tau_n(V)}
\end{cases} \tag{4.1.1}
$$

其中，V 是跨膜电压；g_{Na}、g_K、g_{Cl} 分别代表 Na^+ 离子通道、K^+ 离子通道、Cl^+ 离子通道等泄露离子通道电容的最大值；V_{Na}、g_K、V_{Cl} 分别代表 Na^+、K^+、Cl^+ 等泄露离子的平衡电位；h 代表钠离子电流的抑制，n 和 m 是激活变量；t 代表时间。

由于 H-H 模型是具有四个变量的非线性微分方程，虽然可以通过数值模拟得到该系统的一些动力学行为，但是由于系统的复杂性使得想要得到其解析解成为一件几乎不可能的事，所以没办法从数学的角度对该系统的特性和动力学行为有更深入的研究。于是，一些研究者希望应用简单的数学模型来反映神经系统复杂的电生理活动过程。1962 年，FitzHugh 和 Nagumo 通过提取 H-H 模型中的兴奋性物质简化了 H-H 模型，得到了如下二维的 FitzHugh-Nagumo（FHN）模型[67, 68]：

$$
\begin{cases}
\dfrac{dV}{dt} = -v^3 + aV - W + I_{ext} \\
\dfrac{dW}{dt} = V - bW
\end{cases} \tag{4.1.2}
$$

其中，a 和 b 为正参数；V 代表跨膜电压；W 为恢复变量；I_{ext} 是外部输入的电流。

由于在神经元之间信号传输速度的有限性，使神经元在信号传输中时滞的出现是不可避免的。因此，对具有时滞的耦合 FHN 模型的基础性研究（例如单稳定性、Hopf 分岔）已经得到了一些有趣的成果[69, 70]。Nikola 和 Dragana 研究了具有时滞的耦合 FHN 模型的 Hopf 分岔，发现随着时滞的增大会使系统出现 Hopf 分岔。为了研究具有突触连接的两个不完全相同的 FHN 的耦合动力学行为，Wang 等[71]提出了以下模型：

$$
\begin{cases}
\dfrac{dV_1(t)}{dt} = -V_1^3(t) + aV_1(t) - W_1(t) + C_1\tan h[V_2(t - \tau)] \\
\dfrac{dW_1(t)}{dt} = V_1(t) - b_1W_1(t) \\
\dfrac{dV_2(t)}{dt} = -V_2^3(t) + aV_2(t) - W_2(t) + C_2\tan h[V_1(t - \tau)] \\
\dfrac{dW_2(t)}{dt} = V_2(t) - b_2W_2(t)
\end{cases} \tag{4.1.3}
$$

其中，$V_1(t)$ 和 $V_2(t)$ 代表跨膜电压；$W_1(t)$ 和 $W_2(t)$ 是恢复变量；参数 a、b_1、b_2 是正数；C_1、C_2 代表耦合强度；$\tau(\tau>0)$ 表示用突触连接的两个耦合的 FHN 神经元的耦合时滞。作者首先研究了没有时滞的两个突触耦合 FHN 神经元的分岔；其次，研究了时滞对耦合 FHN

神经元分岔和同步的影响；最后，给时滞固定一个很小的值，通过改变耦合强度来研究耦合强度对耦合 FHN 神经元的分岔和同步的影响。

1982 年，物理学家 J.J.Hopfield 在 MP 模型、S.Grossberg 的改进模型、J.Anderson 和 T.Kohonen 的线性联想器模型等神经网络模型的基础上提出了单层对称的 Hopfield 神经网络模型，并首次将能量函数（Lyapunov 函数）引入到神经网络中作为判断神经网络稳定性的依据，同时优化组合问题中最具代表性的 TSP 问题也通过应用 Hopfield 神经网络被成功地解决了，因此吸引了大批学者对神经网络展开研究。1988 年，Kosko 在单层的 Hopfield 神经网络的基础上建立了双层的 BAM 神经网络。其数学模型由以下方程描述[72]：

$$\begin{cases} \dot{x}_i(t) = -a_i x_i(t) + \sum_{j=1}^{p} w_{ji} f_i\left[y_j(t)\right] + I_i, & i=1,2,\cdots,n \\ \dot{y}_j(t) = -b_j y_j(t) + \sum_{j=1}^{p} v_{ij} g_j\left[x_j(t)\right] + J_j, & j=1,2,\cdots,n \end{cases} \quad (4.1.4)$$

其中，w_{ji}、v_{ij} 分别表示 I 层和 J 层神经元之间的连接权值；a_i、b_j 分别表示 I 层和 J 层内部神经元的稳定状态；$x_i(t)$、$y_j(t)$ 分别表示 I 层和 J 层内部神经元在 t 时刻的状态；I_i、J_j 分别表示第 i 个和第 j 个神经元的外部输入，I 层的神经元通过激活函数 g_j 将信号传递给 J 层神经元，J 层的神经元通过激活函数 f_i 将信号传递给 I 层神经元。

近年来，含时滞或不含时滞的 BAM 神经网络的稳定性已得到了广泛研究并且发现了各种有趣的现象。然而，由于神经网络的复杂性，更多的学者关注的是具有时滞的小尺度神经网络的研究。毫无疑问，对于小尺度神经网络的动力学行为的研究有助于了解大规模神经网络的性质，但是将大规模神经网络简化后，不可避免地有一些复杂和关键的问题被忽略。另外，从实践的角度来看，提高神经网络的设计，并在越来越多的领域扩展其应用还需要考虑更复杂和更大规模的关联模式，因为真正的神经网络是具有高度非线性的复杂动力学系统，通常涉及多个神经元之间的相互作用。例如，通过兴奋性和抑制性信号之间的比例来对分类的粗糙度进行精确的控制，这一行为取决于复杂的分层设计。同时它也是研究大尺度神经元系统动力学的一个重要数学课题。基于上述原因，Yang 等提出了下列具有时滞的 BAM 神经网络模型[73]：

$$\begin{cases} \dot{x}_1(t) = -\mu_1 x_1(t) + a_{21} f_1\left[x_2(t-\tau_2)\right] + a_{31} f_1\left[x_3(t-\tau_2)\right] + a_{41} f_1\left[x_4(t-\tau_2)\right] + a_{51} f_1\left[x_5(t-\tau_2)\right] \\ \dot{x}_2(t) = -\mu_2 x_2(t) + a_{12} f_2\left[x_1(t-\tau_1)\right] \\ \dot{x}_3(t) = -\mu_3 x_3(t) + a_{13} f_3\left[x_1(t-\tau_1)\right] \\ \dot{x}_4(t) = -\mu_4 x_4(t) + a_{14} f_4\left[x_1(t-\tau_1)\right] \\ \dot{x}_5(t) = -\mu_5 x_5(t) + a_{15} f_5\left[x_1(t-\tau_1)\right] \end{cases} \quad (4.1.5)$$

其中，$a_{1i}(i=2,3,4,5)$ 和 $a_{j1}(j=2,3,4,5)$ 分别表示 I 层和 J 层神经元之间的连接权值；$\mu_i(i=1,2,3,4,5)$ 表示 I 层和 J 层内部神经元的稳定状态；$x_1(t)$、$x_j(t)$ 分别表示 I 层和 J 层内部神经元在 t 时刻的状态，从 I 层到 J 层神经元的信号传输时滞用 τ_1 表示，从 J 层到 I 层神经元的信号传输时滞用 τ_2 表示。文献[73]中作者将时滞作为分岔参数研究了模型 (4.1.5) 的余维数为 1 的 Hopf 分岔。

4.2 研 究 现 状

4.2.1 时滞神经网络模型的稳定性研究现状

在生物神经系统中，由于神经元在进行信号传递过程中诸如细胞时滞、传递时滞、突触时滞的出现是不可避免的，所以为了更深入地了解生物神经系统的工作机理，以便更好地发展神经网络在实际中的应用，应该在神经网络中考虑时滞因素。然而，由于时滞神经网络结构的复杂性和丰富性，使得人们对其稳定性的研究还没有一个统一的方法。但是目前在研究系统的全局稳定性工作中使用最广泛的方法是 Lyapunov 方法。Lyapunov 方法包括直接法和间接法，其中直接法不是求解微分方程组，而是通过构造 Lyapunov 来判断系统的全局稳定性。此外，Lyapunov 方法是研究非线性、时变系统最有效的方法，是许多系统控制律设计的基本工具。

目前，关于具有时滞的神经网络系统方面的研究大多集中于单稳定性方面。单稳定性是指在系统运行的整个过程中自始至终只存在一个渐进稳定的平衡点，没有其他平衡点出现过。当前对于神经网络的单稳定性研究已经得到了较多有意义的成果，且其成果在实际中也得到了很好的应用，例如在求解优化问题时，如果优化问题只有唯一解，那么此时对它的单稳定性研究就起到很大的作用。但是具有单稳定性的神经网络在解决某些问题上还是存在着局限性，如果要解决的优化问题具有多个解时，由于其计算能力是有限的而不能处理这类问题。随着神经网络和科学技术的发展，人们对其不断深入地探索进而拓展神经网络在实际应用中的功能和领域。于是，在神经网络单稳定性的基础上提出了多稳定性，并吸引了国内外大批学者。目前，神经网络的多稳定性应用价值已经在决策问题、模式识别、组合优化、信号处理、信号检测、联想记忆以及数据挖掘中的聚类和分类等问题中得到充分的体现。此外，根据生物神经网络的复杂性，多稳定性的存在是无可争议的。因此，对神经网络的多稳定性研究不仅能推广其在实际中的应用领域，还能进一步理解生物神经系统的内在本质。

4.2.2 中立型时滞神经网络模型的研究现状

由于在一个有生命的机体内神经系统具有复杂的动态特性，而现有的神经网络模型在很多情况下不能准确描述神经反应过程的性质，所以对一个神经系统的变化趋势研究不仅要考虑当前和过去的状态，还要考虑过去的状态对时间的导数，以进一步描述和模拟这种复杂的神经反应的动态特性，这种新型神经网络称为中立型时滞神经网络。中立型时滞已被考虑在许多领域中，如人口生态系统、无损传输路线、传播和扩散模型等。首先基于生化实验，神经信息在化学反应中的传递会有中立行为的出现。其次，在大规模集成电路（large scale integration，LSI）中，专家们已经通过实验证明了中立行为的存在。最后，人类的大脑可以看作是一个具有化学反应性能的超大规模集成电路，这就表明中立行为存在于神经系统中是合理的。因此，想要更完整、更细致地描述神经网络的动力学行为，就应该考虑中立行为的影响。

近年来，不同类型的中立型时滞神经网络的局部稳定、全局稳定性、指数稳定性、Hopf分岔等问题引起了国际上许多学者的高度关注和广泛研究。文献[74]利用 Lyapunov–Krasovskii 泛函研究了中立型时滞神经网络的全局鲁棒指数稳定性；文献[75]的作者得到了一类中立型时滞神经网络全局稳定性的有效条件；文献[72]的作者将时滞作为分岔参数证明了二元中立型时滞神经网络随时滞的增大系统会在原点发生 Hopf 分岔，并讨论了 Hopf分岔的方向和分岔周期解的稳定性以及周期解的全局存在性；文献[76]的作者将两个时滞作为分岔参数研究了二元中立型时滞神经网络的局部和全局的 Hopf 分岔；在文献[77]中，作者对二元中立型时滞的 Cohen-Grossberg 型 BAM 神经网络的稳定性展开了分析。

总体来讲目前关于中立型时滞神经网络的稳定性研究更多关注的是单稳定性问题，而关于其多稳定性的研究少之甚少；此外，以两个参数为分岔参数的中立型时滞神经网络余维数为 2 的分岔研究也非常少。根据生物神经网络的复杂性，我们知道神经元之间信号的传递是多个神经元相互作用的结果，那么同时影响信号传递的因素也必然不会只有时滞一个因素。所以，为了完善和推广神经网络在实际应用中的功能和领域，需要进一步研究神经网络的多稳定性和高余维的分岔。

4.2.3　时滞神经网络模型的分岔研究现状

近几十年来，有越来越多的学者对神经网络分岔进行了研究，目前已经有很多重要的成果。在文献[69]中，作者考虑了具有一个时滞的耦合 FHN 神经元系统的 Hopf 分岔；在文献[70]中，作者将两个时滞作为分岔参数研究耦合 FHN 神经元系统的 Hopf 分岔，分析了局部 Hopf 分岔的存在性以及分岔的方向和周期解的稳定性；文献[78]的作者研究了时滞 BAM 神经网络的局部 Hopf 分岔，得到了系统发生 Hopf 分岔的条件和决定分岔方向及周期解稳定性的公式。

目前，对于时滞神经网络系统的分岔研究主要还是集中于以时滞为分岔参数的 Hopf分岔，而以两个参数为分岔参数的研究成果相对较少。根据生物神经系统的工作机理，一个神经元发出的某一信号强度是一定的，而不同的神经元接收到这个信号的强度是不同的。出现这一现象的主要原因是神经元之间突触的耦合强度是不同的。如果一个神经元与发出信号的神经元之间突触的耦合强度越大，那么这个神经元接收到的信号就越强，否则就越弱。通过学习我们知道，突触的耦合强度是可以改变的。所以在研究时滞神经网络系统时不仅要考虑时滞对系统的影响，同时还应该考虑神经元之间连接权重对系统的影响。

4.3　时滞耦合 FHN 神经元网络模型的 Hopf 分岔分析

虽然文献[71]的作者研究了时滞和耦合强度对 FHN 神经元模型的分岔和同步的影响，但是他们只是将其中一个变量作为参数，而不是同时将两个变量都作为分岔参数。然而，在实际的生物神经网络中耦合时滞和耦合强度之间可能也存在一定的关系，所以本书为了研究时滞和耦合强度同时发生变化时对系统的影响，将模型(4.1.3)中的 C_1 和 C_2 设为相同的 c，得到如下模型：

$$\begin{cases} \dot{v}_1(t) = -v_1^3(t) + av_1(t) - v_2(t) + c\tan h[v_3(t-\tau)] \\ \dot{v}_2(t) = v_1(t) - b_1 v_2(t) \\ \dot{v}_3(t) = -v_3^3(t) + av_3(t) - v_4(t) + c\tan h[v_1(t-\tau)] \\ \dot{v}_4(t) = v_3(t) - b_2 v_4(t) \end{cases} \tag{4.3.1}$$

其中，$v_1(t)$ 和 $v_3(t)$ 代表跨膜电压；$v_2(t)$ 和 $v_4(t)$ 是恢复变量；参数 a、b_1、b_2 是正数，c 是耦合强度；$\tau(\tau>0)$ 表示用突触连接的两个耦合的 FHN 神经元的耦合时滞。Hopf-pitchfork 分岔作为一种重要的余维数为 2 的分岔通常在系统中对称出现，它是 Hopf 分岔和 Pitchfork 分岔的交叉。Hopf-pitchfork 分岔的出现会给系统带来丰富的动力学行为，如多稳定的存在、周期振荡、准周期振荡等。因此，本章将对模型(4.3.1)的 Hopf-pitchfork 分岔展开研究。首先，通过对系统在平衡点对应的线性化系统的特征方程根的分布的研究，得到系统发生 Hopf-pitchfork 分岔的临界条件。然后应用中心流形定理和规范型理论得到了系统在中心流形上的规范型。最后，得到系统的分岔图，并进行详细的分岔分析和数值模拟来验证理论分析的正确性。

4.3.1 Hopf 分岔的存在性

很明显，原点(0，0，0，0)是系统(4.3.1)的一个平凡平衡点，且系统在该平衡点处的线性化系统为

$$\begin{cases} \dot{v}_1(t) = av_1(t) - v_2(t) + cv_3(t-\tau) \\ \dot{v}_2(t) = v_1(t) - b_1 v_2(t) \\ \dot{v}_3(t) = av_3(t) - v_4(t) + cv_1(t-\tau) \\ \dot{v}_4(t) = v_3(t) - b_2 v_4(t) \end{cases} \tag{4.3.2}$$

系统(4.3.2)的特征方程为

$$D(\lambda) = \lambda^4 + A\lambda^3 + B\lambda^2 + C\lambda + D - E(\lambda+b_1)(\lambda+b_2)e^{-2\lambda\tau} = 0 \tag{4.3.3}$$

其中，

$$A = b_1 + b_2 - 2a$$
$$B = b_1 b_2 - 2a(b_1+b_2) + a^2 + 2$$
$$C = a^2(b_1+b_2) - 2ab_1 b_2 + b_1 + b_2 - 2a$$
$$D = a^2 b_1 b_2 + 1 - ab_1 - ab_2,$$
$$E = c^2$$

为了得到一些主要的结论，做出以下假设：

（H1）$c_0 = \sqrt{\dfrac{a^2 b_1 b_2 + 1 - a(b_1+b_2)}{b_1 b_2}} = \sqrt{\dfrac{D}{b_1 b_2}}, \dfrac{a^2 b_1 b_2 + 1 - a(b_1+b_2)}{b_1 b_2} > 0$。

（H2）$c = c \pm c_0$。

对于方程(4.3.3)的特征值我们有下列结论：

引理 4.1　假设(H1)和(H2)满足。则

(i)如果 $C-(b_1+b_2)E>0$ ，且

$$\tau \neq -\frac{2ab_1b_2+2a-(a^2+1-c_0^2)(b_1+b_2)}{2c_0^2b_1b_2}=-\frac{c_0^2(b_1+b_2)-C}{2c_0^2b_1b_2}$$

那么 $\lambda=0$ 是方程(4.3.3)的一个零根；

(ii)如果 $C-(b_1+b_2)E>0$ ，且

$$\tau = -\frac{2ab_1b_2+2a-(a^2+1-c_0^2)(b_1+b_2)}{2c_0^2b_1b_2}=-\frac{c_0^2(b_1+b_2)-C}{2c_0^2b_1b_2}$$

$$\left.\frac{d^2D(\lambda)}{d\lambda^2}\right|_{\lambda=0}=b_1b_2(1-2c_0^2\tau^2)+a^2-c_0^2+2+(b_1+b_2)(2\tau c_0^2-2a)\neq 0$$

则 $\lambda=0$ 是方程(4.3.3)的二重零根。

证明　显然， $\lambda=0$ 是方程(4.3.3)的一个零根［当且仅当 $D-E(b_1+b_2)=0$（或 $c^2=c_0^2$）］。将 $c^2=c_0^2$ 代入 $D(\lambda)$ 并关于 λ 进行求导得到：

$$\frac{dD(\lambda)}{d\lambda}=4\lambda^3+3A\lambda^2+2B\lambda+C-E\left\{(b_1+b_2+2\lambda)-2\left[b_1b_2+(b_1+b_2)\lambda+\lambda^2\right]\right\}e^{-2\lambda\tau}+2b_1b_2E\tau$$

$$\tag{4.3.4}$$

然后有

$$\left.\frac{dD(\lambda)}{d\lambda}\right|_{\lambda=0}=C-(b_1+b_2)E+2b_1b_2E\tau$$

$$=a^2(b_1+b_2)-2ab_1b_2+b_1+b_2-2a-c_0^2(b_1+b_2)+2b_1b_2c_0^2\tau$$

因此， $\left.\dfrac{dD(\lambda)}{d\lambda}\right|_{\lambda=0}=0$ （当且仅当 $\tau=-\dfrac{2ab_1b_2+2a-(a^2+1-c_0^2)(b_1+b_2)}{2c_0^2b_1b_2}=-\dfrac{c_0^2(b_1+b_2)-C}{2c_0^2b_1b_2}\geqslant 0$ ）

因为 $\tau\geqslant 0$ ，所以 $\lambda=0$ 是方程(4.3.3)的一个零根。

根据方程(4.3.4)，可以得到：

$$\left.\frac{d^2D(\lambda)}{d\lambda^2}\right|_{\lambda=0}=b_1b_2(1-2c_0^2\tau^2)+a^2-c_0^2+2+(b_1+b_2)(2\tau c_0^2-2a)$$

因此， $\lambda=0$ 是方程(4.3.3)的二重零根（当且仅当 $\tau=-\dfrac{c_0^2(b_1+b_2)-C}{2c_0^2b_1b_2}$ ，且 $\left.\dfrac{d^2D(\lambda)}{d\lambda^2}\right|_{\lambda=0}\neq 0$ ）。

证明完成。

下面考虑当假设(H2)成立，方程(4.3.3)不只有一个零根还有一对纯虚根 $\pm iw$ 的情形。当 $c^2=c_0^2$ 且 $iw(w>0)$ 是方程(4.3.3)的一个根时，将其代入方程(4.3.3)并分离实部和虚部有

$$\begin{cases} \omega^4-B\omega^2+D=E(-\omega^2+b_1b_2)\cos(2\tau\omega)+E(b_1+b_2)\omega\sin(2\tau\omega) \\ -A\omega^3+C\omega=E(\omega^2-b_1b_2)\sin(2\tau\omega)+E(b_1+b_2)\omega\cos(2\tau\omega) \end{cases}\tag{4.3.5}$$

对方程(4.3.5)消去 τ 有

$$\omega^8+P\omega^6+Q\omega^4+R\omega^2+S=0\tag{4.3.6}$$

其中，

$$P = -2B + A^2, \quad Q = B^2 + 2D - 2AC - E^2,$$
$$R = -2BD + C^2 - E^2(b_1^2 + b_2^2), \quad S = D^2 - E^2(b_1b_2)^2 = 0$$

令 $z = w^2$，有

$$z^3 + Pz^2 + Qz + R = 0 \tag{4.3.7}$$

令 $z^* = \dfrac{1}{3}(-P + \sqrt{P^2 - 3Q})$，$h(z^*) = (z^*)^3 + P(z^*)^2 + Q(z^*) + R$，可以得到方程 (4.3.7) 正根的分布情况。

引理 4.2

（i）如果 $R < 0$，则方程 (4.3.7) 至少有一个正根；

（ii）如果 $R \geqslant 0$ 且 $P^2 - 3Q \leqslant 0$，则方程 (4.3.7) 没有正根；

（iii）如果 $R \geqslant 0$ 且 $P^2 - 3Q > 0$，则方程 (4.3.7) 只有一个正根，当且仅当 $z^* > 0$，有 $h(z^*) \leqslant 0$。

我们假设方程 (4.3.7) 有正根，不失一般性，设其有三个正根分别为 z_1、z_2、z_3，则有 $w_k = \sqrt{z_k}$，$k = 1, 2, 3$。

根据方程 (4.3.5)，有

$$\begin{cases} \sin(2\tau w) = \dfrac{(w_k^4 - Bw_k^2 + D)\left[(b_1 + b_2)w_k\right] + (Aw_k^3 - Cw_k)(b_1b_2 - w_k^2)}{E\left[(b_1 + b_2)^2 w_k^2 + (w_k^2 - b_1b_2)^2\right]} \\[4mm] \cos(2\tau w) = \dfrac{(w_k^4 - Bw_k^2 + D)(b_1b_2 - w_k^2) + (-Aw_k^3 + Cw_k)\left[(b_1 + b_2)w_k\right]}{E\left[(b_1 + b_2)^2 w_k^2 + (w_k^2 - b_1b_2)^2\right]} \end{cases} \tag{4.3.8}$$

因此，定义

$$\begin{cases} a^* = \dfrac{(w_k^4 - Bw_k^2 + D)\left[(b_1 + b_2)w_k\right] + (Aw_k^3 - Cw_k)(b_1b_2 - w_k^2)}{E\left[(b_1 + b_2)^2 w_k^2 + (w_k^2 - b_1b_2)^2\right]} \\[4mm] b^* = \dfrac{(w_k^4 - Bw_k^2 + D)(b_1b_2 - w_k^2) + (-Aw_k^3 + Cw_k)\left[(b_1 + b_2)w_k\right]}{E\left[(b_1 + b_2)^2 w_k^2 + (w_k^2 - b_1b_2)^2\right]} \end{cases} \tag{4.3.9}$$

$$\tau_k^{(j)} = \begin{cases} \dfrac{1}{2w_k}(\arccos b^* + 2j\pi), & a^* \geqslant 0 \\[4mm] \dfrac{1}{2w_k}(2\pi - \arccos b^* + 2j\pi), & a^* < 0 \end{cases} \tag{4.4.10}$$

其中，$k = 1, 2, 3$；$j = 0, 1, \cdots$；$\pm \mathrm{i} w_k$ 是方程 (4.3.3) 含有时滞 $\tau_k^{(j)}$ 的一对纯虚根。定义

$$\tau_0 = \tau_{k_0}^0 = \min_{k \in \{k = 1, 2, 3\}} \left\{\tau_k^0\right\} \qquad \left(w_0 = w_{k_0}\right) \tag{4.3.11}$$

引理 4.3

考虑以下指数多项式

$$p(\lambda, \mathrm{e}^{-\lambda\tau_1}, \cdots, \mathrm{e}^{-\lambda\tau_m}) = \lambda^n + p_1^{(0)}\lambda^{n-1} + \cdots + p_{n-1}^{(0)} + p_1^{(0)} + \left[p_1^{(1)}\lambda^{n-1} + \cdots + p_{n-1}^{(1)}\lambda\right]\mathrm{e}^{-\lambda\tau_1}$$
$$+ \cdots + \left[p_1^{(m)}\lambda^{n-1} + \cdots + p_{n-1}^{(m)}\lambda + p_n^{(m)}\right]\mathrm{e}^{-\lambda\tau_m}$$

其中，$\tau_i(i=1,2,\cdots,m)$ 和 $p_j^{(i)}(i=1,2,\cdots,m;j=1,2,\cdots,n)$ 是常数。在 $(\tau_1,\tau_2,\cdots,\tau_m)$ 的变化过程中，只有当 $p(\lambda,\mathrm{e}^{-\lambda\tau_1},\cdots,\mathrm{e}^{-\lambda\tau_m})$ 在虚轴上出现零点，或者它有零点穿过虚轴时，其位于右半开平面上的零点重数之和才有可能发生改变。

另外，如果方程(4.3.3)满足下列 Routh-Hurwitz 判据：

（H3）$A>0$，$A(B-E)>C-E(b_1+b_2)$ 和 $C>E(b_1+b_2)>0$ 满足，

那么当 $c=c_0$ 和 $0<\tau<\tau_0$ 时，方程(4.3.3)的根除了零根，其他根都具有严格负实部。

总结上面的讨论，有以下定理：

定理 4.1　假设（H1）～假设（H3）成立，根据引理 4.1～引理 4.3，得到以下结论：

（ⅰ）对于任意的 $\tau>0$，如果 $\tau\neq-\dfrac{c^2(b_1+b_2)-C}{2c^2b_1b_2}$ 满足，则系统(4.3.1)在原点经历了 Pitchfork 分岔。

（ⅱ）对于任意的 $\tau>0$，如果 $\tau=\tau_0\neq-\dfrac{c^2(b_1+b_2)-C}{2c^2b_1b_2}$，若 $R<0$ 或 $R\geqslant0$，$P^2-3Q>0$，$z^*>0$ 且 $h(z^*)\leqslant0$ 满足，那么系统(4.3.1)在原点经历了 Hopf-pitchfork 分岔。

4.3.2　Hopf 分岔的规范型

在这一小节，我们应用中心流行定理和规范型理论，将耦合强度 c 和时滞 τ 作为分岔参数得到系统(4.3.1)在中心流行上 Hopf-pitchfork 分岔的规范型。为了方便，对时滞 τ 作时间尺度的归一化处理 $t\mapsto t/\tau$，并对激活函数 $\tanh(x)$ 在原点进行泰勒展开，系统(4.3.1)变为

$$\begin{cases}\dot{v}_1(t)=\tau\left\{-v_1^3(t)+av_1(t)-v_2(t)+cv_3(t-1)+\left[-\dfrac{1}{3}cv_3^3(t-1)\right]\right\}\\[2mm]\dot{v}_2(t)=\tau[v_1(t)-b_1v_2(t)]\\[2mm]\dot{v}_3(t)=\tau\left\{-v_3^3(t)+av_3(t)-v_4(t)+cv_1(t-1)+\left[-\dfrac{1}{3}cv_1^3(t-1)\right]\right\}\\[2mm]\dot{v}_4(t)=\tau[v_3(t)-b_2v_4(t)]\end{cases} \tag{4.3.12}$$

在临界点 (c_0,τ_0) 附近，我们将参数 c 和 τ 写成 $c=c_0+\mu_1$ 和 $\tau=\tau_0+\mu_2$ 的形式，则系统(4.3.12)变为

$$\begin{cases}\dot{v}_1(t)=(\tau_0+\mu_2)\left\{-v_1^3(t)+av_1(t)-v_2(t)+(c_0+\mu_3)v_3(t-1)+\left[-\dfrac{1}{3}(c_0+u_1)v_3^3(t-1)\right]\right\}\\[2mm]\dot{v}_2(t)=(\tau_0+\mu_2)[v_1(t)-b_1v_2(t)]\\[2mm]\dot{v}_3(t)=(\tau_0+\mu_2)\left\{-v_3^3(t)+av_3(t)-v_4(t)+c_0+\mu_1)v_1(t-1)+\left[-\dfrac{1}{3}(c_0+u_1)v_3^3(t-1)\right]\right\}\\[2mm]\dot{v}_4(t)=(\tau_0+\mu_2)[v_3(t)-b_2v_4(t)]\end{cases} \tag{4.3.13}$$

系统(4.3.12)在原点的线性化系统为

$$\begin{cases} \dot{v}_1(t) = \tau_0 \big[a v_1(t) - v_2(t) + c_0 v_3(t-1) \big], \\ \dot{v}_2(t) = \tau_0 \big[v_1(t) - b_1 v_2(t) \big], \\ \dot{v}_3(t) = \tau_0 \big[a v_3(t) - v_4(t) + c_0 v_1(t-1) \big], \\ \dot{v}_4(t) = \tau_0 \big[v_3(t) - b_2 v_4(t) \big]. \end{cases} \tag{4.3.14}$$

令

$$\eta(\theta) = A\delta(\theta) + B\delta(\theta+1), \tag{4.3.15}$$

其中，

$$A = \tau_0 \begin{pmatrix} a & -1 & 0 & 0 \\ 1 & -b_1 & 0 & 0 \\ 0 & 0 & a & -1 \\ 0 & 0 & 1 & -b_2 \end{pmatrix}, \quad B = \tau_0 \begin{pmatrix} 0 & 0 & c_0 & 0 \\ 0 & 0 & 0 & 0 \\ c_0 & 0 & 0 & 0 \\ 0 & 0 & 0 & 0 \end{pmatrix}.$$

令 $C = C([-1,0], C^4)$，并定义在 C 上的线性算子 L：

$$L\mu\phi = \int_{-1}^{0} d\eta(\theta)\phi(\theta) \qquad (\phi \in C) \tag{4.3.16}$$

令 $V = (v_1, v_2, v_3, v_4)^{\mathrm{T}}$ 和 $F(v_t, \mu) = (F^1, F^2, F^3, F^4)^{\mathrm{T}}$，其中，

$$F^1 = -\mu_2 v_1^3(t) + \mu_2 a v_1(t) - \mu_2 v_2(t) + (\tau_0 \mu_1 + c_0 \mu_2 + \mu_1 \mu_2) v_3(t-1)$$
$$+ (c_0 + \mu_1)(\tau_0 + \mu_2)\left[-\frac{1}{3} v_3^3(t-1) \right]$$

$$F^2 = \mu_2 \big[v_1(t) - b_1 v_2(t) \big]$$

$$F^3 = -\mu_2 v_3^3(t) + \mu_2 a v_3(t) - \mu_2 v_4(t) + (\tau_0 \mu_1 + c_0 \mu_2 + \mu_1 \mu_2) v_1(t-1)$$
$$+ (c_0 + \mu_1)(\tau_0 + \mu_2)\left[-\frac{1}{3} v_1^3(t-1) \right]$$

$$F^4 = \mu_2 \big[v_3(t) - b_2 v_4(t) \big]$$

那么系统 (4.3.1) 可以转化为以下形式：

$$\dot{V}(t) = L_\mu(V_t) + F(V_t, \mu) \tag{4.3.17}$$

对 F 作泰勒展开有

$$F(\phi, \mu) = \frac{1}{2!} F_2(\phi, \mu) + \frac{1}{3!} F_3(\phi, \mu) + \cdots \tag{4.3.18}$$

对于 $\phi \in C([-1,0], C^4)$，定义

$$A(\mu)\phi = \dot{\phi} + X_0[L\phi - \dot{\phi}(0)] = \begin{cases} \dot{\phi}, & \theta \in [-1,0) \\ \int_{-1}^{0} \mathrm{d}\eta(t)\phi(t), & \theta = 0 \end{cases} \tag{4.3.19}$$

注 4.1　其中方程 (4.3.17) 就是系统 (4.3.1) 的规范型。

对于 $\psi \in C^1([-1,0], (C^4)^*)$，定义

$$A^*\psi = -\dot{\psi} + X_0[L^*\psi + \dot{\psi}(0)] = \begin{cases} -\dot{\psi}, & s \in [-1,0) \\ \int_{-1}^{0} \mathrm{d}\eta(-t)\psi(t), & s = 0 \end{cases} \tag{4.3.20}$$

和一个双线性形式

$$\langle \psi(s), \phi(\theta) \rangle = \psi(0)\phi(0) - \int_{-1}^{0} \int_{0}^{\theta} \psi(\xi - \theta) \mathrm{d}\eta(\theta)\phi(\xi)\mathrm{d}\xi$$

其中，$\eta(\theta) = \eta(\theta, 0)$。我们知道 A 和 A^* 有特征根 0 和 $\pm \mathrm{i}\omega_0\tau_0$，接下来需要计算其特征值对应的特征向量。

令 $\phi = (\phi_1, \overline{\phi_1}, \phi_2)$，设 $\phi_1 = (\alpha_1, \alpha_2, \alpha_3, 1)^{\mathrm{T}} \mathrm{e}^{\mathrm{i}\omega_0\tau_0\theta}$ 是 A 的特征值 $\mathrm{i}\omega_0\tau_0$ 所对应的特征向量。则 $A\phi = \mathrm{i}\omega_0\tau_0\phi$，根据 A 的定义有

$$A\phi_1(0) + B\phi_1(-1) = \mathrm{i}w_0\tau_0\phi_1(0)$$

经过计算可得

$$\alpha_1 = \frac{1}{c_0}\mathrm{e}^{\mathrm{i}\omega_0\tau_0}[1 + (\mathrm{i}\omega_0 - a)(\mathrm{i}\omega_0 + b_2)]$$

$$\alpha_2 = \frac{1}{c_0(\mathrm{i}\omega_0 + b_1)}\mathrm{e}^{\mathrm{i}\omega_0\tau_0}[1 + (\mathrm{i}\omega_0 - a)(\mathrm{i}\omega_0 + b_2)]$$

$$\alpha_3 = \mathrm{i}\omega_0 + b_2$$

设 $\varphi_2 = (\beta_1, \beta_2, \beta_3, 1)^{\mathrm{T}}$ 是 A 的特征值 0 所对应的特征向量，同样根据 A 的定义可以得到

$$(A + B)(\beta_1, \beta_2, \beta_3, 1)^{\mathrm{T}} = 0$$

经过计算可得

$$\beta_1 = \frac{1}{c_0}(1 - ab_2), \quad \beta_2 = \frac{1}{b_1c_0}(1 - ab_2), \quad \beta_3 = b_2$$

令 $\psi = (\overline{\psi_1}, \psi_1, \psi_2)$，设 $\psi_1 = (\alpha_1^*, \alpha_2^*, \alpha_3^*, 1)\mathrm{e}^{\mathrm{i}\omega_0\tau_0 s}$ 是 A^* 的特征值 $-\mathrm{i}\omega_0\tau_0$ 所对应的特征向量。则 $A^*\psi = -\mathrm{i}\omega_0\tau_0\psi$，根据 A^* 的定义我们可以得到

$$\psi_1 A(0) + \psi_1 B(-1) = -\mathrm{i}\omega_0\tau_0\psi_1(0)$$

经过计算可得

$$\alpha_1^* = -\frac{1}{c_0}\mathrm{e}^{-\mathrm{i}\omega_0\tau_0}[1 + (\mathrm{i}\omega_0 + a)(\mathrm{i}\omega_0 - b_2)]$$

$$\alpha_2^* = -\frac{1}{c_0(\mathrm{i}\omega_0 - b_1)}\mathrm{e}^{-\mathrm{i}\omega_0\tau_0}[1 + (\mathrm{i}\omega_0 + a)(\mathrm{i}\omega_0 - b_2)]$$

$$\alpha_3^* = \mathrm{i}\omega_0 - b_2$$

设 $\psi_2 = (\beta_1^*, \beta_2^*, \beta_3^*, 1)$ 是 A^* 的特征值 0 所对应的特征向量，同样根据 A^* 的定义可以得到

$$(\beta_1^*, \beta_2^*, \beta_3^*, 1)(A + B) = 0$$

经过计算可得

$$\beta_1^* = -\frac{1}{c_0}(1 - ab_2), \quad \beta_2^* = \frac{1}{b_1c_0}(1 - ab_2), \quad \beta_3^* = -b_2$$

不难验证 $(\psi_2, \phi_1) = 0$，$(\psi_1, \phi_2) = 0$。为了保证 $(\overline{\psi_1}, \phi_1) = 1$ 和 $(\psi_2, \phi_2) = 1$，我们定义以下因子 $\overline{G}$ 和 G_1。

$$\begin{cases}
\langle\bar{\psi}_1,\phi_1\rangle = \bar{G}[\bar{\psi}_1(0)\phi_1(0) - \int_{-1}^{0}\int_{\xi=0}^{\theta}\bar{\psi}_1(\xi-0)\mathrm{d}\eta(\theta)\phi_1(\xi)\mathrm{d}\xi] \\[2mm]
\qquad = \bar{G}[\bar{\psi}_1(0)\phi_1(0) - \int_{-1}^{0}(\bar{\alpha}_1^*,\ \bar{\alpha}_2^*,\bar{\alpha}_3^*,1)\mathrm{d}\eta(\theta)(\alpha_1,\alpha_2,\alpha_3,1)^{\mathrm{T}}\theta\mathrm{e}^{\mathrm{i}\omega_0\theta}] \\[2mm]
\qquad = \bar{G}[(\bar{\alpha}_1^*\alpha_1+\bar{\alpha}_2^*\alpha_2+\bar{\alpha}_3^*\alpha_3+1)+(\bar{\alpha}_1^*\alpha_3+\bar{\alpha}_3^*\alpha_1)c_0\tau_0\mathrm{e}^{-\mathrm{i}\omega_0\tau_0}] \\[5mm]
\langle\bar{\psi}_2,\phi_2\rangle = G_1[\psi_2(0)\phi_2(0) - \int_{-1}^{0}\int_{\xi=0}^{\theta}\psi_2(\xi-\theta)\mathrm{d}\eta(\theta)\phi_2(\xi)\mathrm{d}\xi] \\[2mm]
\qquad = G_1[\psi_2(0)\phi_2(0) - \int_{-1}^{0}(\beta_1^*,\ \beta_2^*,\beta_3^*,1)\mathrm{d}\eta(\theta)(\beta_1,\beta_2,\beta_3)^{\mathrm{T}}] \\[2mm]
\qquad = G_1[(\beta_1^*\beta_1+\beta_2^*\beta_2+\beta_3^*\beta_3+1)+\beta_3^*\beta_1 c_0\tau_0+\beta_1^*\beta_3 c_0\tau_0] \\[5mm]
\bar{G} = \dfrac{1}{(\bar{\alpha}_1^*\alpha_1+\bar{\alpha}_2^*\alpha_2+\bar{\alpha}_3^*\alpha_3+1)+(\bar{\alpha}_1^*\alpha_3+\bar{\alpha}_3^*\alpha_1)c_0\tau_0\mathrm{e}^{-\mathrm{i}\omega_0\tau_0}} \\[5mm]
G_1 = \dfrac{1}{(\beta_1^*\beta_1+\beta_2^*\beta_2+\beta_3^*\beta_3+1)+\beta_3^*\beta_1 c_0\tau_0+\beta_1^*\beta_3 c_0\tau_0}
\end{cases} \tag{4.3.21}$$

通过连续投影算子 π，可以将扩张的 BC 空间通过 $\Lambda=(\mathrm{i}\omega_0\tau_0,-\mathrm{i}\omega_0\tau_0,0)$ 分解为 $BC=P\oplus\mathrm{Ker}\,\pi$。令 $V_t=\phi x+y$，其中 $x=(x_1,x_2,x_3)^{\mathrm{T}}$，则方程 $(4.3.17)$ 可以分解为

$$\begin{cases}
\dot{x}=Bx+\psi(0)F_0(\phi x+y,\mu) \\
\dot{y}=A_{Q^1}y+(I-\pi)X_0F_0(\phi x+y,\mu)
\end{cases} \tag{4.3.22}$$

其中，$B=\mathrm{diag}(\mathrm{i}\omega_0\tau_0,-\mathrm{i}\omega_0\tau_0,0)$，$A_{Q^1}$ 是将 A 限制为从 Q^1 到 Banach 空间 $\mathrm{Ker}\,\pi$ 的算子。

将 $(4.3.22)$ 进行泰勒展开有

$$\begin{cases}
\psi(0)F_0(\phi x+y,\mu)=\dfrac{1}{2!}f_2^1(x,y,\mu)+\dfrac{1}{3!}f_3^1(x,y,\mu) \\
(I-\pi)X_0F_0(\phi x+y,\mu)=\dfrac{1}{2!}f_2^2(x,y,\mu)+\dfrac{1}{3!}f_2^3(x,y,\mu)
\end{cases} \tag{4.3.23}$$

其中，$f_j^1(x,y,\mu)$ 和 $f_j^2(x,y,\mu)$ 是 j 次齐次多项式。那么方程 $(4.3.23)$ 限制在中心流行上的规范型为

$$\dot{x}=Bx+\frac{1}{2!}g_2^1(x,0,\mu)+\frac{1}{3!}g_3^1(x,0,\mu) \tag{4.3.24}$$

为了计算规范型我们在空间 $V_2^5(C^4\times\mathrm{Ker}\,\pi)$ 上定义算子 M_2

$$M_2^1:V_2^5(C^4\times\mathrm{Ker}\,\pi)\to V_2^5(C^4\times\mathrm{Ker}\,\pi)$$

和

$$(M_2^1p)(x,\mu)=D_xp(x,\mu)Bx-B(x,\mu)p(x,\mu)$$

其中，$V_2^5(C^4)$ 表示由五个变量 $(x_1,x_2,x_3,\mu_1,\mu_2)$ 组成的二阶齐次多项式构成的线性空间，$C^4\times(\mathrm{Ker}\,\pi)$ 代表系数空间。那么对 $V_2^5(C^4)$ 可以作如下分解

$$V_2^5(C^4)=\mathrm{Im}(M_2^1)\oplus(M_2^1)^c$$

它的补空间是

$$\text{Ker}(M_2^1)^c = \text{span}\left\{ \begin{pmatrix} \mu_i x_1 \\ 0 \\ 0 \end{pmatrix}, \begin{pmatrix} x_1 x_3 \\ 0 \\ 0 \end{pmatrix}, \begin{pmatrix} 0 \\ \mu_i x_2 \\ 0 \end{pmatrix}, \begin{pmatrix} 0 \\ x_2 x_3 \\ 0 \end{pmatrix}, \begin{pmatrix} 0 \\ 0 \\ \mu_i x_3 \end{pmatrix}, \begin{pmatrix} 0 \\ 0 \\ x_3^2 \end{pmatrix}, \begin{pmatrix} 0 \\ 0 \\ x_1 x_2 \end{pmatrix}, \begin{pmatrix} 0 \\ 0 \\ \mu_1^2 \end{pmatrix}, \begin{pmatrix} 0 \\ 0 \\ \mu_2^2 \end{pmatrix}, \begin{pmatrix} 0 \\ 0 \\ \mu_1 \mu_2 \end{pmatrix} \right\}$$

那么，我们可以通过公式 $g_2^1(x,0,\mu) = \text{Proj}_{(\text{Ker}(M_2^1)^c)} f_2^1(x,0,\mu)$ 得到 g_2^1，其中

$$f_2^1(x,0,\mu) = \psi(0) \begin{pmatrix} \mu_2 a(\alpha_1 x_1 + \bar{\alpha}_1 x_2 + \beta_1 x_3) - \mu_2(\alpha_2 x_1 + \bar{\alpha}_2 x_2 + \beta_2 x_3) + s_0 \\ \mu_2(\alpha_1 x_1 + \bar{\alpha}_1 x_2 + \beta_1 x_3) - \mu_2 b_1(\alpha_2 x_1 + \bar{\alpha}_2 x_2 + \beta_2 x_3) \\ \mu_2 a(\alpha_3 x_1 + \bar{\alpha}_3 x_2 + \beta_3 x_3) - \mu_2(x_1 + x_2 + x_3) + s_1 \\ \mu_2(\alpha_3 x_1 + \bar{\alpha}_3 x_2 + \beta_3 x_3) - \mu_2 b_2(x_1 + x_2 + x_3) \end{pmatrix} \tag{4.3.25}$$

$$s_0 = (c_0 \mu_2 + \tau_0 \mu_1 + \mu_1 \mu_2)(\alpha_3 x_1 e^{-i\omega_0 \tau_0} + \bar{\alpha}_3 x_2 e^{i\omega_0 \tau_0} + \beta_3 x_3)$$

$$s_1 = (c_0 \mu_2 + \tau_0 \mu_1 + \mu_1 \mu_2)(\alpha_1 x_1 e^{-i\omega_0 \tau_0} + \bar{\alpha}_1 x_2 e^{i\omega_0 \tau_0} + \beta_1 x_3)$$

则

$$\begin{aligned} g_2^1(x,0,\mu) &= \text{Proj}_{(\text{Ker}(M_2^1)^c)} f_2^1(x,0,\mu) \\ &= \begin{pmatrix} (a_{11}\mu_1 + a_{12}\mu_2)x_1 + a_{13}x_1 x_3 \\ (\bar{a}_{11}\mu_1 + \bar{a}_{12}\mu_2)x_1 + \bar{a}_{13}x_1 x_3 \\ (a_{21}\mu_1 + a_{22}\mu_2)x_3 + a_{23}x_1 x_2 + a_{24}x_3^2 \end{pmatrix} \end{aligned} \tag{4.3.26}$$

其中，

$$a_{11} = \bar{G}\tau_0(\bar{\alpha}_1^* \alpha_3 e^{-i\omega_0 \tau_0} + \bar{\alpha}_3^* \alpha_1 e^{-i\omega_0 \tau_0})$$

$$a_{12} = \bar{G}[\bar{\alpha}_1^*(a\alpha_1 + c_0 \alpha_3 e^{-i\omega_0 \tau_0} - \alpha_2) + \bar{\alpha}_2^*(\alpha_1 - b_1 \alpha_2) + \bar{\alpha}_3^*(a\alpha_3 + c_0 \alpha_1 e^{-i\omega_0 \tau_0} - 1) + (\alpha_3 - b_2)]$$

$$a_{22} = G_1[\beta_1^*(a\beta_1 + c_0 \beta_3 - \beta_2) + \beta_2^*(\beta_1 - b_1 \beta_2) + \beta_3^*(a\beta_3 + c_0 \beta_1 - 1) + (\beta_3 - b_2)]$$

$$a_{21} = G_1 \tau_0(\beta_1^* \beta_3 + \beta_3^* \beta_1)$$

$$a_{13} = a_{23} = a_{24} = 0$$

为了计算三阶规范型，我们在空间 $V_3^3(C^4 \times \text{Ker}\,\pi)$ 上定义如下算子：

$$M_2^1 : V_3^3(C^4 \times \text{Ker}\,\pi) \rightarrow V_3^3(C^4 \times \text{Ker}\,\pi)$$

和

$$(M_3^1 p)(x,\mu) = D_x p(x,\mu) Bx - B(x,\mu) p(x,\mu)$$

其中 $V_3^3(C^4)$ 表示由三个变量 (x_1, x_2, x_3) 组成的三阶齐次多项式构成的线性空间，$C^4 \times (\text{Ker}\,\pi)$ 代表系数空间。那么对 $V_3^3(C^4)$ 可以作如下分解：

$$V_3^3(C^4) = \text{Im}(M_3^1) \oplus (M_3^1)^c$$

它的补空间是

$$\text{Ker}(M_3^1)^c = \text{span}\left\{ \begin{pmatrix} \mu_i x_1^2 x_2 \\ 0 \\ 0 \end{pmatrix}, \begin{pmatrix} x_1 x_3^2 \\ 0 \\ 0 \end{pmatrix}, \begin{pmatrix} 0 \\ x_1 x_2^2 \\ 0 \end{pmatrix}, \begin{pmatrix} 0 \\ x_2 x_3^2 \\ 0 \end{pmatrix}, \begin{pmatrix} 0 \\ 0 \\ x_3^2 \end{pmatrix}, \begin{pmatrix} 0 \\ 0, \\ x_1 x_2 x_3 \end{pmatrix} \right\}$$

那么可以得到

$$\frac{1}{3!} g_3^1(x,0,0) = \frac{1}{3!} \text{Proj}_{(\text{Ker}(M_3^1)^c)} \tilde{f}_3^1(x,0,0)$$

其中，

$$\tilde{f}_3^1(x,0,0) = f_3^1(x,0,0) + \frac{3}{2}[(D_x f_2^1)U_2^1 - D_x U_2^1 g_2^1]_{(x,0,0)} + [(D_x f_2^1)h]_{(x,0,0)}$$

通过 $M_2^1 U_2^1(X,0) = f_2^1(x,0,\mu)$ 和 $(M_2^2 h)(x,0) = f_2^2(x,0)$，分别可解 $U_2^1(x,0)$ 和 $U_2^2(x,0)$ $= h(x,0) = (h^1,h^2,h^3)$。根据 $\tan h''(0) = 0$，经计算可以得到 $U_2^1(x,0) = 0$ 和 $U_2^2(x,0) = 0$。因此有 $[(D_x f_2^1)U_2^1 - D_x U_2^1 g_2^1]_{(x,0,0)} + [(D_x f_2^1)h]_{(x,0,0)} = 0$，接下来计算 $g_3^1(x,0,0)$。

$$g_3^1(x,0,0) = \text{Proj}_{(\text{Ker}(M_3^1)^c)} f_3^1(x,0,0) = \begin{pmatrix} b_{11}x_1^2 x_2 + b_{12}x_1 x_3^2 \\ \bar{b}_{11}x_1 x_2^2 + \bar{b}_{12}x_2 x_3^2 \\ b_{21}x_1 x_2 x_3 + b_{22}x_3^3 \end{pmatrix} \qquad (4.3.27)$$

其中，

$$b_{11} = -\bar{G}c_0 \tau_0(\bar{\alpha}_1^* \alpha_3^2 \bar{\alpha}_3 e^{-i\omega_0 \tau_0} + \bar{\alpha}_3^* \alpha_1^2 \bar{\alpha}_1 e^{-i\omega_0 \tau_0}) - \frac{1}{2}\bar{G}\tau_0(\bar{\alpha}_1^* \alpha_1^2 \bar{\alpha}_1 + \bar{\alpha}_3^* \alpha_3^2 \bar{\alpha}_3)$$

$$b_{12} = -\bar{G}c_0 \tau_0(\bar{\alpha}_1^* \alpha_3 \beta_3^2 + \bar{\alpha}_3^* \alpha_1 \beta_1^2) - \frac{1}{2}\bar{G}\tau_0(\bar{\alpha}_1^* \alpha_1 \beta_1^2 + \bar{\alpha}_3^* \alpha_3 \beta_3^2)$$

$$b_{21} = -2G_1 c_0 \tau_0(\beta_1^* \alpha_3 \bar{\alpha}_3 \beta_3 + \beta_3^* \alpha_1 \bar{\alpha}_1 \beta_1) - G_1 \tau_0(\beta_1^* \alpha_1 \bar{\alpha}_1 \beta_1 + \beta_3^* \alpha_3 \bar{\alpha}_3 \beta_3)$$

$$b_{22} = -\frac{1}{3}G_1 c_0 \tau_0(\beta_1^* \beta_3^3 + \beta_3^* \beta_1^3) - \frac{1}{6}G_1 \tau_0(\beta_1^* \beta_1^3 + \beta_3^* \beta_3^3)$$

那么，我们可以将 $(4.3.24)$ 写为

$$\begin{cases} \dot{x}_1 = i\omega_0 \tau_0 x_1 + (a_{11}\mu_1 + a_{12}\mu_2)x_1 + b_{11}x_1^2 x_2 + b_{12}x_1 x_3^2 + \cdots \\ \dot{x}_2 = -i\omega_0 \tau_0 x_2 + (\bar{a}_{11}\mu_1 + \bar{a}_{12}\mu_2)x_2 + \bar{b}_{11}x_1 x_2^2 + \bar{b}_{12}x_2 x_3^2 + \cdots \\ \dot{x}_3 = (a_{21}\mu_1 + a_{22}\mu_2)x_3 + a_{23}x_1 x_2 + a_{24}x_3^2 + b_{21}x_1 x_2 x_3 + b_{22}x_3^3 + \cdots \end{cases} \qquad (4.3.28)$$

将变量替换 $x_1 = \omega_1 - i\omega_2$，$x_2 = \omega_1 + i\omega_2$，$x_3 = \omega_3$ 和柱坐标变换 $\omega_1 = r\cos\xi$，$\omega_2 = r\sin\xi$，$w_3 = \sigma$ 代入系统 $(4.3.28)$，得到

$$\begin{cases} \dot{r} = \varepsilon_1 r + p_{11}r^3 + p_{12}r\sigma^2 + \cdots \\ \dot{\sigma} = \varepsilon_2 \sigma + p_{21}r^2\sigma + p_{22}\sigma^3 + \cdots \\ \dot{\xi} = -\omega_0 + (\text{Im}[a_{11}]\mu_1 + \text{Im}[a_{12}]\mu_2)\sigma + \cdots \end{cases} \qquad (4.3.29)$$

其中，

$$\varepsilon_1 = \text{Re}[a_{11}]\mu_1 + \text{Re}[a_{12}]\mu_2, \quad \varepsilon_2 = \text{Re}[a_{21}]\mu_1,$$
$$p_{11} = \text{Re}[b_{11}], \quad p_{12} = \text{Re}[b_{12}], \quad p_{21} = \text{Re}[b_{21}], \quad p_{22} = \text{Re}[b_{22}]$$

因为系统 $(4.3.29)$ 中第三个方程描述了一个围绕 ξ 轴的旋转，这是不相关的讨论，所以将它省略，那么，可以得到如下只包含 r 和 σ 的系统：

$$\begin{cases} \dot{r} = \varepsilon_1 r + p_{11}r^3 + p_{12}r\sigma^2 + \cdots \\ \dot{\sigma} = \varepsilon_2 \sigma + p_{21}r^2\sigma + p_{22}\sigma^3 + \cdots \end{cases} \qquad (4.3.30)$$

根据参考文献[79]，我们知道对于模型 $(4.3.1)$ 的分岔情况，根据 p_{11} 和 p_{22} 的符号是相同还是相反又分为两种不同的情况：一种是简单情况，即 " $p_{11}p_{22} > 0$ "；另一种是复杂情况，即 " $p_{11}p_{22} < 0$ "。

对于简单情况，它是考虑三阶规范型的充分条件。然而对于复杂情况，又有六种不同的情况来区别它的动力学行为。对于这六种不同的情况我们还需要计算五阶规范型来分析

它们在分岔点的动力学行为。

关于规范型的动力学行为在文献[79]中已经有详细分析了。因此,通过文献[80]中对泛函微分方程的定性理论分析,初始系统(4.3.1)的 Hopf-pitchfork 分岔点附近的动态分类可以用对应的规范型确定。

4.3.3　分岔分析和数值模型

为了观察在 Hopf-pitchfork 分岔点附近的动力学行为,在本小节我们进行分岔分析和数值模拟。首先选取 $a=0.55$, $b_1=1.12$, $b_2=1.0$,则经过计算可以得到 $c_0=0.3928$ 和 $\tau_0=1.8983$。令 $c=c_0$, $\tau=\tau_0=1.8983$,在讨论 Hopf-pitchfork 分岔的存在性时,我们知道系统(4.3.1)在原点经历了 Hopf-pitchfork 分岔。代入数据经过一系列计算可以得到 $\varepsilon_1=1.0060\mu_1+0.2195\mu_2$, $\varepsilon_2=2.2027\mu_1$, $p_{11}=-1.2088$, $p_{12}=-0.8612$, $p_{21}=-6.3077$, $p_{22}=-0.7697$,因为 “$p_{11}p_{22}>0$”,所以这属于简单情况。

令 $r_1=r\sqrt{|p_{11}|}$, $r_2=\sigma\sqrt{|p_{22}|}$,注意 $p_{11}<0$ 和 $p_{22}<0$,因此,可以将方程(4.3.30)化为以下形式:

$$\begin{cases} \dot{r}_1=r_1(\varepsilon_1-r_1^2-\delta r_2^2) \\ \dot{r}_2=r_2(\varepsilon_2-\kappa r_1^2-r_2^2) \end{cases} \tag{4.3.31}$$

其中, $\delta=\dfrac{p_{12}}{p_{22}}$, $\kappa=\dfrac{p_{21}}{p_{11}}$。

显然, $E_0=(r_1,r_2)=(0,0)$ 总是系统的一个平衡点,其他的平衡点为

$$E_1=(\sqrt{\varepsilon_1},0), \qquad \varepsilon_1>0$$

$$E_2^{\pm}=(0,\pm\sqrt{\varepsilon_2}), \qquad \varepsilon_2>0$$

$$E_3^{\pm}=\left(\sqrt{\frac{\delta\varepsilon_2-\varepsilon_1}{\delta\kappa-1}},\pm\sqrt{\frac{\kappa\varepsilon_1-\varepsilon_2}{\delta\kappa-1}}\right)$$

$$\frac{\delta\varepsilon_2-\varepsilon_1}{\delta\kappa-1}>0,\frac{\kappa\varepsilon_1-\varepsilon_2}{\delta\kappa-1}>0$$

E_1 和 E_2^+ 从原点(0,0,0,0)分别经过临界线 $L_1:\varepsilon_1=0$ 和 $L_2:\varepsilon_2=0$ 分岔出来。 E_3^+ 在临界线 $L_3:\delta\varepsilon_2-\varepsilon_1=0$ 和 $L_4:\kappa\varepsilon_1-\varepsilon_2=0$ 上分别与 E_2^+ 和 E_1 发生碰撞。

基于上面选择的参数值,四条临界线分别为

$$L_1:\mu_2=-4.5832\mu_1$$

$$L_2:\mu_1=0$$

$$L_3:\mu_2=6.7454\mu_1$$

$$L_4:\mu_2=-2.6600\mu_1$$

对应的分岔图和相图见图 4.1 和图 4.2。

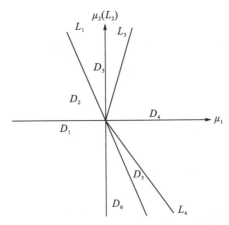

图 4.1　系统 (4.3.1) 在参数 (μ_1, μ_2) 的临界点 $(0，0)$ 附近的分岔图集

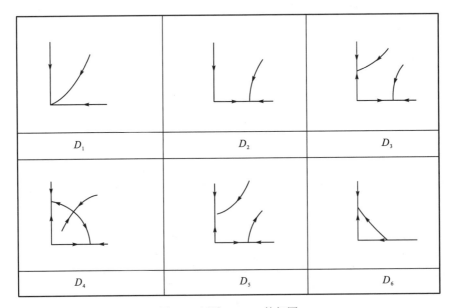

图 4.2　区域 $D_1 \sim D_6$ 的相图

下面我们描述系统在图 4.1 的各个区域发生的分岔情况和对应的神经元的物理状态。

在区域 D_1，系统只有一个稳定的平凡平衡点，这意味着神经元处于静息状态。

当分岔参数发生改变从区域 D_1 进入区域 D_2 时，平凡平衡点失去稳定性变成不稳定的鞍点，同时由于发生了 Hopf 分岔，出现了一个稳定的极限环 (为了方便，我们称它为 S_1)。此时出现稳定的极限环表明神经元开始周期放电。

当参数发生改变从区域 D_2 到区域 D_3 时，由于发生了 Pitchfork 分岔出现了一对不稳定的非平凡平衡点 $S_2^{\pm}$，平凡平衡点也发生了改变，从鞍点变为源点，极限环 S_1 依然是稳定的。这对应着神经系统处于兴奋和周期放电共存的状态，但是系统 (4.3.1) 的定态只是周期放电行为。

在区域 D_4，非平凡平衡点 $S_2^{\pm}$ 由不稳定变为稳定，同时又出现了一对不稳定的极限环

$\left(S_3^{\pm}\right)$，极限环 S_1 依然是稳定的。此时系统(4.3.1)处于多稳定状态，具体来说就是两个静息状态和一个周期放电状态。

当参数进一步改变，穿过直线 L_4 从区域 D_4 进入区域 D_5 时，一对不稳定的极限环 $S_3^{\pm}$ 与稳定极限环 S_1 发生碰撞，$S_3^{\pm}$ 消失，稳定极限环 S_1 变为不稳定，非平凡平衡点 $S_2^{\pm}$ 依然是稳定的，这意味着神经元的周期放电被破坏，进行非周期活动。此时系统(4.3.1)处于两个静息态共存的双稳态。

在区域 D_6，极限环 S_1 与平凡平衡点发生碰撞，S_1 消失，平凡平衡点变为鞍点，非平凡平衡点 $S_2^{\pm}$ 依然是稳定的。因此，系统(4.3.1)处于两个静息态共存的双稳态。

最后，当分岔参数返回到区域 D_1 时，非平凡平衡点 $S_2^{\pm}$ 与平凡平衡点发生碰撞，$S_2^{\pm}$ 消失，平凡平衡点变为稳定的收点，对应于神经元返回静息状态。

为了更完整地理解分岔图 4.1 和相图 4.2，我们选择五组具体参数值进行数值模拟并作图分析。

(1) 如果 $\mu_1 = -0.0128$，$\mu_2 = -0.0983$，则 $(\mu_1, \mu_2) \in D_1$。图 4.3 显示的系统(4.3.1)平凡平衡点是稳定的，与上面的理论分析一致。

(2) 如果 $\mu_1 = -0.0128$，$\mu_2 = 0.817$，则 $(\mu_1, \mu_2) \in D_2$。图 4.4 显示系统(4.3.1)存在一个稳定的极限环，与上面的理论分析一致。

(3) 如果 $\mu_1 = 0.0292$，$\mu_2 = 0.3017$，则 $(\mu_1, \mu_2) \in D_3$。图 4.5 显示系统(4.3.1)存在一个稳定的极限环，与上面的理论分析一致。

(4) 如果 $\mu_1 = 0.0572$，$\mu_2 = -0.0083$，则 $(\mu_1, \mu_2) \in D_4$。图 4.6 显示系统(4.3.1)存在一对稳定的非平凡平衡点和一个稳定的极限环，与上面的理论分析一致。

(5) 如果 $\mu_1 = 0.0292$，$\mu_2 = -0.0983$，则 $(\mu_1, \mu_2) \in D_5$。图 4.7 显示系统(4.3.1)存在一对稳定的非平凡平衡点，与上面的理论分析一致。

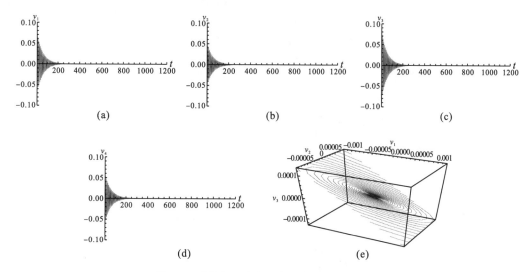

图 4.3　系统(4.3.1)有一个稳定的平凡平衡点

注：(a)、(b)、(c)、(d) 分别为变量 $v_1(t)$、$v_2(t)$、$v_3(t)$、$v_4(t)$ 的波形图，(e)是变量 $v_1(t)$、$v_2(t)$、$v_3(t)$ 的相图。

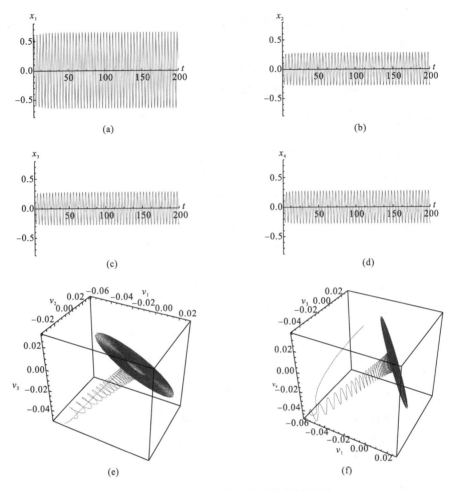

图 4.4   系统 (4.3.1) 有一个稳定的极限环

注：(a)、(b)、(c)、(d) 分别为变量 $v_1(t)$、$v_2(t)$、$v_3(t)$、$v_4(t)$ 的波形图，(e) 是变量 $v_1(t)$、$v_2(t)$、$v_3(t)$ 的相图，(f) 是变量 $v_1(t)$、$v_3(t)$、$v_4(t)$ 的相图。

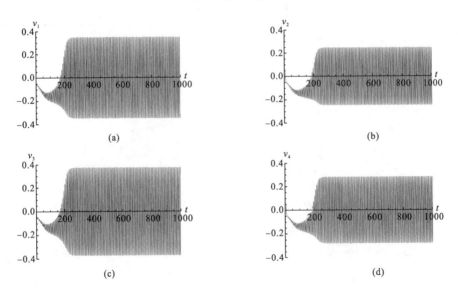

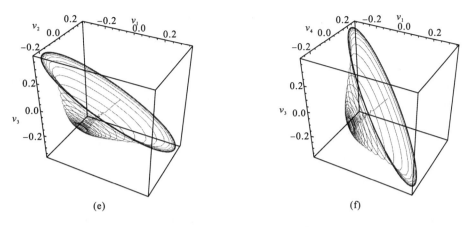

(e)　　　　　　　　　　(f)

图 4.5　系统(4.3.1)有一个稳定的极限环

注：(a)、(b)、(c)、(d)分别为变量 $v_1(t)$、$v_2(t)$、$v_3(t)$、$v_4(t)$ 的波形图，(e)是变量 $v_1(t)$、$v_2(t)$、$v_3(t)$ 的相图，(f)是变量 $v_1(t)$、$v_3(t)$、$v_4(t)$ 的相图。

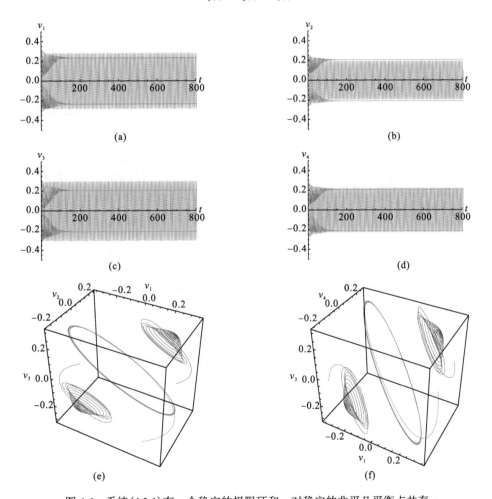

图 4.6　系统(4.3.1)有一个稳定的极限环和一对稳定的非平凡平衡点共存

注：(a)、(b)、(c)、(d)分别为变量 $v_1(t)$、$v_2(t)$、$v_3(t)$、$v_4(t)$ 的波形图，(e)是变量 $v_1(t)$、$v_2(t)$、$v_3(t)$ 的相图，(f)是变量 $v_1(t)$、$v_3(t)$、$v_4(t)$ 的相图。

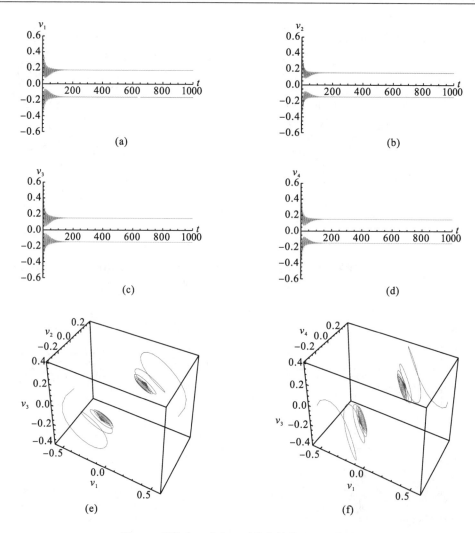

图 4.7   系统 (4.3.1) 有一对稳定的非平凡平衡点

注：(a)、(b)、(c)、(d) 分别为变量 $v_1(t)$、$v_2(t)$、$v_3(t)$、$v_4(t)$ 的波形图，(e) 是变量 $v_1(t)$、$v_2(t)$、$v_3(t)$ 的相图，(f) 是变量 $v_1(t)$、$v_3(t)$、$v_4(t)$ 的相图。

4.4   含有中立型时滞的 BAM 神经网络模型的 B-T 分岔分析

在一个有生命的机体内神经系统具有非常复杂的动态特性，所以为了更准确、更全面地描述神经反应过程的性质，我们在研究一个神经系统的变化趋势时不仅要考虑当前和过去的状态，还要考虑过去的状态对时间的导数，也就是所谓的中立型行为[81]。所以本书在模型 (4.1.5) 的基础上加入了中立行为，为了便于研究，我们先考虑了从 J 层到 I 层神经元的信号传输过程中的中立型时滞，得到如下模型：

$$
\begin{cases}
\dot{x}_1(t) + p_1\dot{x}_2(t-\tau_2) + p_2\dot{x}_3(t-\tau_2) + p_3\dot{x}_4(t-\tau_2) + p_4\dot{x}_5(t-\tau_2) \\
\quad = -\mu_1 x_1(t) + a_{21}f_1\big[x_2(t-\tau_2)\big] + a_{31}f_1\big[x_3(t-\tau_2)\big] \\
\qquad + a_{41}f_1\big[x_4(t-\tau_2)\big] + a_{51}f_1\big[x_5(t-\tau_2)\big], \\
\dot{x}_2(t) = -\mu_2 x_2(t) + a_{12}f_2\big[x_1(t-\tau_1)\big], \\
\dot{x}_3(t) = -\mu_3 x_3(t) + a_{13}f_3\big[x_1(t-\tau_1)\big], \\
\dot{x}_4(t) = -\mu_4 x_4(t) + a_{14}f_4\big[x_1(t-\tau_1)\big], \\
\dot{x}_5(t) = -\mu_5 x_5(t) + a_{15}f_5\big[x_1(t-\tau_1)\big],
\end{cases}
\tag{4.4.1}
$$

其中，$p_k(k=1,2,3,4)$ 是中立型项的系数且 $|p_i|<1$；$f_i = \tanh(x)$，$i=1,\cdots,5$.

　　尽管现在关于中立型时滞神经网络的研究已有很多成果，但是关于其高余维分岔的研究还很少，例如系统在其平衡点的线性化系统的特征方程有二重或三重零根的 B-T 分岔和 Triple zero 分岔。而作为一种重要的余维数为 2 的分岔，B-T 分岔的发生会使系统出现非常丰富的动力学行为，例如多稳定性、周期振荡、同宿轨道和异宿轨道等。因此，本章将对模型 (4.4.1) 进行余维数为 2 的 B-T 分岔研究。首先，通过对系统在平衡点对应的线性化特征方程根的分布的研究，得到系统发生 B-T 分岔的临界条件；其次，运用中心流形定理和规范型理论分别得到系统在中心流形上 B-T 分岔的二阶和三阶规范型；最后，得到系统的分岔图并进行详细分析，且为了验证理论分析的准确性和有效性进行数值模拟。

4.4.1　B-T 分岔和 Triple zero 分岔的存在性

　　首先作变量替换：$u_1 = x_1(t-\tau_1)$，$u_2 = x_2(t)$，$u_3 = x_3(t)$，$u_4 = x_3(t)$，$u_5 = x_4(t)$。令 $\tau = \tau_1 + \tau_2$，则系统 (4.4.1) 等价于下面系统：

$$
\begin{cases}
\dot{u}_1(t) + p_1\dot{u}_2(t-\tau) + p_2\dot{u}_3(t-\tau) + p_3\dot{u}_4(t-\tau) + p_4\dot{u}_5(t-\tau) \\
\quad = -\mu_1 u_1(t) + a_{21}f_1\big[u_2(t-\tau)\big] + a_{31}f_1\big[u_3(t-\tau)\big] \\
\qquad + a_{41}f_1\big[u_4(t-\tau)\big] + a_{51}f_1\big[u_5(t-\tau)\big] \\
\dot{u}_2(t) = -\mu_2 u_2(t) + a_{12}f_2\big[u_1(t)\big] \\
\dot{u}_3(t) = -\mu_3 u_3(t) + a_{13}f_3\big[u_1(t)\big] \\
\dot{u}_4(t) = -\mu_4 u_4(t) + a_{14}f_4\big[u_1(t)\big] \\
\dot{u}_5(t) = -\mu_5 u_5(t) + a_{15}f_5\big[u_1(t)\big]
\end{cases}
\tag{4.4.2}
$$

为了得到一些主要的结论，作以下假设：

　　　　　　　　(H1) $f_i(0)=0$ 和 $f_i'(0)=1$　　　　$(i=1,2,\cdots,5)$

　　容易看到，原点 $(0,\,0,\,0,\,0,\,0)$ 是系统 (4.4.2) 的一个平衡点。如果假设 (H_1) 成立，则系统 (4.4.2) 在原点的线性化系统为

$$\begin{cases} \dot{u}_1(t) + p_1\dot{u}_2(t-\tau) + p_2\dot{u}_3(t-\tau) + p_3\dot{u}_4(t-\tau) + p_4\dot{u}_5 \\ \quad = -\mu_1 u_1(t) + a_{21}u_2(t-\tau) + \alpha_{31}u_3(t-\tau) + \alpha_{41}u_4(t-\tau) + \alpha_{51}u_5(t-\tau) \\ \dot{u}_2(t) = -\mu_2 u_2(t) + a_{12}u_1(t) \\ \dot{u}_3(t) = -\mu_3 u_3(t) + a_{13}u_1(t) \\ \dot{u}_4(t) = -\mu_4 u_4(t) + a_{14}u_1(t) \\ \dot{u}_5(t) = -\mu_5 u_5(t) + a_{15}u_1(t) \end{cases} \qquad (4.4.3)$$

线性化系统 (4.4.3) 的特征方程为

$$\det\begin{pmatrix} \lambda+\mu_1 & e^{-\lambda\tau}(\lambda p_1 - a_{21}) & e^{-\lambda\tau}(\lambda p_2 - a_{31}) & e^{-\lambda\tau}(\lambda p_3 - a_{41}) & e^{-\lambda\tau}(\lambda p_4 - a_{51}) \\ -\alpha_{12} & \lambda+\mu_2 & 0 & 0 & 0 \\ -\alpha_{13} & 0 & \lambda+\mu_3 & 0 & 0 \\ -\alpha_{14} & 0 & 0 & \lambda+\mu_4 & 0 \\ -\alpha_{15} & 0 & 0 & 0 & \lambda+\mu_5 \end{pmatrix} = 0$$

对应的五阶指数多项式为

$$F(\lambda) = \lambda^5 + b_1\lambda^4 + b_2\lambda^3 + b_3\lambda^2 + b_4\lambda + b_5 + (c_1\lambda^4 + c_2\lambda^3 + c_3\lambda^2 + c_4\lambda + c_5)e^{-\lambda\tau} = 0, \qquad (4.4.4)$$

其中，

$$b_1 = \mu_1 + \mu_2 + \mu_3 + \mu_4 + \mu_5$$

$$b_2 = \mu_1\mu_2 + \mu_1\mu_3 + \mu_1\mu_4 + \mu_1\mu_5 + \mu_2\mu_3 + \mu_2\mu_4 + \mu_2\mu_5 + \mu_3\mu_4 + \mu_3\mu_5 + \mu_4\mu_5$$

$$\begin{aligned} b_3 &= \mu_1\mu_2\mu_3 + \mu_1\mu_2\mu_4 + \mu_1\mu_2\mu_5 + \mu_1\mu_3\mu_4 + \mu_1\mu_3\mu_5 + \mu_1\mu_4\mu_5 \\ &\quad + \mu_2\mu_3\mu_4 + \mu_2\mu_3\mu_5 + \mu_2\mu_4\mu_5 + \mu_3\mu_4\mu_5 \end{aligned}$$

$$b_4 = \mu_1\mu_2\mu_3\mu_4 + \mu_1\mu_2\mu_3\mu_5 + \mu_1\mu_2\mu_4\mu_5 + \mu_1\mu_3\mu_4\mu_5 + \mu_2\mu_3\mu_4\mu_5$$

$$b_5 = \mu_1\mu_2\mu_3\mu_4\mu_5$$

$$c_1 = a_{12}p_1 + a_{13}p_2 + a_{14}p_3 + a_{15}p_4$$

$$\begin{aligned} c_2 &= a_{12}p_1(\mu_3 + \mu_4 + \mu_5) + a_{13}p_2(\mu_2 + \mu_4 + \mu_5) + a_{14}p_3(\mu_2 + \mu_3 + \mu_5) \\ &\quad + a_{15}p_4(\mu_2 + \mu_3 + \mu_4) - (a_{12}a_{21} + a_{13}a_{31} + a_{14}a_{41} + a_{15}a_{51}) \end{aligned}$$

$$\begin{aligned} c_3 &= a_{12}p_1(\mu_3\mu_4 + \mu_3\mu_5 + \mu_4\mu_5) + a_{13}p_2(\mu_2\mu_4 + \mu_2\mu_5 + \mu_4\mu_5) + a_{14}p_3(\mu_2\mu_3 \\ &\quad + \mu_2\mu_5 + \mu_3\mu_5) + a_{15}p_4(\mu_2\mu_3 + \mu_2\mu_4 + \mu_3\mu_4) - a_{12}a_{21}(\mu_3 + \mu_4 + \mu_5) - a_{13}a_{31}(\mu_2 \\ &\quad + \mu_4 + \mu_5) - a_{14}a_{41}(\mu_2 + \mu_3 + \mu_5) - a_{15}a_{51}(\mu_2 + \mu_3 + \mu_4) \end{aligned}$$

$$\begin{aligned} c_4 &= a_{12}p_1\mu_3\mu_4\mu_5 + a_{13}p_2\mu_2\mu_4\mu_5 + a_{14}p_3\mu_2\mu_3\mu_5 + a_{15}p_4\mu_2\mu_3\mu_4 - a_{12}a_{21}(\mu_3\mu_4 \\ &\quad + \mu_4\mu_5 + \mu_3\mu_5) - a_{13}a_{31}(\mu_2\mu_4 + \mu_2\mu_5 + \mu_4\mu_5) - a_{14}a_{41}(\mu_2\mu_3 + \mu_2\mu_5 + \mu_3\mu_5) \\ &\quad - a_{15}a_{51}(\mu_2\mu_3 + \mu_2\mu_4 + \mu_3\mu_4) \end{aligned}$$

$$c_5 = -(a_{12}a_{21}\mu_3\mu_4\mu_5 + a_{13}a_{31}\mu_2\mu_4\mu_5 + a_{14}a_{41}\mu_2\mu_3\mu_5 + a_{15}a_{51}\mu_2\mu_3\mu_4)$$

(H2) $a_{21}a_{12}\mu_3\mu_4\mu_5 + a_{13}a_{31}\mu_2\mu_4\mu_5 + a_{14}a_{41}\mu_2\mu_3\mu_5 + a_{15}a_{51}\mu_2\mu_3\mu_4 = \mu_1\mu_2\mu_3\mu_4\mu_5$, $\mu_2 \neq \mu_3$。

令

$$\begin{aligned} a_{21}^0 &= \frac{\mu_2}{a_{12}(\mu_2 - \mu_3)\mu_4^2\mu_5^2}[a_{14}a_{41}\mu_2\mu_5^2(\mu_3 - \mu_4) + a_{15}a_{51}\mu_2\mu_4^2(\mu_3 - \mu_5) + \mu_4\mu_5(a_{15}p_4\mu_2\mu_3\mu_4 \\ &\quad + a_{14}p_3\mu_2\mu_3\mu_5 + a_{13}p_2\mu_2\mu_4\mu_5 + a_{12}p_1\mu_3\mu_4\mu_5) + \mu_2\mu_4^2\mu_5^2(\mu_1 + \mu_3 + \mu_1\mu_3\tau)] \end{aligned}$$

$$a_{31}^0 = -\frac{\mu_3}{a_{13}(\mu_2 - \mu_3)\mu_4^2\mu_5^2(u_4 - u_5)}[a_{14}a_{41}\mu_3\mu_5^2(\mu_2 - \mu_4) + a_{15}a_{51}\mu_3\mu_4^2(\mu_2 - \mu_5) + \mu_4\mu_5(a_{15}p_4\mu_2\mu_3\mu_4$$

$$+ a_{14}p_3\mu_2\mu_3\mu_5 + a_{13}p_2\mu_2\mu_4\mu_5 + a_{12}p_1\mu_3\mu_4\mu_5) + \mu_3\mu_4^2\mu_5^2(\mu_1 + \mu_2 + \mu_1\mu_2\tau)]$$

$$a_{41}^0 = -\frac{\mu_4}{2a_{14}(\mu_2 - \mu_4)(\mu_3 - \mu_4)\mu_5^3}[2a_{15}a_{51}\mu_4^2(\mu_2 - \mu_5)(\mu_3 - \mu_5) + 2a_{15}p_4\mu_4^2\mu_5(\mu_2\mu_3$$

$$- \mu_2\mu_5 - \mu_3\mu_5) + 2a_{14}p_3\mu_5^3(\mu_2\mu_3 - \mu_2\mu_4 - \mu_3\mu_4) + 2\mu_4^2\mu_5^3(a_{13}p_2 + a_{12}p_1)$$

$$+ 2\mu_4^2\mu_5^3(\mu_1 + \mu_2 + \mu_3) - \mu_4^3\mu_5^3(2\mu_1\mu_2\tau + 2\mu_1\mu_3\tau + 2\mu_2\mu_3\tau + \mu_1\mu_2\mu_3\tau^2)]$$

$$a_{51}^0 = -\frac{\mu_5}{6a_{15}(\mu_2 - \mu_5)(\mu_3 - \mu_5)}[6a_{15}p_4(\mu_2\mu_3\mu_4 - \mu_2\mu_3\mu_5 - \mu_3\mu_4\mu_5 - \mu_2\mu_4\mu_5$$

$$+ \mu_2\mu_5^2 + \mu_3\mu_5^2 + \mu_4\mu_5^2) + 6\mu_5^3(a_{14}p_3 + a_{13}p_2 + a_{12}p_1) + \mu_5^3[6(\mu_1 + \mu_2 + \mu_3 + \mu_4$$

$$+ \mu_1\mu_2\tau + \mu_1\mu_3\tau + \mu_1\mu_4\tau + \mu_2\mu_3\tau + \mu_2\mu_4\tau + \mu_3\mu_4\tau)] + 3(\mu_1\mu_2\mu_3\tau^2 + \mu_1\mu_2\mu_4\tau^2$$

$$+ \mu_1\mu_3\mu_4\tau^2 + \mu_2\mu_3\mu_4\tau^2) + \mu_1\mu_2\mu_3\mu_4\tau^3]$$

（H3）$a_{21} = a_{21}^0$，　$a_{31} = a_{31}^0$，　$a_{41} \neq a_{41}^0$。

（H4）$a_{21} = a_{21}^0$，　$a_{31} = a_{31}^0$，　$a_{41} = a_{41}^0$，　$\mu_2 \neq \mu_3 \neq \mu_4$。

则我们可以得到关于系统（4.4.3）的特征方程对应的特征根的结论。

引理 4.4　令（H1）和（H2）成立。则如果（H3）成立，方程（4.4.4）有二重零根；如果（H4）成立，则方程（4.4.4）有三重零根。

证明　根据方程（4.4.4），有

$$\begin{cases} F(0) = b_5 + c_5 \\ F'(0) = b_4 + c_4 - c_5\tau \\ F''(0) = 2b_3 + 2c_3 - 2c_4\tau + c_5\tau^2 \\ F'''(0) = 6b_2 + 6c_2 - 6c_3\tau + 3c_4\tau^2 - c_5\tau^3 \end{cases} \quad (4.4.5)$$

根据（H1）、（H2）和（H3），有 $F(0) = F'(0) = 0$ 和

$$F''(0)\Big|_{a_{21}=a_{21}^0, a_{31}=a_{31}^0}$$

$$= \mu_4\mu_5[2(\mu_1 + \mu_2 + \mu_3) + 2(\mu_1\mu_2 + \mu_1\mu_3 + \mu_2\mu_3)\tau + \mu_1\mu_2\mu_3\tau^2 + 2\mu_4\mu_5(a_{12}p_1$$

$$+ a_{13}p_2)] - \frac{1}{\mu_4^2\mu_5^2}[2\mu_4^3a_{15}a_{51}(\mu_2 - \mu_5)(\mu_3 - \mu_5) + 2\mu_5^3a_{14}a_{41}(\mu_2 - \mu_4)(\mu_3 - \mu_4) \quad (4.4.6)$$

$$+ 2a_{15}p_4\mu_4^3(\mu_2\mu_3\mu_5 - \mu_2\mu_5^2 - \mu_3\mu_5^2) + 2a_{14}p_3\mu_5^3(\mu_2\mu_3\mu_5 - \mu_2\mu_4^2 - \mu_3\mu_4^2)] \neq 0$$

因此，$\lambda = 0$ 是方程（4.4.4）的二重零根。

类似的，在假设（H4）成立的情况下，我们有 $F(0) = F'(0) = F''(0) = 0$ 和

$$F'''(0)\Big|_{a_{21}=a_{21}^0, a_{31}=a_{31}^0, a_{41}=a_{41}^0}$$

$$= \mu_5[6(\mu_1 + \mu_2 + \mu_3 + \mu_4) + 6(\mu_1\mu_2 + \mu_1\mu_3 + \mu_1\mu_4 + \mu_2\mu_3 + \mu_2\mu_4 + \mu_3\mu_4)\tau$$

$$+ 3(\mu_1\mu_2\mu_3 + \mu_1\mu_2\mu_4 + \mu_1\mu_3\mu_4 + \mu_2\mu_3\mu_4)\tau^2 + \mu_1\mu_2\mu_3\mu_4\tau^3 + 6\mu_5(a_{12}p_1 \quad (4.4.7)$$

$$+ a_{13}p_2 + a_{14}p_3)] - \frac{1}{\mu_5^3}[6a_{15}a_{51}(\mu_2 - \mu_5)(\mu_3 - \mu_5)(\mu_4 - \mu_5) + 6a_{15}p_4\mu_5$$

$$(\mu_2\mu_3\mu_4 - \mu_2\mu_3\mu_5 - \mu_2\mu_4\mu_5 - \mu_3\mu_4\mu_5 + \mu_2\mu_5^2 + \mu_3\mu_5^2 + \mu_4\mu_5^2)] \neq 0$$

所以，$\lambda = 0$ 是方程(4.4.4)的三重零根。证明完成。

注 4.2   下面将讨论方程(4.4.4)的特征根的分布，不论在假设(H1)、(H2)、(H3)下，还是在假设(H1)、(H2)、(H4)下，我们发现方程(4.4.4)的根除了零根，其他根都具有严格的负实部。在引理 4.4 中给出了方程(4.4.4)有二重零根和三重零根的必要条件。

设 $\lambda = \mathrm{i}\omega$ 是特征方程(4.4.4)的一个特征根。将 $\lambda = \mathrm{i}\omega$ 代入方程(4.4.4)并分离实部和虚部可以得到：

$$\begin{cases} \omega^5 - b_2\omega^3 + b_4\omega = \left(c_1\omega^4 - c_3\omega^2 + c_5\right)\sin(\omega\tau) + \left(c_2\omega^3 - c_4\omega\right)\cos(\omega\tau) \\ b_1\omega^5 - b_3\omega^2 + b_5 = \left(-c_1\omega^4 + c_3\omega^2 - c_5\right)\cos(\omega\tau) + \left(c_2\omega^3 - c_4\omega\right)\sin(\omega\tau) \end{cases} \tag{4.4.8}$$

如果(H1)～(H3)成立，则可以得到：

$$\omega^8 + p\omega^6 + q\omega^4 + r\omega^2 + u\omega = 0 \tag{4.4.9}$$

其中，

$$p = b_1^2 - 2b_2 - c_1^2$$
$$q = 2c_1c_3 - c_2^2 + 2b_4 - 2b_1b_3 + b_2^2$$
$$r = b_3^2 - 2b_2b_4 + 2b_1b_5 - c_3^2 + 2c_2c_4 - 2c_1c_5$$
$$u = 2c_3c_5 - 2b_3b_5 - 2b_4b_5\tau - c_5^2\tau^2$$

令 $z = \omega^2$，则方程(4.4.9)变为

$$z^4 + pz^3 + qz^2 + rz + u = 0 \tag{4.4.10}$$

令

$$h(z) = z^4 + pz^3 + qz^2 + rz + u = 0 \tag{4.4.11}$$

通过对方程(4.4.11)关于 z 求导，有 $h'(z) = 4z^3 + 3pz^2 + 2qz + r$

考虑以下方程：

$$4z^3 + 3pz^2 + 2qz + r = 0 \tag{4.4.12}$$

令 $z = y + p/4$，则方程(4.4.12)变为

$$y^3 + p_1y + q_1 = 0 \tag{4.4.13}$$

其中，

$$p_1 = \frac{q}{2} - \frac{3}{16}p^2, \quad q_1 = \frac{p^3}{32} - \frac{pq}{8} + \frac{r}{4}$$

定义 $\Delta_0 = \left(\dfrac{q_1}{2}\right)^2 + \left(\dfrac{p_1}{3}\right)^3$，$\varepsilon = \dfrac{-1 + \mathrm{i}\sqrt{3}}{2}$，有

$$y_1 = \sqrt[3]{\frac{-q_1}{2} + \sqrt{\Delta_0}} + \sqrt[3]{\frac{-q_1}{2} + \sqrt{\Delta_0}}$$

$$y_2 = \varepsilon\sqrt[3]{\frac{-q_1}{2} + \sqrt{\Delta_0}} + \varepsilon^2\sqrt[3]{\frac{-q_1}{2} - \sqrt{\Delta_0}}$$

$$y_3 = \varepsilon^2\sqrt[3]{\frac{-q_1}{2} + \sqrt{\Delta_0}} + \varepsilon\sqrt[3]{\frac{-q_1}{2} - \sqrt{\Delta_0}}$$

其中 $z_i = y_i + p/4$ $(i = 1, 2, 3, 4)$ 是方程(4.4.12)的根。

总结以上的讨论，我们可以得到以下引理：

引理 4.5

1.如果 $u<0$ ，则方程(4.4.10)至少有一个正根。

2.如果 $u\geqslant 0$ ，则可以得到以下结论：

(i)如果 $\Delta_0\geqslant 0$ ，则方程(4.4.10)只有一个正根，当且仅当 $z_1>0$ 时，有 $h(z_1)<0$ ；

(ii)如果 $\Delta_0<0$ ，则方程(4.4.10)有正根，当且仅当至少存在一个 $z^*\in\{z_1,z_2,z_3,z_4\}$ 时，使得当 $z^*>0$ ，有 $h(z^*)\leqslant 0$ 。

设方程(4.4.10)有正根。不失一般性，设其有四个正根，分别定义为 z_1、z_2、z_3、z_4。则方程(4.4.9)的四个根分别为 $\omega_1=\sqrt{z_1}$，$\omega_2=\sqrt{z_2}$，$\omega_3=\sqrt{z_3}$，$\omega_4=\sqrt{z_4}$。根据方程(4.4.8)，有

$$\cos(\omega_i\tau)=\frac{(\omega_i^5-b_2\omega_i^3+b_4\omega_i)(c_2\omega_i^3-c_4\omega_i)-(b_1\omega_i^4-b_3\omega_i^2+b_5)(c_1\omega_i^4-c_3\omega_i^2+c_5)}{(c_1\omega_i^4-c_3\omega_i^2+c_5)^2+(c_2\omega_i^3-c_4\omega_i)^2} \quad (4.4.14)$$

$$\tau_i=\frac{1}{\omega_i}\arccos\frac{(\omega_i^5-b_2\omega_i^3+b_4\omega_i)(c_2\omega_i^3-c_4\omega_i)-(b_1\omega_i^4-b_3\omega_i^2+b_5)(c_1\omega_i^4-c_3\omega_i^2+c_5)}{(c_1\omega_i^4-c_3\omega_i^2+c_5)^2+(c_2\omega_i^3-c_4\omega_i)^2} \quad (4.4.15)$$

定义 $\tau_0=\min\limits_{i\in\{1,2,\cdots,5\}}\{\tau_i\}$。如果方程(4.4.10)没有正根，取 $\tau_0=+\infty$。

若假设(H4)成立，根据方程(4.4.8)有

$$\omega^6+p_2\omega^4+q_2\omega^2+r_2=0 \quad (4.4.16)$$

其中，

$$p_2=b_1^2-2b_2-c_1^2$$
$$q_2=2c_1c_4\tau+c_1c_5\tau^2-2c_1b_3-c_2^2+2c_5\tau-2c_4-2b_1b_3+b_2^2$$
$$r_2=b_3^2-2b_2b_5\tau+2b_2c_4+2b_1b_5-c_4^2\tau^2+\frac{c_5^2}{4}\tau^4$$
$$+b_3^2+c_4c_5\tau^3-2c_4b_3\tau-c_5b_3\tau^2+2c_2c_4-2c_1c_5$$

令 $v=\omega^2$，方程(4.4.16)变为

$$v^3+p_2v^2+q_2v+r_2=0 \quad (4.4.17)$$

令

$$l(v)=v^3+p_2v^2+q_2v+r_2 \quad (4.4.18)$$

因为 $\lim\limits_{v\to+\infty}l(v)=+\infty$，如果 $r_2<0$，则可以得出方程(4.4.17)至少有一个正根。

而

$$l'(v)=3v^2+2p_2v+q_2 \quad (4.4.19)$$

显然，如果 $\Delta_1=p_1^2-3q_1\leqslant 0$，则函数 $l(v)$ 在 $z\in(0,\infty]$ 区间上是单调递增的。因此，对于 $r_2\geqslant 0$ 和 $\Delta_1\leqslant 0$，方程(4.4.19)在 $z\in[0,\infty)$ 的区间上没有正根。另一方面，当 $r_2\geqslant 0$ 和 $\Delta_1>0$，方程 $3v^2+2p_2v+q_2=0$ 有两个实根：

$$v_1^*=\frac{-p_2+\sqrt{\Delta_1}}{3},\quad v_2^*=\frac{-p_2-\sqrt{\Delta_1}}{3} \quad (4.4.20)$$

通过方程(4.4.19)和方程(4.4.20)，再根据 v_1^* 和 v_2^* 分别是局部最小和局部最大的 $l(v)$，有 $l''(v_1^*)=2\sqrt{\Delta_1}>0$ 和 $l''(v_2^*)=-2\sqrt{\Delta_1}<0$。

总结上面的讨论，我们有以下引理：

引理 4.6 对于方程(4.4.17)，有下列结论：

(i) 如果 $r_2<0$，则方程(4.4.17)至少有一个正根；

(ii) 如果 $r_2 \geqslant 0$，$\Delta_1 \geqslant 0$，则方程(4.4.17)没有正根；

(iii) 如果 $r_2 \geqslant 0$，$\Delta_1<0$，则方程(4.4.17)有正根，当且仅当 $v_1 = \dfrac{-p_2+\sqrt{\Delta_1}}{3}>0$ 时有 $l(v_1^*) \leqslant 0$。

类似的，设方程(4.4.17)有三个正根，分别定义为 v_1、v_2、v_3。则方程(4.4.16)的三个正根分别为 $\overline{w}_1 = \sqrt{v_1}$，$\overline{w}_2 = \sqrt{v_2}$，$\overline{w}_3 = \sqrt{v_3}$。根据方程(4.4.8)有

$$\overline{\tau}_i = \frac{1}{\overline{w}_i}\arccos\frac{(\overline{w}_i^5 - b_2\overline{w}_i^3 + b_4\overline{w}_i)(c_2\overline{w}_i^3 - c_4\overline{w}_i)-(b_1\overline{w}_i^4 - b_3\overline{w}_i^2 + b_5)(c_1\overline{w}_i^4 - c_3\overline{w}_i^3 + c_5)}{(c_1\overline{w}_i^4 - c_3\overline{w}_i^3 + c_5)^2 + (c_2\overline{w}_i^3 - c_4\overline{w}_i)^2}. \quad (4.4.21)$$

引理 4.7 设(H1)～(H3)成立，那么方程(4.4.4)的根除了二重零根和三重零根，其他的都有严格的负实部，分别需要满足以下条件：

$$(H5)\quad 0<\tau<\tau_0,\quad B_1>0,\quad B_1B_2 - B_3>0$$

$$(H6)\quad a_{41}<\frac{\mu_4}{a_{14}(\mu_2-\mu_4)(\mu_3-\mu_4)\mu_5^2}[a_{15}a_{51}\mu_4(\mu_2-\mu_5)(\mu_3-\mu_5)$$
$$+a_{15}p_4\mu_4\mu_5(\mu_2\mu_3-\mu_2\mu_5-\mu_3\mu_5-\mu_4\mu_5)+a_{14}p_3\mu_5^2(\mu_2\mu_3$$
$$-\mu_2\mu_4-\mu_3\mu_4-\mu_4\mu_5)-(\mu_4^2\mu_5^2+\mu_4\mu_5^3)(a_{13}p_2+a_{12}p_1)$$
$$-\mu_4^2\mu_5^3(\mu_1+\mu_2+\mu_3)-\mu_4\mu_5^3(\mu_1+\mu_2+\mu_3)+\mu_1\mu_2\mu_3\mu_4\mu_5^2\tau]$$

其中 $B_1=b_1+c_1$，$B_2=b_2+c_2$，$B_3=b_3+c_3$。

证明： 设(H1)～(H3)成立。则当 $\tau=0$ 时，方程(4.4.4)变为

$$\lambda^2\left(\lambda^3+B_1\lambda^2+B_2\lambda+B_3\right)=0 \quad (4.4.22)$$

根据 Routh-Hurwitz 判据，做以下假设：

$$B_1>0,\quad B_1B_2-B_3>0$$

那么当 $\tau=0$ 时，方程(4.4.4)的根除了零根 $\lambda_{1,2}=0$，其他根都有严格的负实部。

设(H1)～(H4)成立，那么对于 $\tau=0$，方程(4.4.4)变为

$$\lambda^3\left(\lambda^2+B_1\lambda+B_2\right)=0 \quad (4.4.23)$$

根为 $\lambda_{1,2,3}=0$，$\lambda_{4,5}=\dfrac{-B_1\pm\sqrt{\Delta_2}}{2}$，$\Delta_2=B_1^2-4B_2$。因此，如果 $B_2>0$，即

$$a_{41}<\frac{\mu_4}{a_{14}(\mu_2-\mu_4)(\mu_3-\mu_4)\mu_5^2}[a_{15}a_{51}\mu_4(\mu_2-\mu_5)(\mu_3-\mu_5)+a_{15}p_4\mu_4\mu_5(\mu_2\mu_3-\mu_2\mu_5$$
$$-\mu_3\mu_5-\mu_4\mu_5)+a_{14}p_3\mu_5^2(\mu_2\mu_3-\mu_2\mu_4-\mu_3\mu_4-\mu_4\mu_5)-(\mu_4^2\mu_5^2+\mu_4\mu_5^3)(a_{13}p_2$$
$$+a_{12}p_1)-\mu_4^2\mu_5^3(\mu_1+\mu_2+\mu_3)-\mu_4\mu_5^3(\mu_1+\mu_2+\mu_3)+\mu_1\mu_2\mu_3\mu_4\mu_5^2\tau]$$

则 $\lambda_{4,5}$ 有严格负实部。证明完成。

因此，根据引理 4.3～4.7 可以得到以下定理：

定理 4.2 假设(H1)和(H2)成立，则有以下结论成立：

(i) 当(H3)和(H5)满足时，则系统(4.4.1)在原点经历了 B-T 分岔。

(ii) 当(H4)和(H6)满足时，则系统(4.4.1)在原点经历了 Triple zero 分岔。

4.4.2　B-T 分岔的二阶和三阶规范型

在这一小节，我们通过中心流行定理和规范型理论，将连接权重 a_{21} 和 a_{31} 作为两个分岔参数计算系统(4.4.1)在中心流行上 B-T 分岔的二阶和三阶规范型。为了方便，对时滞 τ 作时间尺度的归一化处理 $t \mapsto t/\tau$，得到

$$
\begin{cases}
\dot{u}_1(t) + p_1\dot{u}_2(t-\tau) + p_2\dot{u}_3(t-\tau) + p_3\dot{u}_4(t-\tau) + p_4\dot{u}_5(t-\tau) \\
\quad = \tau\big\{-\mu_1 u_1(t) + a_{21}f_1[u_2(t-\tau)] + a_{31}f_1[u_3(t-\tau)] \\
\qquad + a_{41}f_1[u_4(t-\tau)] + a_{51}f_1[u_5(t-\tau)]\big\} \\
\dot{u}_2(t) = \tau\big\{-\mu_2 u_2(t) + a_{12}f_2[u_1(t)]\big\} \\
\dot{u}_3(t) = \tau\big\{-\mu_3 u_3(t) + a_{13}f_3[u_1(t)]\big\} \\
\dot{u}_4(t) = \tau\big\{-\mu_4 u_4(t) + a_{14}f_4[u_1(t)]\big\} \\
\dot{u}_5(t) = \tau\big\{-\mu_5 u_5(t) + a_{15}f_5[u_1(t)]\big\}
\end{cases}
\tag{4.4.24}
$$

将参数 a_{21} 和 a_{31} 写成 $a_{21} = a_{21}^0 + \alpha_1$ 和 $a_{31} = a_{31}^0 + \alpha_2$ 形式，并对激活函数 $f_i(x)$ $(i=1,2,\cdots,5)$ 作泰勒展开，则系统(4.4.24)变为

$$
\begin{cases}
\dot{u}_1(t) + p_1\dot{u}_2(t-\tau) + p_2\dot{u}_3(t-\tau) + p_3\dot{u}_4(t-\tau) + p_4\dot{u}_5(t-\tau) \\
\quad = \tau\big[-\mu_1 u_1(t) + (a_{21}^0 + \alpha_1)u_2(t-\tau) + (a_{31}^0 + \alpha_2)u_3(t-\tau) \\
\qquad + a_{41}u_4(t-\tau) + a_{51}u_5(t-\tau) + H_1 + \cdots\big] \\
\dot{u}_2(t) = \tau\big\{-\mu_2 u_2(t) + a_{12}u_1(t) + H_2 + \cdots\big\} \\
\dot{u}_3(t) = \tau\big\{-\mu_3 u_3(t) + a_{13}u_1(t) + H_3 + \cdots\big\} \\
\dot{u}_4(t) = \tau\big\{-\mu_4 u_4(t) + a_{14}u_1(t) + H_4 + \cdots\big\} \\
\dot{u}_5(t) = \tau\big\{-\mu_5 u_5(t) + a_{15}u_1(t) + H_5 + \cdots\big\}
\end{cases}
\tag{4.4.25}
$$

其中，

$$
\begin{aligned}
H_1 &= \frac{(a_{21}^0 + \alpha_1)}{6}[3f_1''(0)u_2^2(t-1) + f_1'''(0)u_2^3(t-1)] + \frac{(a_{31}^0 + \alpha_2)}{6}[3f_1''(0)u_3^2(t-1) \\
&\quad + f_1'''(0)u_3^3(t-1)] + \frac{a_{41}}{6}[3f_1''(0)u_4^2(t-1) + f_1'''(0)u_4^3(t-1)] \\
&\quad + \frac{a_{51}}{6}[3f_1''(0)u_5^2(t-1) + f_1'''(0)u_5^3(t-1)]
\end{aligned}
$$

$$
H_j = \frac{a_{1j}}{6}[3f_1''(0)u_1^2(t-1) + f_j'''(0)u_j^3(t-1)], \quad (j=2,3,4,5)
$$

对于 $\phi \in C([-1,0]C^4)$，设

$$L(\alpha,\phi) = M_0\phi(0) + M_1\phi(-1), \quad D(\phi) = I\phi(0) + M_2\phi(-1)$$

其中，

$$M_0 = \tau \begin{pmatrix} -\mu_1 & 0 & 0 & 0 & 0 \\ a_{12} & -\mu_2 & 0 & 0 & 0 \\ a_{13} & 0 & -\mu_3 & 0 & 0 \\ a_{14} & 0 & 0 & -\mu_4 & 0 \\ a_{15} & 0 & 0 & 0 & -\mu_5 \end{pmatrix}, \quad M_1 = \tau \begin{pmatrix} 0 & a_{21} & a_{31} & a_{41} & a_{51} \\ 0 & 0 & 0 & 0 & 0 \\ 0 & 0 & 0 & 0 & 0 \\ 0 & 0 & 0 & 0 & 0 \\ 0 & 0 & 0 & 0 & 0 \end{pmatrix},$$

$$M_2 = \begin{pmatrix} 0 & p_1 & p_2 & p_3 & p_4 \\ 0 & 0 & 0 & 0 & 0 \\ 0 & 0 & 0 & 0 & 0 \\ 0 & 0 & 0 & 0 & 0 \\ 0 & 0 & 0 & 0 & 0 \end{pmatrix}$$

由 Riesz 表示定理可知，存在关于 $\theta \in [-1,0]$ 的 4×4 的有界变差函数 $\eta(\theta,\alpha)$ 和 $\mu(\theta,\alpha)$，使得

$$L(\alpha,\phi) = \int_{-1}^{0} d\eta(\alpha,\phi)\phi(\theta), \quad D(\phi) = \phi(0) - \int_{-1}^{0} d\mu(\theta,\alpha)\phi(\theta).$$

事实上，可以分别选择

$$\eta(\theta,\alpha) = \begin{cases} M_0\tau, & \theta = 0, \\ 0, & \theta \in (-1,0) \\ M_1\tau, & \theta = -1 \end{cases} \tag{4.4.26}$$

和

$$\mu(\theta,\alpha) = \begin{cases} M_2, & \theta = -1 \\ 0, & \theta \in (-1,0] \end{cases} \tag{4.4.27}$$

记 $U = (u_1,u_2,u_3,u_4,u_5)^T$ 和 $F(u_t,\alpha) = (F^1,F^2,F^3,F^4,F^5)^T$，其中

$$\begin{aligned} F^1 &= \tau\alpha_1 f_1[u_2(t-\tau)] + \tau\alpha_2 f_1[u_3(t-\tau)] + \frac{(a_{21}^0+\alpha_1)\tau}{6}[3f_1''(0)u_2^2(t-1) \\ &+ f_1'''(0)u_2^3(t-1)] + \frac{(a_{31}^0+\alpha_2)\tau}{6}[3f_1''(0)u_3^2(t-1) + f_1'''(0)u_3^3(t-1)] + \frac{a_{41}\tau}{6} \\ &[3f_1''(0)u_4^2(t-1) + f_1'''(0)u_4^3(t-1)] + \frac{a_{51}\tau}{6}[3f_1''(0)u_5^2(t-1) + f_1'''(0)u_5^3(t-1)] \end{aligned}$$

$$F^j = \tau\frac{a_{1j}}{6}[3f_1''(0)u_1^2(t-1) + f_j'''(0)u_j^3(t-1)], \quad (j=2,3,4,5)$$

则系统 (4.4.1) 可以转换成以下形式：

$$\dot{U}(t) = L_\alpha(U_t) + F(U_t,\alpha) \tag{4.4.28}$$

对 F 作泰勒展开有

$$F(\phi,\alpha) = \frac{1}{2}F_2(\phi,\alpha) + \frac{1}{3!}F_3(\phi,\alpha) + \cdots \tag{4.4.29}$$

定义：

$$A(\alpha)\phi = \dot{\phi} + X_0[L(\phi) - \dot{\phi}(0)] = \begin{cases} \dot{\phi}, & \theta \in [-1,0), \\ \int_{-1}^{0} \mathrm{d}\eta(\theta)\phi(\theta), & \theta = 0 \end{cases} \tag{4.4.30}$$

和一个双线性形式：

$$\langle \psi(s), \phi(\theta) \rangle = \bar{\psi}(0)\phi(0) - \int_{-1}^{0} \mathrm{d}[\int_{\xi=0}^{\theta} \bar{\psi}(\xi-\theta)\mathrm{d}\mu(\theta)\phi(\xi)]$$
$$- \int_{-1}^{0}\int_{\xi=0}^{\theta} \bar{\psi}(\xi-\theta)\mathrm{d}\eta(\theta)\phi(\xi)\mathrm{d}\xi, \tag{4.4.31}$$

接下来，计算特征向量 $\phi(\theta)$ 和 $\psi(\theta)$。

引理 4.8　对于空间 P 和它的补空间 P^* 有如下的表达形式：
$$P = \mathrm{span}\,\Phi, \quad \Phi(\theta) = (\phi_1(\theta), \phi_2(\theta)), \quad -1 \leqslant \theta \leqslant 0,$$
$$P^* = \mathrm{span}\,\Psi, \quad \Psi(s) = (\psi_1(s), \psi_2(\theta)), \quad -1 \leqslant s \leqslant 0,$$
其中 $\phi_1(\theta) = \phi_1^0 \in R^n\{0\}$，$\phi_2(\theta) = \phi_2^0 + \phi_1^0\theta$，$\phi_2^0 \in R^n$ 和 $\psi_2(s) = \psi_2^0 \in R^{n^*}\{0\}$，$\psi(s) = \psi_1^0 - s\psi_2^0$，$\psi_1^0 \in R^{n^*}$ 满足：

(i) $(M_0 + M_1)\phi_1^0 = 0$；

(ii) $(M_0 + M_1)\phi_2^0 = (I + M_2 + M_1)\phi_1^0$；

(iii) $\psi_2^0(M_0 + M_1) = 0$；

(iv) $\phi_1^0(M_0 + M_1) = \psi_2^0(I + M_2 + M_1)$；

(v) $\psi_2^0(I + M_2 + M_1)\phi_2^0 - \psi_2^0\left(M_2 + \frac{1}{2}\right)M_1\phi_1^0 = 1$；

(vi) $\psi_1^0(I + M_2 + M_1)\phi_2^0 - \psi_1^0\left(M_2 + \frac{1}{2}M_1\right)\phi_1^0 + \psi_2^0\left(M_2 + \frac{1}{6}M_1\right)\phi_2^0 - \psi_1^0\left(M_2 + \frac{1}{2}M_1\right)\phi_2^0 = 0$。

因此，容易得到 Φ 和 Ψ 为

$$\Phi(\theta) = \begin{pmatrix} 1 & \beta_1 & \beta_2 & \beta_3 & \beta_4 \\ \theta & l_1 + \beta_1\theta & l_2 + \beta_2\theta & l_3 + \beta_3\theta & l_4 + \beta_4\theta \end{pmatrix}^{\mathrm{T}}$$

$$\Psi(0) = \begin{pmatrix} mv_1 & mv_2 & m & mv_3 & mv_4 \\ nr_1 & nr_2 & n & nr_3 & nr_4 \end{pmatrix}$$

其中，

$$\beta_1 = \frac{a_{12}}{\mu_2}, \quad \beta_2 = \frac{a_{13}}{\mu_3}, \quad \beta_3 = \frac{a_{14}}{\mu_4}, \quad \beta_4 = \frac{a_{15}}{\mu_5},$$

$$l_1 = -\frac{a_{12}}{\tau\mu_2^2}, \quad l_2 = -\frac{a_{13}}{\tau\mu_3^2}, \quad l_3 = -\frac{a_{14}}{\tau\mu_4^2}, \quad l_4 = -\frac{a_{15}}{\tau\mu_5^2},$$

$$r_1 = \frac{\mu_3}{a_{31}}, \quad r_2 = \frac{a_{21}\mu_3}{a_{31}\mu_2}, \quad r_2 = \frac{a_{41}\mu_3}{a_{31}\mu_4},$$

$$r_2 = \frac{a_{51}\mu_3}{a_{31}\mu_5}, \quad v_1 = \frac{a_{31}^0[n(1+\mu_3\tau)] + np_2\mu_3}{(a_{31}^0)^2 m\tau},$$

$$v_2 = \frac{a_{21}^0 a_{31}^0[n(\mu_2 - \mu_3) + m\mu_2\mu_3\tau] + \mu_2\mu_3(a_{21}^0 np_2 - a_{31}^0 np_1)}{(a_{31}^0)^2 m\mu_2^2\tau},$$

$$v_3 = \frac{a_{31}^0 a_{41}[n(\mu_4 - \mu_3) + m\mu_3\mu_4\tau] + \mu_3\mu_4\left(a_{41}np_2 - a_{31}^0 np_3\right)}{\left(a_{31}^0\right)^2 m\mu_3^2\tau},$$

$$v_4 = \frac{a_{31}^0 a_{51}[n(\mu_5 - \mu_3) + m\mu_3\mu_5\tau] + \mu_3\mu_5\left(a_{51}np_2 - a_{31}^0 np_4\right)}{\left(a_{31}^0\right)^2 m\mu_5^2\tau},$$

$$m = \frac{m_2}{3a_{31}^0\mu_2\mu_4\mu_5\tau m_1}, \quad n = \frac{2}{2n_1 + r_1\tau n_2}, \quad n_1 = l_2 + l_1r_2 + l_3r_3 + l_4r_4,$$

$$m_1 = 2(a_{51}l_4\mu_2\mu_3\mu_4 + a_{41}l_3\mu_2\mu_3\mu_5 + a_{31}^0 l_2\mu_2\mu_4\mu_5 + a_{21}^0 l_1\mu_3\mu_4\mu_5) + 2\mu_2\mu_3\mu_4\mu_5(l_1p_1$$
$$+ l_2p_2 + l_3p_3 + l_4p_4 - \beta_1p_1 - \beta_2p_2 - \beta_3p_3 - \beta_4p_4) + 2\mu_2\mu_3\mu_4\mu_5\tau(a_{21}^0 l_1 + a_{31}^0 l_2$$
$$+ a_{41}l_3 + a_{51}l_4 - a_{21}^0\beta_1 - a_{31}^0\beta_2 - a_{41}\beta_3 - a_{51}\beta_4),$$

$$m_2 = n[6a_{31}^0 a_{51}l_4\mu_2^2\mu_4^2(\mu_3 - \mu_5) + 6a_{41}a_{31}^0 l_3\mu_2^2\mu_5^2(\mu_3 - \mu_5) + 6a_{31}^0 a_{21}^0 l_1\mu_4^2\mu_5^2(\mu_3 - \mu_2)$$
$$+ 6\mu_2^2\mu_3\mu_4^2\mu_5^2 l_4\left(a_{31}^0 p_4 - a_{51}p_2\right) + 6\mu_2^2\mu_3\mu_4\mu_5^2 l_3\left(a_{31}^0 p_3 - a_{41}p_2\right) + 6\mu_2\mu_3\mu_4^2\mu_5^2 l_1(a_{31}^0 p_1$$
$$- a_{21}^0 p_2) + \mu_2^2\mu_4^2\mu_5^2[6(a_{31}^0 + \mu_3 p_2)(-l_1p_1 - l_2p_2 - l_3p_3 - l_4p_4 + \beta_1p_1 + \beta_2p_2$$
$$+ \beta_3p_3 + \beta_4p_4) - 3(2a_{31}^0\tau + 2\mu_3 p_2\tau + a_{31}^0\mu_3\tau^2)\left(a_{21}^0 l_1 + a_{31}^0 l_2 + a_{41}l_3 + a_{51}l_4\right)$$
$$+ (3a_{31}^0\tau + 3\mu_3 p_2\tau + 2c_{31}^0\mu_3\tau^2)\left(a_{21}^0\beta_1 + a_{31}^0\beta_2 + a_{41}\beta_3 + a_{51}\beta_4\right),$$

$$n_2 = 2\left(a_{21}^0 l_1 + a_{31}^0 l_2 + a_{41}l_3 + a_{51}l_4\right) - \left(a_{21}^0\beta_1 + a_{31}^0\beta_2 + a_{41}\beta_3 + a_{51}\beta_4\right)$$

根据文献[82]中的规范型，可以得到系统(4.4.25)的规范型。

$$\frac{1}{2}\hat{F}_2(u_t, \alpha) = A_1 u(t)\alpha_1 + A_2 u(t)\alpha_2 + B_1 u(t-1)\alpha_1 + B_2 u(t-1)\alpha_2$$

$$+ \sum_{i=1}^{5} E_i u_i(t)u_i(t-1) + \sum_{i=1}^{5} F_i u_i(t)u(t) + \sum_{i=1}^{5} G_i u_i(t-1)u(t-1)$$

其中，

$$A_1 = A_2 = O_{5\times5}, \quad E_i = O_{5\times5}, \quad i = 1,2,3,4,5,$$
$$G_1 = F_2 = F_3 = F_4 = F_5 = O_{5\times5},$$

$$B_1 = \tau\begin{pmatrix} 0 & 1 & 0 & 0 & 0 \\ 0 & 0 & 0 & 0 & 0 \\ 0 & 0 & 0 & 0 & 0 \\ 0 & 0 & 0 & 0 & 0 \\ 0 & 0 & 0 & 0 & 0 \end{pmatrix}, \qquad B_2 = \tau\begin{pmatrix} 0 & 0 & 1 & 0 & 0 \\ 0 & 0 & 0 & 0 & 0 \\ 0 & 0 & 0 & 0 & 0 \\ 0 & 0 & 0 & 0 & 0 \\ 0 & 0 & 0 & 0 & 0 \end{pmatrix},$$

$$F_1 = \tau\begin{pmatrix} 0 & 0 & 0 & 0 & 0 \\ \frac{1}{2}f_2''(0)a_{12} & 0 & 0 & 0 & 0 \\ \frac{1}{2}f_3''(0)a_{13} & 0 & 0 & 0 & 0 \\ \frac{1}{2}f_4''(0)a_{14} & 0 & 0 & 0 & 0 \\ \frac{1}{2}f_5''(0)a_{15} & 0 & 0 & 0 & 0 \end{pmatrix}, \qquad G_2 = \tau\begin{pmatrix} 0 & \frac{1}{2}f_2''(0)a_{21}^0 & 0 & 0 & 0 \\ 0 & 0 & 0 & 0 & 0 \\ 0 & 0 & 0 & 0 & 0 \\ 0 & 0 & 0 & 0 & 0 \\ 0 & 0 & 0 & 0 & 0 \end{pmatrix},$$

$$G_3 = \tau \begin{pmatrix} 0 & 0 & \dfrac{1}{2}f_3''(0)a_{31}^0 & 0 & 0 \\ 0 & 0 & 0 & 0 & 0 \\ 0 & 0 & 0 & 0 & 0 \\ 0 & 0 & 0 & 0 & 0 \\ 0 & 0 & 0 & 0 & 0 \end{pmatrix}, \qquad G_4 = \tau \begin{pmatrix} 0 & 0 & 0 & \dfrac{1}{2}f_4''(0)a_{41} & 0 \\ 0 & 0 & 0 & 0 & 0 \\ 0 & 0 & 0 & 0 & 0 \\ 0 & 0 & 0 & 0 & 0 \\ 0 & 0 & 0 & 0 & 0 \end{pmatrix},$$

$$G_5 = \tau \begin{pmatrix} 0 & 0 & 0 & 0 & \dfrac{1}{2}f_5''(0)a_{51} \\ 0 & 0 & 0 & 0 & 0 \\ 0 & 0 & 0 & 0 & 0 \\ 0 & 0 & 0 & 0 & 0 \\ 0 & 0 & 0 & 0 & 0 \end{pmatrix}$$

系统 (4.4.25) 在中心流行上的规范型为

$$\begin{cases} \dot{x}_1 = \dot{x}_2 \\ \dot{x}_2 = \rho_1 x_1 + \rho_2 x_2 + \eta_1 x_1^2 + \eta_2 x_1 x_2 + \cdots \end{cases} \tag{4.4.32}$$

其中,

$$\rho_1 = nr_1\beta_1\tau\alpha_1 + nr_1\beta_2\tau\alpha_2$$

$$\rho_2 = (mv_1\beta_1 + nr_1l_1 - nr_1\beta_1)\tau\alpha_1 + (mv_1\beta_2 + nr_1l_2 - nr_1\beta_2)\tau\alpha_2$$

$$\eta_1 = \frac{1}{2}n\tau[a_{13}f_3''(0) + a_{12}f_2''(0)r_2 + a_{14}f_4''(0)r_3 + a_{15}f_5''(0)r_4]$$
$$\qquad + \frac{1}{2}f_2''(0)nr_1\tau(a_{21}^0\beta_1^2 + a_{31}^0\beta_2^2 + a_{41}\beta_3^2 + a_{51}\beta_4^2)$$

$$\eta_2 = f_2''(0)nr_1\tau[a_{21}^0l_1\beta_1 + a_{31}^0l_2\beta_2 + a_{41}l_3\beta_3 + a_{51}l_4\beta_4 - (a_{21}^0\beta_1^2 + a_{31}^0\beta_2^2$$
$$\qquad + a_{41}\beta_3^2 + a_{51}\beta_4^2)] + m\tau\big[c_{13}f_{13}''(0) + a_{12}f_2''(0)v_2 + a_{14}f_4''(0)v_3 + a_{15}f_5''(0)v_4\big]$$
$$\qquad + f_2''(0)mv_1\tau(a_{21}^0\beta_1^2 + a_{31}^0\beta_2^2 + a_{41}\beta_3^2 + a_{51}\beta_4^2)$$

因为

$$\left|\frac{\partial(\rho_1,\rho_2)}{\partial(\alpha_1,\alpha_2)}\right| = \tau \begin{vmatrix} nr_1\beta_1\tau & nr_2\beta_2\tau \\ mv_1\beta_1 + nr_1l_1 - nr_1\beta_1 & mv_2\beta_2 + nr_2l_2 - nr_2\beta_2 \end{vmatrix} \tag{4.4.33}$$
$$= \tau[n^2r_1r_2\beta_1(\beta_1l_2 - \beta_2l_1) + nm\beta_1\beta_2(r_1v_2 - r_2v_1)] \neq 0$$

容易看到, 当 $l_2\beta_1 - l_1\beta_2 \neq 0$ 和 $r_1v_2 - r_2v_1 \neq 0$ 时, 映射 $(\alpha_1,\alpha_2) \to (\rho_1,\rho_2)$ 是正则的.

下面对系统 (4.4.32) 作如下的时间尺度和坐标变换:

$$t = -\frac{|\eta_2|}{|\eta_1|}\tilde{t}, \quad x_1 = \frac{|\eta_1|}{\eta_2^2}w_1, \quad x_2 = \frac{\eta_1^2}{|\eta_2|^3}w_2$$

系统 (4.4.32) 的二阶规范型变为

$$\begin{cases} \dot{\omega}_1 = \dot{\omega}_2 \\ \dot{\omega}_2 = v_1\omega_1 + v_2\omega_2 + \dfrac{\eta_1}{|\eta_1|}\omega_1^2 + \dfrac{\eta_2}{|\eta_2|}\omega_1\omega_2 + \cdots \end{cases} \tag{4.4.34}$$

其中，$v_1 = \dfrac{\eta_2^2}{\eta_1^2}\rho_1$，$v_2 = \dfrac{|\eta_2|}{|\eta_1|}\rho_2$。

　　如果 $f_i''(0) = 0$ $(i = 1,2,3,4,5)$，则 $\eta_1 = 0$，$\eta_2 = 0$，因此系统 (4.4.25) 是可导的，我们需要计算决定系统 (4.4.1) 在 B-T 分岔点附近动力学行为的三阶规范型。下面考虑系统 (4.4.25) 在扩张相空间 $BC = P \oplus \mathrm{Ker}\,\pi$ 上的规范型。令 $u_t = \phi x + y$，其中 $x = (x_1, x_2)^{\mathrm{T}}$，$y = (y_1, y_2)^{\mathrm{T}}$，则方程 (4.4.28) 可以被分解为

$$\begin{cases} \dot{x} = Jx + \psi(0)F_0(\phi x + y, \alpha) \\ \dot{y} = A_{Q^1}y + (I - \pi)X_0 F_0(\phi x + y, \alpha) \end{cases} \tag{4.4.35}$$

其中，$\phi_0(\theta) = x_1 + \theta x_2$，$\phi_j(\theta) = \beta_j x_1 + (l_j - \beta_j)x_2$ $(j = 1,2,3,4)$，$F_0(\phi x + y, \alpha) = F(x_t, \mu) + L(x_t, \alpha) - L(x_t, 0)$，$y \in Q_1 := Q \cap C^1 \subset \mathrm{Ker}\,\pi$。$A_{Q^1}$ 是将 A 限制为从 Q^1 到 Banach 空间的 $\mathrm{Ker}\,\pi$ 算子。

将方程 (4.4.35) 进行泰勒展开有

$$\psi(0)F_0(\phi x + y, \mu) = \frac{1}{2!}f_2^1(x, y, \mu) + \frac{1}{3!}f_3^1(x, y, \mu)$$
$$(I - \pi)X_0 F_0(\phi x + y, \mu) = \frac{1}{2!}f_2^2(x, y, \mu) + \frac{1}{3!}f_2^3(x, y, \mu) \tag{4.4.36}$$

其中，$f_j^1(x, y, \alpha)$ 和 $f_j^2(x, y, \alpha)$ 是 j 次齐次多项式。那么方程 (4.4.35) 限制在中心流行上的规范型为

$$\dot{x} = Jx + \frac{1}{2!}g_2^1(x, 0, \alpha) + \frac{1}{3!}g_3^1(x, 0, \alpha)$$
$$g_3^1(x, 0, \alpha) = \mathrm{Proj}_{(\mathrm{Ker}(M_2^1)^c)}\tilde{f}_3^1(x, 0, \alpha) \tag{4.4.37}$$

其中，

$$\tilde{f}_3^1(x, 0, \alpha) = f_3^1(x, 0, \alpha) + \frac{3}{2}[(D_x f_2^1)U_2^1 - D_x U_2^1 g_2^1]_{(x, 0, \alpha)} + [(D_x f_2^1)h]_{(x, 0, \alpha)} \tag{4.4.38}$$

$$f_3^1(x, 0, \alpha) = \begin{pmatrix} mv_1 f_1'''(0)[a_{21}^0\phi_1^{\ 3}(-1) + a_{31}^0\phi_2^{\ 3}(-1) + \sum\limits_{j=4}^{5}a_{j1}\phi_{(j-1)}^{\ 3}(-1)] + d_0 \\ nr_1 f_1'''(0)[a_{21}^0\phi_1^{\ 3}(-1) + a_{31}^0\phi_2^{\ 3}(-1) + \sum\limits_{j=4}^{5}a_{j1}\phi_{(j-1)}^{\ 3}(-1)] + d_1 \end{pmatrix} \tag{4.4.39}$$

$$d_0 = \phi_0^{\ 3}(0)m[f_2'''(0)a_{12}v_2 + f_3'''(0)a_{13} + \sum\limits_{j=4}^{5}f_j'''(0)a_{1j}v_{j-1}]$$

$$d_1 = nr_1\phi_0^{\ 3}(0)[f_2'''(0)a_{12}\beta_1 + f_3'''(0)a_{13}\beta_2 + f_4'''(0)a_{14}\beta_3 + f_5'''(0)a_{15}\beta_4]$$

定义算子 M_j：

$$M_j^1(x, \mu) = D_x p(x, \mu)Jx - J(x, \mu)p(x, \mu) = M_j^1\begin{pmatrix} p_1 \\ p_2 \end{pmatrix}, \quad \begin{pmatrix} p_1 \\ p_2 \end{pmatrix} \in V_j^4(R^2)$$

其中，$V_j^4(R^2)$ 表示由四个变量 $(x_1, x_2, \alpha_1, \alpha_2)$ 组成的二阶齐次多项式构成的线性空间，系数属性空间为 $C^4 \times (\mathrm{Ker}\,\pi)$。根据 M_j 的定义，取 $V_3^4(R^2)$ 的基就可以得到由以下元素组成的空间 $\mathrm{Im}(M_3^1)$：

$$
\begin{pmatrix} x_1^2 x_2 \\ 0 \end{pmatrix}, \begin{pmatrix} x_1 x_2^2 \\ 0 \end{pmatrix}, \begin{pmatrix} x_2^3 \\ 0 \end{pmatrix}, \begin{pmatrix} x_1 x_2 \mu_i \\ 0 \end{pmatrix}, \begin{pmatrix} x_2 \mu_i^2 \\ 0 \end{pmatrix}, \begin{pmatrix} x_2^2 \mu_i \\ 0 \end{pmatrix}, \begin{pmatrix} x_2 \mu_1 \mu_2 \\ 0 \end{pmatrix}, \begin{pmatrix} -x_1^3 \\ 3x_1^2 x_2 \end{pmatrix}, \begin{pmatrix} -x_1^2 x_2 \\ 2x_1 x_2^2 \end{pmatrix}
$$

$$
\begin{pmatrix} -x_1 x_2^2 \\ x_2^3 \end{pmatrix}, \begin{pmatrix} x_1^2 \mu_i \\ 2x_1 x_2 \mu_i \end{pmatrix}, \begin{pmatrix} -x_1 \mu_i^2 \\ x_2 \mu_i^2 \end{pmatrix}, \begin{pmatrix} -x_1 x_2 \mu_i \\ x_2^2 \mu_i \end{pmatrix}, \begin{pmatrix} -x_1 \mu_1 \mu_2 \\ x_2 \mu_1 \mu_2 \end{pmatrix}, \begin{pmatrix} \mu_i^3 \\ 0 \end{pmatrix}, \begin{pmatrix} -\mu_i^2 \mu_2 \\ 0 \end{pmatrix}, \begin{pmatrix} \mu_1 \mu_2^2 \\ 0 \end{pmatrix}
$$

空间 $\mathrm{Im}(M_3^1)^c$ 是由以下元素组成:

$$
\begin{pmatrix} 0 \\ x_1^3 \end{pmatrix}, \begin{pmatrix} 0 \\ x_1^2 x_2 \end{pmatrix}, \begin{pmatrix} 0 \\ x_1 x_2 \mu_i \end{pmatrix}, \begin{pmatrix} 0 \\ x_1 \mu_i^2 \end{pmatrix}, \begin{pmatrix} 0 \\ x_2 \mu_i^2 \end{pmatrix}, \begin{pmatrix} 0 \\ x_i \mu_1 \mu_2 \end{pmatrix}, \begin{pmatrix} 0 \\ \mu_i^3 \end{pmatrix}, \begin{pmatrix} 0 \\ \mu_1^2 \mu_2 \end{pmatrix}, \begin{pmatrix} 0 \\ \mu_1 \mu_2^2 \end{pmatrix}
$$

其中, $i = 1, 2$。因此,我们可以得到系统 (4.4.25) 的三阶规范型如下:

$$
\begin{cases} \dot{x}_1 = x_2 \\ \dot{x}_2 = \rho_1 x_1 + \rho_2 x_2 + \eta_3 x_1^3 + \eta_4 x_1^2 x_2 + \cdots \end{cases} \tag{4.4.40}
$$

其中,

$$
\begin{aligned}
\eta_3 &= \frac{1}{6} n [f_1'''(0) r_1 (a_{21}^0 \beta_1^3 + a_{31}^0 \beta_2^3 + a_{41} \beta_3^3 + a_{51} \beta_4^3) \\
&\quad + f_2'''(0) a_{12} r_2 + f_3''' a_{13} + f_4''' a_{14} r_3 + f_5''' a_{15} r_4] \\
\eta_4 &= \frac{1}{2} [f_1'''(0) m v_1 (a_{21}^0 \beta_1^3 + a_{31}^0 \beta_2^3 + a_{41} \beta_3^3 + a_{51} \beta_4^3) + f_2'''(0) a_{21}^0 \beta_1 \\
&\quad + f_3''' a_{31}^0 \beta_2 + f_4''' a_{41} \beta_3 + f_5''' a_{51} \beta_4] + \frac{1}{2} n r_1 f_1'''(0) [a_{21}^0 \beta_1^3 (l_1 - 1) \\
&\quad + a_{31}^0 \beta_2^3 (l_2 - 1) + a_{41} \beta_3^3 (l_3 - 1) + a_{51} \beta_4^3 (l_4 - 1)]
\end{aligned}
$$

为了研究规范型 (4.4.40),我们作如下变换

$$
t = -\frac{|\eta_3|}{|\eta_4|} \tilde{t}, \quad x_1 = \frac{\eta_4}{|\eta_3|} w_1, \quad x_2 = -\frac{\eta_4^2}{|\eta_3|^3} w_2
$$

则系统 (4.4.40) 等价于如下系统:

$$
\begin{cases} \dot{\omega}_1 = \omega_2, \\ \dot{\omega}_2 = \vartheta_1 \omega_1 + \vartheta_2 \omega_2 + s \omega_1^3 - \omega_1^2 \omega_2 + \cdots \end{cases} \tag{4.4.41}
$$

其中, $\vartheta_1 = \frac{\eta_4^2}{\eta_3^2} \rho_1$, $\vartheta_2 = -\frac{\eta_4}{|\eta_3|} \rho_2$, $s = \mathrm{sgn}(\eta_3)$。

4.4.3　分岔图与数值模拟

在这一小节,我们给出系统 (4.4.34) 和系统 (4.4.41) 发生 B-T 分岔的分岔图和数值模拟。

对于系统 (4.4.3),取 $\mu_1 = 0.2$,$\mu_2 = 0.6$,$\mu_3 = 0.2$,$\mu_4 = 0.4$,$\mu_5 = 0.6$,$a_{41} = 0.6$,$a_{51} = 0.8$,$a_{12} = a_{13} = 1$,$a_{14} = a_{15} = 2$,$f_i(x) = \tanh(x) + 0.2x^2$ ($i = 1, 2, \cdots, 5$),$\tau = 2$,则 $f_i'(0) = 1$,$f_i''(0) = -0.4$,经过计算有 $a_{21}^0 = -2.788$,$a_{31}^0 = -0.164$,方程 (4.4.9) 只有一个正根 $w_0 = 0.2432$,且 $\tau_0 = 6.4224$ 满足 $0 < \tau < \tau_0$,同时可以计算得 (H5) 满足。$\eta_3 > 0$,$\eta_4 > 0$,因此,有如下结论:

(1) 系统 (4.4.34) 在曲线 S 上发生了跨临界分岔,

$$S = \{(\alpha_1, \alpha_2) : \rho_1 = 0, \ \rho_1 \in R\}$$

(2) 在平凡平衡点处，系统 (4.4.34) 在曲线 H 上发生了 Hopf 分岔，

$$H = \{(\alpha_1, \alpha_2) : \rho_2 = 0, \ \rho_1 < 0\}$$

(3) 在非平凡平衡点处，系统 (4.4.34) 在曲线 H_1 上发生了 Hopf 分岔，

$$H_1 = \{(\alpha_1, \alpha_2) : \rho_2 = \rho_1, \ \rho_1 > 0\}$$

(4) 系统 (4.4.34) 在曲线 H_c^0 发生了同宿分岔 (同宿轨道连接平凡平衡点和它自身)，

$$H_c^0 = \left\{(\alpha_1, \alpha_2) : \rho_2 = \frac{6}{7}\rho_1, \ \rho_1 < 0\right\}$$

(5) 系统 (4.4.34) 在曲线 H_c^1 发生了异宿分岔 (同宿轨道连接非平凡平衡点和它自身)，

$$H_c^1 = \left\{(\alpha_1, \alpha_2) : \rho_2 = \frac{1}{7}\rho_1, \ \rho_1 > 0\right\}$$

分岔图见图 4.8(a)。直线 S 是系统定态的分岔线。在直线 S 左侧，非平凡平衡点恒为鞍点，平凡平衡点经历了不同的分岔情形。在区域 D_1，平凡平衡点是稳定的。当参数发生变化，从区域 D_1 变到区域 D_2 时，平凡平衡点失去稳定性，发生了 Hopf 分岔，出现了一个稳定的极限环。当参数越靠近同宿曲线 H_c^1，极限环振幅变得越大。在曲线 H_c^1 上，有一个连接非平凡平衡点和它自身的同宿轨道。在区域 D_3，同宿轨道被破坏，出现了连接平凡平衡点和非平凡平衡点的异宿轨道。在直线 $\rho_1 = 0$ 的右侧，平凡平衡点恒为鞍点，非平凡平衡点经历了与直线 S 左侧平凡平衡点相同的分岔情形。

对于系统 (4.4.41)，取 $\mu_1 = 0.2$，$\mu_2 = 0.6$，$\mu_3 = 0.2$，$\mu_4 = 0.4$，$\mu_5 = 0.6$，$a_{41} = 0.6$，$a_{51} = 0.8$，$a_{12} = a_{13} = 1$，$a_{14} = a_{15} = 2$，$f_i(x) = \tanh(x)$ $(i = 1, 2, \cdots, 5)$，$\tau = 2$，则 $f_i'(0) = 1$，$f_i''(0) = 0$，$f_i'''(0) = -2$，经过计算有 $a_{21}^0 = -2.788$，$a_{31}^0 = -0.164$，方程 (4.4.16) 只有一个正根 $\omega_0 = 0.2432$，且 $\tau_0 = 6.4224$ 满足 $0 < \tau < \tau_0$，同时可以计算得 (H5) 满足。$s = -1$，因此，有如下结论：

(1) 系统 (4.4.41) 在曲线 S 上发生了 Pitchfork 分岔，

$$S = \{(\alpha_1, \alpha_2) : \vartheta_1 = 0, \ \vartheta_2 \in R\}$$

(2) 在平凡平衡点处，系统 (4.4.41) 在曲线 H 上发生了 Hopf 分岔，

$$H = \{(\alpha_1, \alpha_2) : \vartheta_2 = 0, \ \vartheta_1 < 0\}$$

(3) 在非平凡平衡点处，系统 (4.4.41) 在曲线 H_1 上发生了 Hopf 分岔，

$$H_1 = \{(\alpha_1, \alpha_2) : \vartheta_2 = \vartheta_1, \ \vartheta_1 > 0\}$$

(4) 系统 (4.4.41) 在曲线 H_2 上发生了同宿分岔，

$$H_2 = \left\{(\alpha_1, \alpha_2) : \vartheta_2 = \frac{4}{5}\vartheta_1 + O(\vartheta_1^2), \ \vartheta_1 > 0\right\}$$

(5) 系统 (4.4.41) 在曲线 H_d 上发生了双极限环分岔，

$$H_d = \{(\alpha_1, \alpha_2) : \vartheta_2 = d\nu_1 + O(\vartheta_1^2), \ d = 0.752, \ \nu_1 > 0\}$$

分岔图见图 4.8(b)，在区域 D_1，平凡平衡点是稳定的。当参数发生变化，从区域 D_1 变到区域 D_2 时，平凡平衡点失去稳定性，发生了 Hopf 分岔，出现了一个稳定的极限环 (E_1)。在区域 D_3，平凡平衡点变为鞍点，出现了两个不稳定的非平凡平衡点 ($E_2^\pm$)。当参数从区域 D_3 变到区域 D_4 时，非平凡平衡点 $E_2^\pm$ 变为稳定的并且有两个不稳定的极限环 ($E_3^\pm$) 围绕

在其周围，极限环 E_1 依然是稳定的。随着参数穿过同宿曲线 H_2，两个不稳定的极限环通过同宿分岔消失，$E_2^\pm$ 依然是稳定的，此时系统处于两个稳定非平凡平衡点 $E_2^\pm$ 和一个稳定极限环 E_1 共存的多稳态。最后，随着参数从区域 D_5 变到区域 D_6，极限环 E_1 消失，只有非平凡平衡点 $E_2^\pm$ 是稳定的，系统处于双稳态。

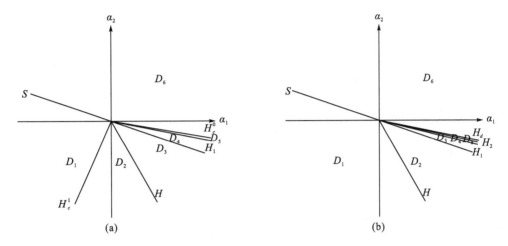

图 4.8　系统 (4.4.34) 的参数 (α_1, α_2) 在临界点 (0，0) 附近的分岔图集

(a) 当系统 (4.4.34) 中的激活函数 $f'' \neq 0$ 时的分岔图集；(b) 当系统 (4.4.40) 中的激活函数 $f'' = 0$，$f''' \neq 0$ 时的分岔图集

为了更完整地理解分岔图 4.8(a) 和 4.8(b)，选择四组分岔参数值进行数值模拟并作图分析。

(1) 如果 $(a_{21}, a_{31}) = (-2.7, -0.1934)$，则 $(\alpha_1, \alpha_2) = (0.088, -0.0294)$ 属于图 4.8(a) 的区域 D_1，图 4.9 显示系统 (4.4.2) 有一个稳定的平凡平衡点，与上面的理论分析一致。

(2) 如果 $(a_{21}, a_{31}) = (-2.76, 0.22)$，则 $(\alpha_1, \alpha_2) = (0.028, -0.056)$ 属于图 4.8(a) 的区域 D_2，图 4.10 显示系统 (4.4.2) 有一个稳定的极限环，与上面的理论分析一致。

(3) 如果 $(a_{21}, a_{31}) = (-2.71, -0.18)$，则 $(\alpha_1, \alpha_2) = (-0.078, 0.016)$ 属于图 4.8(b) 的区域 D_4，图 4.11 显示系统 (4.4.2) 处于两个稳定非平凡平衡点和一个稳定极限环共存的多稳态，与上面的理论分析一致。

(4) 如果 $(a_{21}, a_{31}) = (-2.7, -0.12)$，则 $(\alpha_1, \alpha_2) = (-0.088, 0.044)$ 属于图 4.8(b) 的区域 D_6，图 4.12 显示系统 (4.4.2) 处于两个稳定非平凡平衡点共存的双稳态，与上面的理论分析一致。

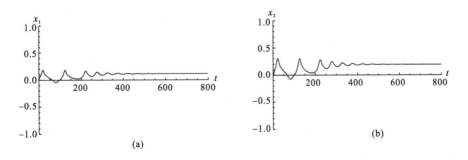

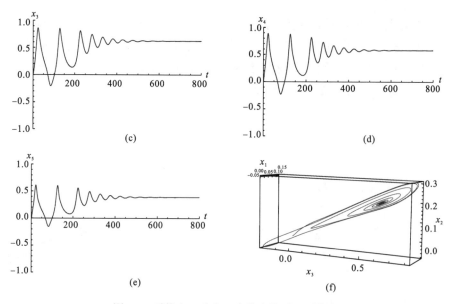

图 4.9　系统(4.4.2)有一个稳定的平凡平衡点

注：(a)、(b)、(c)、(d)、(e)分别为变量 $x_1(t)$、$x_2(t)$、$x_3(t)$、$x_4(t)$、$x_5(t)$ 的波形图，(f)是变量 $x_1(t)$、$x_2(t)$、$x_3(t)$ 的相图。

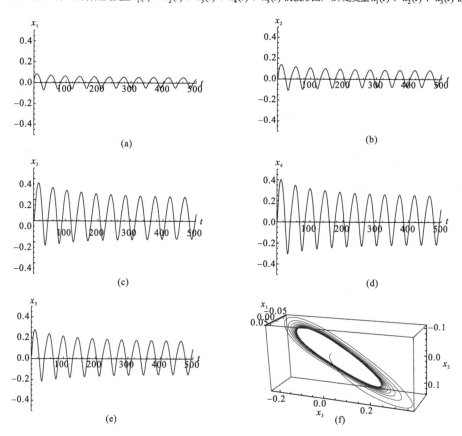

图 4.10　系统(4.4.2)有一个稳定的极限环

注：(a)、(b)、(c)、(d)、(e)分别为变量 $x_1(t)$、$x_2(t)$、$x_3(t)$、$x_4(t)$、$x_5(t)$ 的波形图，(f)是变量 $x_1(t)$、$x_2(t)$、$x_3(t)$ 的相图。

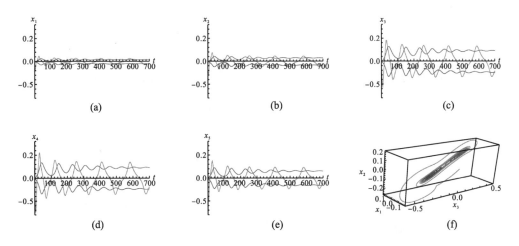

图 4.11　系统(4.4.2)有一对稳定的非平凡平衡点和一个稳定的极限环共存

注: (a)、(b)、(c)、(d)、(e) 分别为变量 $x_1(t)$、$x_2(t)$、$x_3(t)$、$x_4(t)$、$x_5(t)$ 的波形图, (f) 是变量 $x_1(t)$、$x_2(t)$、$x_3(t)$ 的相图。

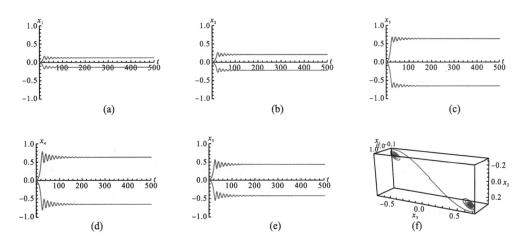

图 4.12　系统(4.4.2)有一对稳定的非平凡平衡点共存

注: (a)、(b)、(c)、(d)、(e) 分别为变量 $x_1(t)$、$x_2(t)$、$x_3(t)$、$x_4(t)$、$x_5(t)$ 的波形图, (f) 是变量 $x_1(t)$、$x_2(t)$、$x_3(t)$ 的相图。

4.5　总　　结

　　本章根据近年来神经网络系统的发展趋势与应用前景，以 FHN 神经元模型和 BAM 神经网络模型为基础，研究了具有时滞的耦合 FHN 神经元系统和具有中立型时滞的 BAM 神经网络系统，运用分岔理论和规范型理论，分别讨论了时滞 FHN 神经网络系统的余维数为 2 的 Hopf 分岔的存在性、Hopf 分岔在中心流形上的规范型、Hopf 分岔的分岔图和中立型时滞 BAM 神经网络余维数为 2 的 B-T 分岔的存在性、B-T 分岔在中心流形上的规范型、B-T 分岔的分岔图。

第 5 章　细胞应对 DNA 损伤调控机制
的动力学分析

细胞受到刺激时会导致 DNA 损伤，从而激活细胞内抑制基因的大量表达，这种防御机制对于保护基因组的完整性和抑制肿瘤发生是至关重要的。p53 是重要的肿瘤抑制基因，该基因编码一种分子量为 53kDa 的蛋白质，对预防肿瘤发生起着至关重要的作用。当细胞基因受到损伤时，p53 的浓度水平决定细胞命运，低水平的 p53 导致暂时性的生长停滞和细胞存活，而高水平的 p53 促进不可逆的细胞凋亡。因此，研究 p53 系统中如何调控 p53 的表达水平是一项有意义而且重要的工作。另外，转录和翻译过程是细胞内基因表达的基本步骤，它们都是速度缓慢而且非常复杂的过程。所以，时间延滞在基因表达中是不可避免的。同时，很多工作已经证明时滞会使系统产生振荡，所以研究时滞在 p53 网络中的作用是非常重要的工作。本书把时滞加入 p53 网络中试图通过研究 p53 的动力学行为找到调控 p53 浓度水平的主要因素，从而为肿瘤和癌症的治疗提供新的途径。主要内容如下：

(1) 简单叙述 p53 的研究背景和研究意义、p53 基因网络模型的发展。

(2) 根据实验数据改进一个三维的带有两个时滞的 p53 网络数学模型，旨在了解 Mdm2 基因表达中转录和翻译所需的时间延迟如何影响 p53-Mdm2 网络的振荡行为。首先，考虑到把时滞作为分支参数，在正平衡点处对模型线性化，并通过分析相关特征方程，研究模型正平衡点处的渐近稳定性和确定 Hopf 分支存在的条件。此外，通过应用规范型理论和中心流形定理来确定分岔周期解的方向、稳定性和周期变化。最后，进行数值模拟来说明主要结果。结果显示，在实验数据范围内，当时滞穿过临界值时会产生一个超临界的 Hopf 分支。我们还发现，Mdm2 翻译和转录的总时滞是引起系统的振荡的先决条件，同时也能决定 p53 振荡的周期和振幅。所以，可以通过控制 Mdm2 基因表达的总时滞来控制 p53 动力学行为及 p53 的表达水平。

(3) 在前文研究的基础上，对三维模型加以改进，得到一个五维的含有两个时滞的 p53 网络数学模型。运用与第 2 章相同的方法研究模型正平衡点处的渐近稳定性、确定 Hopf 分支存在的条件及分支周期解的方向、稳定性和周期变化。另外，除了考虑时滞的决定性作用外，还分别考虑五个模型参数与时滞一起作用时对系统动力学行为的影响。最后，进行数值模拟来说明主要结果。结果显示，时滞能引起系统振荡，同时也决定 p53 的周期与振幅。此外，模型参数也会影响 p53 系统的动力学行为。

5.1　研　究　背　景

5.1.1　p53 及 Mdm2 介绍

p53 作为序列特异性的 DNA 结合转录因子，它能够激活某些基因的表达，这些基因在保护细胞完整性上有重要作用[83]。当细胞受到各种刺激时，p53 响应于应激信号而被激活，并介导可导致 DNA 损伤修复、细胞周期停滞、衰老(永久细胞周期停滞)或细胞凋亡(程序性细胞死亡)的基因的诱导。因此，p53 功能就像是"基因组的守护者"[84]或"细胞生长的看门人"[85]。通过实验数据得到的数学模型不仅能够描述 p53 蛋白的浓度水平及其活性，还可以推断出 p53 是如何响应各种应激信号从而决定细胞命运的。

由于 p53 在基因损伤调控机制中的重要作用，p53 成为研究癌症治疗的一个非常重要的基因。因此，过去几年来在工业界和学术界都开展了许多基于 p53 的新型抗癌治疗的研究。例如，Kirn 等[86]开发了一种基因治疗策略，可以在缺乏 p53 功能的肿瘤细胞中复制并杀死它们。另外，Vassilev 等[87]将这种新型研究用于医学领域，它能够通过从 Mdm2 中去除 p53 从而恢复 p53 活性，并导致 p53 被广泛地激活。

由于激活的 p53 的一些细胞效应是不可逆的，所以在正常细胞中严格控制 p53 功能是至关重要的。Mdm2(murine double minute 2)就是一个被广泛研究的 p53 的调节因子，它可以通过作为泛素连接酶(E3)催化 p53 泛素化和蛋白酶体降解的作用来抑制 p53 活性[88]。在正常细胞中，p53 的表达维持在一个低水平[89]，然而当细胞受到各种刺激时，Mdm2 的活性被抑制，p53 的水平迅速升高，从而阻断细胞分裂并诱导细胞凋亡[83]。特别重要的是，振荡行为是 p53 的重要的激活状态，它已被证实在肿瘤抑制基因表达中起着重要作用[90]。因此，鉴定 p53 活性的振荡机制是非常重要的。

通常，含有时间延迟的负反馈基因网络可以产生振荡。特别是涉及转录和翻译的延迟是至关重要的[91]。其中，转录和翻译过程总是涉及很长的时间延迟[92]。以前，由这种延迟驱动的几个信号通路的振荡已被广泛研究，如 Her1、Her7[93]和 p38[94]。具体而言，许多实验指出了涉及 p53-Mdm2 网络调控的转录和翻译时间延迟的重要性，但是在调控过程中这些时间延迟的确切作用仍不清楚[95]。因此，研究这些时间延迟对调节 p53-Mdm2 网络动力学行为的影响是一个有意义且非常重要的课题。

受上述考虑的启发，我们在 Geva-Zatorsky 等[96]的工作基础上改进了一个数学模型来研究 p53-Mdm2 网络中时间延迟的影响。具体而言，将这些时间延迟加入到信号通路中，结果表明 p53 系统的振荡可以由时间延迟产生，同时振幅和周期随时间延迟的增加而增加。总之，这些发现可能促进我们对 p53-Mdm2 网络振荡的认识，并为通过 p53 途径治疗人类肿瘤提供新的线索。

5.1.2　研究进展及现状

近年来，p53 系统建模已经成为一个动态的研究领域。很多文献中已经发表了大量的数学模型，详见表 5.1。在 PubMed 中，有关 p53 蛋白的文章就超过了 5 万篇，目前这个数字仍然以每周数篇的速度稳定增长。毫无疑问，由 p53 基因编码的 p53 蛋白是生物学领域中研究热度最高的蛋白。世界上每两年就会举办一次国际 p53 蛋白研讨会（International p53 Workshop），来自全球的数百名科学家汇聚一堂，只为探讨这一个基因和蛋白。本节简要回顾一些在 p53 研究历史中出现的有趣的模型，通过对模型的了解，简要介绍 p53 系统研究的进展及现状。这些数学模型对 p53 系统的研究与系统生物学的主要任务是一致的，Ideker 等在一篇综述文章[114]中还提出了专门应用于 p53 系统的系统生物学，即收集有关 p53 系统的信息并整合可用数据最后生成 p53 系统的预测性数学模型。

关于 p53 系统的第一个数学模型是 2000 年由 Mihalas 等[97]构建的。他们用四个简单的方程描述了 p53-Mdm2 负反馈调节的相互作用，并试图通过计算机模拟设法持续这种振荡。Mihalas 等的模型分别通过研究以下 3 个因素探索 p53-Mdm2 负反馈相互作用的重要性：①激活 Mdm2 的是 p53 二聚体还是 p53 四聚体；②有或没有时间延迟；③Mdm2 介导 p53 降解的不同速率。这个简单的模型为以后构建 p53 和 Mdm2 振荡动力学模型奠定了基础。

表 5.1　有关 p53 的部分数学模型

年份	模型类型	p53 动力学	是否包含时滞	参考文献
2000	ODE	Oscillations	Yes	[97]
2002	ODE	Oscillations	Yes	[98]
2003	ODE	Oscillations	Yes	[99]
2005	ODE	Oscillations	Yes	[95]
2006	ODE	Oscillations	No	[96]
2007	ODE	Oscillations	No	[100]
2007	ODE	Oscillations	No	[101]
2008	ODE	Oscillations	Yes	[102]
2008	Stochastic	Oscillations	No	[103]
2009	Stochastic	Oscillations	Yes	[104]
2009	ODE	Oscillations	Yes	[105]
2010	ODE	Switch-like	No	[106]
2010	ODE	Oscillations	No	[107]
2011	Stochastic	Oscillations	Yes	[108]
2011	ODE	Long signal pulse	No	[109]
2012	ODE	Sustained p53	Yes	[110]
2012	ODE	Switch-like	No	[111]
2013	ODE	Oscillations	No	[112]
2013	ODE/PDE	Oscillations	No	[113]

注：ODE 指常微分方程（ordinary differential equations）；Stochastic 指随机模拟；PDE 指偏微分方程（partial differential equations）。

5.2　含有多时滞的 p53-Mdm2 网络系统的稳定性和分支分析

为研究时滞对 p53 网络动力学行为的影响，本节我们对一个带有双时滞的三维 p53 网络模型进行动力学研究。用数学方法分别研究模型的正平衡点的稳定性、Hopf 分支存在的条件和 Hopf 分支的方向及稳定性，然后通过数值模拟，验证我们的理论结论。

5.2.1　p53 网络模型介绍

图 5.1 给出了发生 DNA 损伤时 p53 信号通路的细节。电离辐射(ionizing radiation，IR)造成主要的 DNA 损伤，即双链断裂(double strand breaks，DSBs)，如果一个 DSBs 发生在一个细胞的关键基因上，则它很有可能会杀死这个细胞[115]。然后，基因修复蛋白质 Mre11、Rad50、和 NBS1 会结合到 DSBs 位点上从而形成复合物。形成的复合物又会激活共济失调毛细血管扩张症突变蛋白(ataxia-telangiectasia mutated protein，ATM)[116]。随后，p53 被 ATM 的磷酸化激活并能够转录 Mdm2。同时，Mdm2 蛋白可以促进 p53 蛋白的降解，从而形成负反馈环来抑制 p53 的活性。目前为止，已经提出了多种模型来阐明 p53 振荡的产生，Zhang 等[101]提出了四种 p53 振荡的双反馈机制，并将 p53 脉冲分为三种形式来探讨了 p53 的功能。同时，Batchelor 等[102]也提出了 ATM 脉冲产生 p53 脉冲的复发机制。然而，这些建模工作并没有研究时间延迟对 p53 系统的影响。从动力学系统的角度来看，时间延迟会对基因网络产生显著的影响，从而导致 mRNA 和蛋白质表达的振荡。在这方面，已经有学者考虑了 p53-Mdm2 环中转录和翻译延迟的影响。特别地，Geva-Zatorsky 等[96]提出了一个简化的三维普通微分系统，如下所示：

$$\begin{cases} \dot{s} = \beta - \eta y s \\ \dot{x} = \gamma \dfrac{s^n}{1+s^n} \xi - uyx \\ \dot{y} = \alpha x(t-\tau)\xi - \mu y \end{cases} \tag{5.2.1}$$

其中，s 表示有活性的 ATM[117]；x 和 y 分别是细胞核内的 p53 蛋白浓度和 Mdm2 蛋白浓度；参数 γ 和 α 分别是 p53 的生成速率和 p53 诱导 Mdm2 的生成速率；β 是 ATM 输入信号强度的恒定激活率；u 和 μ 分别是 Mdm2 诱导 p53 的降解速率和 Mdm2 本身的降解速率；η 是 Mdm2 依赖性信号的失活率；ξ 是蛋白质中时间依赖性噪声的产生率；n 是基因损伤信号的协同性常数；τ 是 Mdm2 基因表达过程中必然存在的时滞。

值得注意的是，在 Geva-Zatorsky 等的模型中，Signal 的抑制因子遵循与 Mdm2 类似的动力学，因此 Signal 在 p53-Mdm2 网络中被抑制，从而形成两个负反馈回路[96]。Geva-Zatorsky 等通过研究模型(5.2.1)和研究随机性对模型反应的影响，对 p53 系统中负反馈环进行理论分析。他们发现通过将长波长噪声添加到不同的模型参数中，模型(5.2.1)

可以捕捉到 p53 的动态变化。然而，在 p53 系统中时间延迟的确切作用尚未被研究。此外，尽管系统中存在时滞驱动的分支，但却没有进行分支分析。

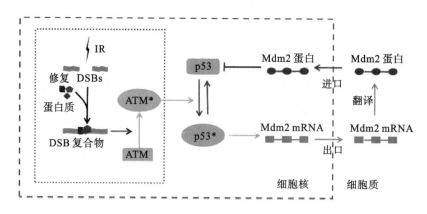

图 5.1　发生 DNA 损伤时 p53 信号通路的细节

在 Geva-Zatorsky 的工作基础上，图 5.1 中复杂的关系图可以被简化成图 5.2(a)。如图 5.2(b) 所示，模型 (5.2.1) 中的 τ 是 τ_1 和 τ_2 总和，其中 τ_1 是转录时间延迟，其包括转录、延伸、拼接、Mdm2 转录中 mRNA 的输出和转运所需的时间，τ_2 是由 Mdm2 mRNA 翻译成 Mdm2 蛋白所需的翻译时间延迟[119]。另外，ξ 是蛋白质中时间依赖性噪声的产生率。本章中，我们主要研究时滞对 p53 系统的影响，为简化系统，我们假设 $\xi=1$[96]。因此，图 5.2(a) 所示的关系可以用如下模型描述：

$$\begin{cases} \dot{s}(t) = \beta - \eta \dfrac{s(t)}{s(t)+K_1} m(t) \\ \dot{p}(t) = \gamma \dfrac{s^n(t-\tau)}{1+s^n(t-\tau)} - u \dfrac{p(t)}{p(t)+K_2} m(t) \\ \dot{m}(t) = \alpha p(t-\tau) - \mu m(t) \end{cases} \quad (5.2.2)$$

其中，p 和 m 分别是细胞核内的 p53 蛋白浓度和 Mdm2 蛋白浓度。参数 K_1 和 K_2 是米氏常数，其他参数与模型 (5.2.1) 中的参数意义相同。与模型 (5.2.1) 相比，模型 (5.2.2) 做了如下有意义的改进：

首先，如图 5.2 所示，在 Mdm2 蛋白质的合成中，存在不可避免的时滞 τ。因此我们用 $\gamma \dfrac{s^n(t-\tau)}{1+s^n(t-\tau)}$ 替换 $\gamma \dfrac{s^n(t)}{1+s^n(t)}$，目的在于描述由于耗时的过程，p53 水平的变化取决于基因损伤信号在 $t-\tau$ 时刻的活跃度。

其次，Michaelis-Menten 方程已被用于预测酶促反应中产物形成的速率[120]。根据文献[88]可知，p53、Mdm2 和 Signal 之间的反应都是酶促反应。因此在原模型中加入 Michaelis-Menten 方程，能更加准确地描述它们之间的相互作用。

在表 5.2 中给出了模型参数及其默认值的完整列表，并且除了参数是变化的或者在其他情况下特别指出的以外，所有的计算中都使用了表 5.2 中的取值。

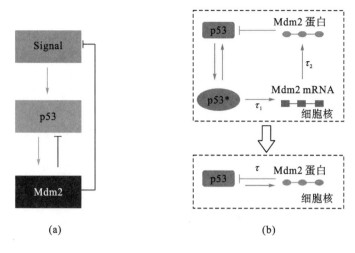

图 5.2　复杂关系简化图

(a) 图 5.1 中复杂关系的简化图；(b) 仅涉及细胞核内 p53 和 Mdm2 的简化图

表 5.2　数学模型的参数选取

模型参数	解释	取值	参考文献
γ	p53 的生成速率	0.9h^{-1}	[96]
α	Mdm2 的生成速率	1.2h^{-1}	[96]
β	Signal 的恒定激活率	0.9h^{-1}	[96]
u	Mdm2 降解 p53 的速率	1.4h^{-1}	[96]
μ	Mdm2 的降解速率	0.8h^{-1}	[96]
η	Mdm2 驱使 Signal 的失活率	2.7h^{-1}	[96]
K_1	Signal 和 Mdm2 之间的米氏常数	1.5	[118]
K_2	Mdm2 和 p53 之间的米氏常数	0.3	[118]
n	Signal 的协同性系数	4	[96]
τ	Mdm2 蛋白合成的时滞	$0.3\text{h}\sim0.9\text{h}$	[96，119]

5.2.2　基因调控网络的稳定性分析

在本节中，考虑到时滞 τ 作为分支参数，我们将重点讨论系统 (5.2.2) 的局部稳定性和 Hopf 分支。从生物学的角度来看，我们只考虑系统 (5.2.2) 正平衡点情况。为了后面的计算，我们将需要用到下面的引理。

引理 5.1　系统 (5.2.2) 存在唯一的正平衡点 $E^* = (S^*, P^*, M^*)$，并指定 $\tau = 0$ 时，它是全局渐近稳定的。

接下来，我们考虑时间延迟对系统 (5.2.2) 动力学行为的影响。令 $\bar{s}(t) = s(t) - S^*$，$\bar{p}(t) = p(t) - P^*$，$\bar{m}(t) = p(t) - M^*$，并仍用 s、m、p、来表示 $\bar{s}(t)$、$\bar{p}(t)$、$\bar{m}(t)$，因此

系统 (5.2.2) 变为

$$
\begin{cases}
\dot{s}(t) = C_1 s(t) + C_2 m(t) - \eta G^1\left(S^*\right) s(t) m(t) - \eta [m(t) + M^*] \sum_{i=2}^{\infty} \frac{1}{i!} G^i\left(S^*\right) s^i(t) \\
\dot{p}(t) = C_3 s(t-\tau) + C_4 p(t) + C_5 m(t) + \gamma \sum_{i=2}^{\infty} f^i\left(S^*\right) s^i(t-\tau) \\
\qquad - u G_1'\left(P^*\right) p(t) m(t) - u[m(t) + M^*] \sum_{i=2}^{\infty} \frac{1}{i!} G_1^i\left(P^*\right) p^i(t) \\
\dot{m}(t) = \alpha p(t-\tau) - \mu m(t)
\end{cases} \tag{5.2.3}
$$

其中,

$$
C_1 = -\eta G'(S^*) M^*, C_2 = -\frac{\eta S^*}{S^* + K_1}, C_3 = \gamma f'(S^*).
$$

$$
C_4 = -u G_1'(P^*) M^*, C_5 = -\frac{u P^*}{P^* + K_2}, G'(S^*) = \frac{K_1}{(S^* + K_1)^2},
$$

$$
G_1'(P^*) = \frac{K_2}{(P^* + K_2)^2}, f'(S^*) = \frac{n S^{*(n-1)}}{(S^{*n} + 1)^2}
$$

系统 (5.2.2) 的正平衡点 $E^* = (S^*, P^*, M^*)$ 可转换为系统 (5.2.3) 的零点平衡点 $E^0 = (0,0,0)$。因此系统 (5.2.3) 在零点的线性化方程为

$$
\begin{cases}
\dot{s}(t) = C_1 s(t) + C_2 m(t) \\
\dot{p}(t) = C_3 s(t-\tau) + C_4 p(t) + C_5 m(t) \\
\dot{m}(t) = \alpha p(t-\tau) - \mu m(t)
\end{cases} \tag{5.2.4}
$$

可以得到线性化方程 (5.2.4) 的特征方程是

$$
\det \begin{pmatrix}
\lambda - C_1 & 0 & -C_2 \\
-C_3 e^{-\lambda\tau} & \lambda - C_4 & -C_5 \\
0 & -\alpha e^{-\lambda\tau} & \lambda + \mu
\end{pmatrix} = 0 \tag{5.2.5}
$$

可以推导出

$$
\lambda^3 + A_1 \lambda^2 + A_2 \lambda + a_0 + a_1 \lambda e^{-\lambda\tau} + a_2 e^{-\lambda\tau} + a_3 e^{-2\lambda\tau} = 0, \tag{5.2.6}
$$

其中,

$$
A_1 = \mu + \frac{\eta K_1 M^*}{(S^* + K_1)^2} + \frac{u K_2 M^*}{(P^* + K_2)^2}
$$

$$
A_2 = \frac{\eta u M^{*2} K_1 K_2}{(S^* + K_1)^2 (P^* + K_2)^2} + \left[\frac{\eta K_1 M^*}{(S^* + K_1)^2} + \frac{u K_2 M^*}{(P^* + K_2)^2}\right] \mu
$$

$$
a_0 = \frac{\mu \eta u M^{*2} K_1 K_2}{(S^* + K_1)^2 (P^* + K_2)^2}
$$

$$
a_1 = \frac{\alpha u P^*}{P^* + K_2}
$$

$$
a_2 = \frac{\alpha \eta u K_1 M^* P^*}{(S^* + K_1)^2 (P^* + K_2)}
$$

$$a_3 = \frac{\gamma \alpha \eta n S^{*n}}{(S^{*n}+1)^2(S^*+K_1)}$$

在方程 (5.2.6) 的两边同时乘以 $e^{\lambda \tau}$，可以得到

$$(\lambda^3 + A_1\lambda^2 + A_2\lambda + a_0)e^{\lambda \tau} + a_1\lambda + a_2 + a_3 e^{-\lambda \tau} = 0 \tag{5.2.7}$$

为了从理论上获得研究振荡的充分条件，假设 $\mathrm{i}\omega$ 是方程 (5.2.7) 的一个解，这意味着 ω 必须满足下列方程：

$$\begin{aligned}
&(-\mathrm{i}\omega^3 - A_1\omega^2 + \mathrm{i}A_2\omega + a_0)(\cos \omega \tau + \mathrm{i}\sin \omega \tau) \\
&+ \mathrm{i}a_1\omega + a_2 + a_3(\cos \omega \tau - \mathrm{i}\sin \omega \tau) = 0
\end{aligned} \tag{5.2.8}$$

分离实部和虚部，得到

$$\begin{cases}
-a_2 = (a_0 + a_3 - A_1\omega^2)\cos(\omega \tau) - (\omega^3 - A_2\omega)\sin(\omega \tau) \\
-a_1\omega = (a_0 - a_3 - A_1\omega^2)\sin(\omega \tau) + (A_2\omega - \omega^3)\cos(\omega \tau)
\end{cases} \tag{5.2.9}$$

因此，可以得到

$$\begin{cases}
\sin(\omega \tau) = \dfrac{(a_2 A_1 + a_1 A_2)\omega^2 + a_2 a_3 - a_1\omega^4 - a_0 a_2}{(a_0 - a_3 - A_1\omega^2)(a_0 + a_3 - A_1\omega^2) - (A_2\omega - \omega^3)^2} \\[3mm]
\cos(w\tau) = \dfrac{a_2(A_2\omega - \omega^3) - a_1\omega(a_0 + a_3 - A_1\omega^2)}{(a_0 - a_3 - A_1\omega^2)(a_0 + a_3 - A_1\omega^2) - (A_2\omega - \omega^3)^2}
\end{cases} \tag{5.2.10}$$

将上面方程的两边分别平方再相加，我们可以得到如下方程：

$$b_0 + b_1\omega^2 + b_2\omega^4 + b_3\omega^6 + b_4\omega^8 + b_5\omega^{10} + \omega^{12} = 0 \tag{5.2.11}$$

其中，

$$\begin{aligned}
b_0 &= (a_0 - a_3)^2(a_0 - a_2 + a_3)(a_0 + a_2 + a_3) \\
b_1 &= -a_0^2 a_1^2 - 4a_0^3 A_1 + 2a_0 A_1 a_2^2 + 2a_0 a_1 a_2 A_2 - 2a_0^2 A_2^2 \\
&\quad - a_2^2 A_2^2 - 2a_0 a_1^2 a_3 - 2a_2^2 A_1 a_3 - a_1^2 a_3^2 + 4a_0 A_1 a_3^2 + 2A_2^2 a_3^2 \\
b_2 &= 2a_0 a_1^2 A_1 + 6a_0^2 A_1^2 - 4a_0 a_1 a_2 - A_1^2 a_2^2 + 4a_0^2 A_2 - 4a_1 A_1 a_2 A_2 \\
&\quad + 2a_2^2 A_2 - a_1^2 A_2^2 + 4a_0 A_1 A_2^2 + A_2^4 + 2a_1^2 A_1 a_3 - 2A_1^2 a_3^2 - 4A_2 a_3^2 \\
b_3 &= -2a_0^2 - A_1^2 a_1^2 - 4a_0 A_1^3 + 4a_1 a_2 A_1 - a_2^2 + 2a_1^2 A_2 - 8a_0 A_1 A_2 \\
&\quad - 2A_1^2 A_2^2 - 4A_2^2 + 2a_3^2 \\
b_4 &= 6A_2^2 - a_1^2 + 4a_0 A_1 + A_1^4 + 4A_1^2 A_2 \\
b_5 &= -2A_1^2 - 4A_2
\end{aligned}$$

很容易验证，如果假设

　　(H1) $b_0 > 0$，　$b_1 > 0$，　$b_2 > 0$，　$b_3 > 0$，　$b_4 > 0$，　$b_5 > 0$

成立，则方程 (5.2.11) 没有正根，并且所有的根都有负实部。然后，为了研究系统 (5.2.11) 的分支，我们做如下假设：

　　　　　　(H2) 方程 (5.2.11) 至少有一个正根。

在 (H2) 下，方程 (5.2.6) 的特征方程在 τ 的相关临界值处有一对纯虚根。不失一般性，假设方程 (5.2.11) 有 6 个正根，我们分别用 $\omega_1, \omega_2, \cdots, \omega_6$ 表示。对于每个固定的 $\omega_l (l = 1, 2, \cdots, 6)$，

相应的 τ 的临界值是

$$\tau_l^{(j)} = \frac{2j\pi}{\omega_l} + \frac{1}{\omega_l}\arccos\left[\frac{a_2(A_2\omega_l - \omega_l^3) - a_1\omega_l(a_0 + a_3 - A_1\omega_l^2)}{(a_0 - a_3 - A_1\omega_l^2)(a_0 + a_3 - A_1\omega_l^2) - (A_2\omega_l - \omega_l^3)^2}\right] \quad (5.2.12)$$

$$(l = 1,2,\cdots,6; j = 0,1,2,\cdots)$$

用 τ_0 来表示 $\tau_l^{(j)}$ 中的最小值，并且当 $\tau_l = \tau_0$ 时，满足 $\omega_l = \omega_0$。而且，令 $\lambda(\tau) = \nu(\tau) + i\omega(\tau)$ 是方程 (5.2.7) 的一个解，且满足 $\nu(\tau_0) = 0$ 和 $\omega(\tau_0) = \omega_0$。因此，有 $\left(\mathrm{dRe}(\lambda)/\mathrm{d}\tau\right)\big|_{\tau=\tau_0} > 0$。具体推导过程如下：把 $\lambda(\tau)$ 代入方程 (5.2.6) 的左边，并对 τ 求导，可以得到

$$\left(\frac{\mathrm{d}(\lambda)}{\mathrm{d}\tau}\right)^{-1} = \frac{(3\lambda^2 + 2A_1\lambda + A_2)\mathrm{e}^{\lambda\tau} + a_1}{(a_1\lambda + a_2 + 2a_3\mathrm{e}^{-\lambda\tau})\lambda} - \frac{\tau}{\lambda}$$

然后，得到

$$\left(\frac{\mathrm{dRe}\lambda(\tau)}{\mathrm{d}\tau}\right)^{-1} = \mathrm{Re}\left[\frac{(3\lambda^2 + 2A_1\lambda + A_2)\mathrm{e}^{\lambda\tau} + a_1}{(a_1\lambda + a_2 + 2a_3\mathrm{e}^{-\lambda\tau})\lambda}\right]$$

$$= \mathrm{Re}\left(\frac{(-3i\omega_0^2 + 2A_1 i\omega_0 + A_2)(\cos\omega_0\tau_0 + i\sin\omega_0\tau_0) + a_1}{[a_1 i\omega_0 + a_2 + 2a_3(\cos\omega_0\tau_0 - i\sin\omega_0\tau_0)]i\omega_0}\right)$$

$$= \frac{\omega_0^2(P+Q) + R}{B_1^2 + B_2^2}$$

其中，

$$P = 2a_1 A_1\omega_0\sin\omega_0\tau_0 - a_1^2 - 3a_2\omega_0\sin\omega_0\tau_0 - 4A_1 a_3\sin^2\omega_0\tau_0$$

$$Q = (2A_1 a_2 - a_1 A_2 + 3a_1 w_0^2 - 12a_3\omega_0\sin\omega_0\tau_0)\cos\omega_0\tau_0$$

$$R = (A_1 a_3\omega_0\cos\omega_0\tau_0 + 4A_2 a_3\sin\omega_0\tau_0)4\sin\omega_0\tau_0\cos\omega_0\tau_0$$

$$B_1 = a_2\omega_0 + 2a_3\omega_0\cos\omega_0\tau_0$$

$$B_2 = 2a_3\omega_0\sin\omega_0\tau_0 - a_1\omega_0^2$$

显然，如果

$$(H3) \quad \omega_0^2(P+Q) + R > 0$$

满足，则有

$$\mathrm{sign}\left\{\frac{\mathrm{dRe}(\lambda)}{\mathrm{d}\tau}\bigg|_{\tau=\tau_0}\right\} = \mathrm{sign}\left\{\left(\frac{\mathrm{dRe}(\lambda)}{\mathrm{d}\tau}\right)^{-1}\bigg|_{\tau=\tau_0}\right\} > 0$$

因此，这些结果表明，如果 $0 \leqslant \tau < \tau_0$，则系统 (5.2.2) 在平衡点 $E^* = (S^*, P^*, M^*)$ 处渐近稳定；反之，$\tau > \tau_0$ 时则不稳定。显然，系统 (5.2.2) 在平衡点 $E^* = (S^*, P^*, M^*)$ 处经历了 Hopf 分支。如预期的那样，结合上面的讨论，我们可以证明存在一个临界值 τ_0。如果 τ_0 小于 p53-Mdm2 网络中的时间延迟，则说明系统会一直振荡，反之则只会表现出稳定的状态。显然，临界值 τ_0 对于确定 p53-Mdm2 网络的稳定性和振荡性是必不可少的。

5.2.3　p53 基因调控网络 Hopf 分支的性质

通过前一节的讨论，我们已经知道时间延迟可以诱导 p53-Mdm2 网络中的基因表达变得振荡，并且在平衡点 $E^* = (S^*, P^*, M^*)$ 处存在 Hopf 分支。在本节中，为了验证振荡的性质和实际意义，我们进一步研究系统 (5.2.2) Hopf 分岔的方向和稳定性。令 $\tau = \gamma + \tau_0$，则 $\gamma = 0$ 是系统 (5.2.3) 的 Hopf 分支值，通过时间尺度 $t \to \left(\dfrac{t}{\tau}\right)$ 进行规范化，则系统 (5.2.3) 变为

$$
\begin{cases}
\dot{s}(t) = (\tau_0 + \gamma)\Big[C_1 s(t) + C_2 m(t) - \eta G'(S^*)s(t)m(t) - \eta\big[m(t) + M^* \big] \\
\qquad\qquad \sum_{i=2}^{\infty} \dfrac{1}{i!} G^i(S^*)s^i(t) \Big] \\
\dot{p}(t) = (\tau_0 + \gamma)\Big[C_3 s(t-1) + C_4 p(t) + C_5 m(t) + \gamma \sum_{i=2}^{\infty} f^i(S^*)s^i(t-1) \\
\qquad\qquad - u G_1'(P^*)p(t)m(t) - u\big[m(t) + M^* \big] \sum_{i=2}^{\infty} \dfrac{1}{i!} G_1^i(P^*)p^i(t) \Big] \\
\dot{m}(t) = (\tau_0 + \gamma)\big[\alpha p(t-1) - \mu m(t) \big]
\end{cases}
\tag{5.2.13}
$$

令 $U = (u_1(t), u_2(t), u_3(t))^{\mathrm{T}}$ 并定义 $C = C([-1,0], R^3)$，则系统 (5.2.3) 可以被转化为

$$
\dot{U} = L_\gamma(U_t) + f(\gamma, U_t)
\tag{5.2.14}
$$

然后分别用以下方程来定义线性算子 $L_\gamma : C \to R^3$ 和非线性算子 $f : R \times C \to R^3$.

$$
L_\gamma(\phi) = (\tau_0 + \gamma)
\begin{pmatrix} C_1 & 0 & C_2 \\ 0 & C_4 & C_5 \\ 0 & 0 & -\mu \end{pmatrix}
\begin{pmatrix} \phi_1(0) \\ \phi_2(0) \\ \phi_3(0) \end{pmatrix}
+ (\tau_0 + \gamma)
\begin{pmatrix} 0 & 0 & 0 \\ C_3 & 0 & 0 \\ 0 & \alpha & 0 \end{pmatrix}
\begin{pmatrix} \phi_1(-1) \\ \phi_2(-1) \\ \phi_3(-1) \end{pmatrix}
\tag{5.2.15}
$$

$$
f(\gamma, \phi) = (\tau_0 + \gamma)
\begin{pmatrix}
-\eta G'(S^*)\phi_1(0)\phi_3(0) - \eta\big[\phi_3(0) + M^*\big] \times \sum_{i=2}^{\infty} \dfrac{1}{i!} G^i(S^*)\phi_1(0)^i \\
\gamma \sum_{i=2}^{\infty} f^i(S^*)\phi_1(-1)^i - u G_1'(P^*)\phi_2(0)\phi_3(0) - u\big[\phi_2(0) + M^*\big] \\
\times \sum_{i=2}^{\infty} \dfrac{1}{i!} G_1^i(P^*)\phi_1(0)^i \\
0
\end{pmatrix}
\tag{5.2.16}
$$

其中 $\phi = (\phi_1(t), \phi_2(t), \phi_3(t))^{\mathrm{T}} \in C$. 由 Riesz 表示定理，存在一个 3×3 矩阵函数 $\eta(\theta, \gamma)$ $(-1 \leqslant \theta \leqslant 0)$，使得

$$
L_\gamma \phi = \int_{-1}^{0} \mathrm{d}\eta(\theta, \gamma)\phi(\theta), \phi \in C\big([-1,0], R^3\big)
\tag{5.2.17}
$$

可以选择

$$
\eta(\theta, \gamma) = (\tau_0 + \gamma)
\begin{pmatrix} C_1 & 0 & C_2 \\ 0 & C_4 & C_5 \\ 0 & 0 & -\mu \end{pmatrix}
\delta(\theta) + (\tau_0 + \gamma)
\begin{pmatrix} 0 & 0 & 0 \\ C_3 & 0 & 0 \\ 0 & \alpha & 0 \end{pmatrix}
\delta(\theta + 1)
\tag{5.2.18}
$$

其中 $\delta(\theta)$ 是狄拉克函数。对于 $\phi \in C^1\left([-1,0], R^3\right)$，定义

$$A(\gamma)\phi = \begin{cases} \dfrac{\mathrm{d}\phi(\theta)}{\mathrm{d}\theta}, & \theta \in [-1,0) \\ \int_{-1}^0 \mathrm{d}\eta(\gamma,\theta)\phi(\theta), & \theta = 0 \end{cases} \tag{5.2.19}$$

和

$$R(\gamma)\phi = \begin{cases} 0, & \theta \in [-1,0) \\ f(\gamma,\theta), & \theta = 0 \end{cases} \tag{5.2.20}$$

为了研究 Hopf 分支，我们将系统 (5.2.14) 转换成如下形式的算子方程：

$$\dot{U}_t = A(\gamma)U_t + R(\gamma)U_t \tag{5.2.21}$$

其中 $U_t(\theta) = U(t+\theta)$。对于 $\phi \in C^1\left([-1,0], (R^3)^*\right)$，我们定义

$$A^*\psi(s) = \begin{cases} \dfrac{-\mathrm{d}\psi(s)}{\mathrm{d}s}, & s \in (0,-1] \\ \int_{-1}^0 \psi(-t)\mathrm{d}\eta^\top(t,0)\psi(-t), & s = 0 \end{cases} \tag{5.2.22}$$

和一个双线性内积

$$\langle\psi(s),\phi(\theta)\rangle = \bar\psi(0)\phi(0) - \int_{-1}^0\int_{\xi=0}^\theta \bar\psi(\xi-\theta)\mathrm{d}\eta(\theta)\phi(\xi)\mathrm{d}\xi \tag{5.2.23}$$

其中，$\eta(\theta) = \eta(\theta,0)$。然后 $A(0)$ 和 $A^*(0)$ 是伴随算子。另外，由前一节内容，我们知道 $\pm i\omega_0\tau_0$ 是 $A(0)$ 的特征值。因此，它们也是 $A^*(0)$ 的特征值。令 $q(\theta)$ 是对应于 $i\omega\tau_0$ 的 $A(0)$ 的特征向量，$q^*(s)$ 是对应于 $-i\omega\tau_0$ 的 $A^*(0)$ 的特征向量。又令 $q(\theta)=(1,v_1,v_2)\mathrm{e}^{i\omega_0\tau_0\theta}$ 和 $q^*(s)=G(1,v_1^*,v_2^*)\mathrm{e}^{i\omega_0\tau_0 s}$。可以得到 $A(0)q(0)=i\omega_0\tau_0 q(0)$ 和 $A^*(0)q^*(0)=-i\omega_0\tau_0 q^*(0)$。则有

$$q(\theta) = \mathrm{e}^{i\omega_0\tau_0\theta} \times \left(1, \frac{(i\omega_0+\mu)(i\omega_0-C_1)}{\alpha c_2\mathrm{e}^{i\omega_0\tau_0}}, \frac{i\omega_0-C_1}{c_2}\right)$$

$$q^*(s) = G\mathrm{e}^{i\omega_0\tau_0 s}\left(1, \frac{-(i\omega_0+C_1)}{C_3\mathrm{e}^{-i\omega_0\tau_0}}, \frac{C_2}{\mu+i\omega_0} - \frac{C_5(i\omega_0+C_1)}{(\mu+i\omega_0)C_3\mathrm{e}^{-i\omega_0\tau_0}}\right)$$

因为

$$\langle q^*,q\rangle = \bar q^*(0)\cdot q(0) - \int_{-1}^0\int_{\xi=0}^\theta \bar q^*(\xi-\theta)\mathrm{d}\eta(\theta)q(\xi)\mathrm{d}\xi$$
$$= \bar G\left[(1+v_1\bar v_1^* + v_2\bar v_2^*) + (C_3\bar v_1^* + \alpha v_1\bar v_2^*)\tau_0\mathrm{e}^{-i\omega_0\tau_0}\right]$$

我们可以让 $\bar G$ 和 G 分别为

$$\bar G = \frac{1}{(1+v_1\bar v_1^* + v_2\bar v_2^*) + (C_3\bar v_1^* + \alpha v_1\bar v_2^*)\tau_0\mathrm{e}^{-i\omega_0\tau_0}}$$
$$G = \frac{1}{(1+\bar v_1 v_1^* + \bar v_2 v_2^*) + (C_3 v_1^* + \alpha\bar v_1 v_2^*)\tau_0\mathrm{e}^{-i\omega_0\tau_0}} \tag{5.2.24}$$

它可以确保 $\langle q^*(s),q(\theta)\rangle = 1$。使用与 Hassard 等[51]相同的方法，我们首先通过计算 $\gamma=0$ 时的坐标来描述中心流形 C_0。当 $\gamma=0$ 时，令 U_t 是方程 (5.2.14) 的一个解。定义

$$\begin{cases} z(t) = \langle q^*, x_t\rangle \\ W(t,\theta) = U_t(\theta) - 2\mathrm{Re}\{z(t)q(\theta)\} \end{cases} \tag{5.2.25}$$

在中心流行 C_0 上，有 $W(t,\theta)=W(z(t),\bar{z}(t),\theta)$，其中

$$W(z,\bar{z},\theta)=W_{20}(\theta)\frac{z^2}{2}+W_{11}(\theta)z\bar{z}+W_{02}(\theta)\frac{\bar{z}_2}{2}+\cdots \tag{5.2.26}$$

事实上，$z(t)$ 和 $\bar{z}(t)$ 分别是中心流行 C_0 在 q^* 和 $\bar{q}^*$ 方向上的局部坐标。注意到若 $W(t,\theta)$ 是实数，则我们只需要求出一个实根。

对于方程 (5.2.14) 的解 $u_t \in C_0$，由于 $\gamma=0$，结合方程 (5.2.25)，可以得到

$$\begin{aligned}
\dot{z}(t)&=<q^*,\dot{U}_t>=<q^*,A(0)U_t+R(0)U_t>\\
&=<A^*(0)q^*,U_t>+<q^*,f(0,U_t)>\\
&=\mathrm{i}\omega_0\tau_0 z(t)+\bar{q}^*(0)f(0,W(z,\bar{z},\theta))+2\mathrm{Re}\{z(t),q(\theta)\}\\
&=\mathrm{i}\omega_0\tau_0 z(t)+\bar{q}^*(0)f_0
\end{aligned} \tag{5.2.27}$$

上式等价于

$$\dot{z}(t)=\mathrm{i}\omega_0\tau_0 z(t)+g(z,\bar{z}) \tag{5.2.28}$$

其中

$$g(z,\bar{z})=g_{20}\frac{z^2}{2}+g_{11}z\bar{z}+g_{02}\frac{\bar{z}^2}{2}+g_{21}\frac{z^2\bar{z}}{2}+\cdots \tag{5.2.29}$$

然后，由方程 (5.2.25) 和方程 (5.2.26)，得到

$$\begin{aligned}
U_t&=W(t,\theta)+2\mathrm{Re}z(t)q(\theta)\\
&=W_{20}(\theta)\frac{z^2}{2}+W_{11}(\theta)z\bar{z}+W_{02}(\theta)\frac{\bar{z}^2}{2}+(1,v_1,v_2)\\
&\quad\times\mathrm{e}^{\mathrm{i}\omega_0\tau_0}z+(1,\bar{v}_1,\bar{v}_2)\mathrm{e}^{-\mathrm{i}\omega_0\tau_0}\bar{z}+\cdots
\end{aligned} \tag{5.2.30}$$

把方程 (5.2.16) 和方程 (5.2.30) 代入到方程 (5.2.29)，可以得到

$$g(z,\bar{z})=\bar{q}^*f_0(z,\bar{z})=\bar{q}^*f(0,U_t)=\bar{G}\tau_0(1,\bar{v}_1^*,\bar{v}_2^*)$$

$$\times\left(\begin{array}{c}
-\eta G'(S^*)\phi_1(0)\phi_3(0)-\eta\left[\phi_3(0)+M^*\right]\sum_{i=2}^{\infty}\dfrac{1}{i!}G^i(S^*)\phi_1(0)^i\\
\gamma\sum_{i=2}^{\infty}f^i(S^*)\phi_1(-1)^i-uG_1'(P^*)\phi_2(0)\phi_3(0)-u\left[\phi_2(0)+M^*\right]\sum_{i=2}^{\infty}\dfrac{1}{i!}G_1^i(P^*)\phi_1(0)^i\\
0
\end{array}\right) \tag{5.2.31}$$

比较方程 (5.2.31) 与方程 (5.2.29) 的系数，有

$$\begin{aligned}
g_{20}=\bar{G}\tau_0\big[&-G''(s^*)m^*\eta-2G'(s^*)v_2\eta+\mathrm{e}^{-2\mathrm{i}w_0\tau_0}f''(s^*)\bar{v}_1^*\gamma-G_1''(p^*)m^*\mu\bar{v}_1^*\\
&-2\mu G_1'(p^*)v_1v_2\bar{v}_1^*\big]
\end{aligned}$$

$$\begin{aligned}
g_{11}=\bar{G}\tau_0\big[&-G''(s^*)m^*\eta-G_1''(p^*)m^*\mu\bar{v}_1^*-G'(s^*)v_2\eta-G'(s^*)\bar{v}_2\eta+f''(s^*)\bar{v}_1^*\\
&-\mu G_1'(p^*)\bar{v}_1v_2 barv_1^*-\mu G_1'(p^*)v_1\bar{v}_2 barv_1^*\big]
\end{aligned}$$

$$\begin{aligned}
g_{02}=\bar{G}\tau_0\big[&-G''(s^*)m^*\eta-G_1''(p^*)m^*\mu\bar{v}_1^*-2G'(s^*)\bar{v}_2\eta+\mathrm{e}^{2\mathrm{i}w_0\tau_0}f''(s^*)\bar{v}_1^*\gamma\\
&-2\mu G_1'(p^*)\bar{v}_1\bar{v}_2\bar{v}_1^*\big]
\end{aligned}$$

$$
\begin{aligned}
g_{21} = \overline{G}\tau_0 \Big[&-G'''(s^*)m^*\eta - 3G''(s^*)v_2\eta - G''(s^*)m^*\eta W_{20}^1(0) - G'(s^*)v_2\eta W_{20}^1(0) \\
&- G'(s^*)\eta W_{20}^1(0) - 2G''(s^*)m^*\eta W_{11}^1(0) - 2G'(s^*)v_2\eta W_{11}^1(0) - 2G'(s^*)\eta W_{11}^3(0)W_{11}^1(-1) \\
&+ \mathrm{e}^{-\mathrm{i}w_0\tau_0}f'''(s^*)\overline{v}_1^*\gamma + \mathrm{e}^{\mathrm{i}w_0\tau_0}f''(s^*)\overline{v}_1^*\gamma W_{20}^1(-1) + 2\mathrm{e}^{-\mathrm{i}w_0\tau_0}f''(s^*)\overline{v}_1^*\gamma \\
&- G_1'''(p^*)m^*\overline{v}_1^*\mu - 2G_1''(p^*)\mu v_1\overline{v}_1^* - G_1''(p^*)m^*\overline{v}_1^*\mu W_{20}^1(0) - G_1'(p^*)\overline{v}_2\overline{v}_1^*\mu W_{20}^2(0) \\
&- G_1'(p^*)\overline{v}_1\overline{v}_1^*\mu W_{20}^3(0) - 2G_1''(p^*)m^*\overline{v}_1^*\mu W_{11}^1(0) - 2G_1'(p^*)v_2\overline{v}_1^*\mu W_{11}^2(0) \\
&- 2G_1'(p^*)v_1\overline{v}_1^*\mu W_{11}^3(0) \Big]
\end{aligned}
$$

由于 g_{21} 中 $W_{20}(\theta)$ 和 $W_{11}(\theta)$ 未知，因此需要继续求解。

结合方程(5.2.14)和方程(5.2.25)，有

$$
\begin{aligned}
\dot{W} &= \dot{U}_t - \dot{z}q - \dot{\overline{z}}q \\
&= \begin{cases} A(0)W - 2R\overline{q}^*(0)f_0q(\theta), \ \theta \in [-1,0) \\ A(0)W - 2R\overline{q}^*(0)f_0q(\theta) + f_0, \ \theta = 0 \end{cases} \\
&= A(0)W + H(z,\overline{z},\theta)
\end{aligned} \tag{5.2.32}
$$

其中，

$$
H(z,\overline{z},\theta) = H_{20}(\theta)\frac{z^2}{2} + H_{11}(\theta)z\overline{z} + H_{02}(\theta)\frac{\overline{z}^2}{2} + \cdots \tag{5.2.33}
$$

由方程(5.2.26)，得到

$$
\begin{aligned}
\dot{W} &= \dot{W}_z\dot{z}(t) + \dot{W}_{\overline{z}}\dot{\overline{z}} \\
&= \left[W_{20}(\theta)z + W_{11}(\theta)\overline{z} + \cdots\right]\left[\mathrm{i}\omega_0\tau_0 z(t) + g(z,\overline{z})\right] \\
&\quad + \left[W_{11}(\theta)z + W_{02}(\theta)\overline{z} + \cdots\right]\left[-\mathrm{i}\omega_0\tau_0\overline{z}(t) + g(z,\overline{z})\right]
\end{aligned} \tag{5.2.34}
$$

然后将相应的项代入式(5.2.31)，得到以下结果：

$$
\begin{aligned}
\dot{W} &= A(0)\left[W_{20}(\theta)\frac{z^2}{2} + W_{11}(\theta)z\overline{z} + W_{02}(\theta)\frac{\overline{z}^2}{2} + \cdots\right] \\
&\quad + H_{20}(\theta)\frac{z^2}{2} + H_{11}(\theta)z\overline{z} + H_{02}(\theta)\frac{\overline{z}^2}{2} + \cdots \\
&= \left[A(0)W_{20}(\theta) + H_{20}(\theta)\right]\frac{z^2}{2} + \left[A(0)W_{11}(\theta) \right. \\
&\quad \left. + H_{11}(\theta)\right]z\overline{z} + \left[A(0)W_{02}(\theta) + H_{02}(\theta)\right]\frac{\overline{z}^2}{2} + \cdots
\end{aligned} \tag{5.2.35}
$$

比较方程(5.2.33)和方程(5.2.34)的系数，可以得到

$$
\begin{cases} \left[A(0) - 2\mathrm{i}\omega_0\tau_0\right]W_{20}(\theta) = -H_{20}(\theta) \\ A(0)W_{11}(\theta) = -H_{11}(\theta) \end{cases} \tag{5.2.36}
$$

基于方程(5.2.31)，对于 $\theta \in [-1,0)$，有

$$
\begin{aligned}
H(z,\overline{z},\theta) &= -\overline{q}^*(0)f_0q(\theta) - q^*(0)\overline{f}_0\overline{q}(\theta) = -g(z,\overline{z})q(\theta) - \overline{g}(z,\overline{z})\overline{q}(\theta) \\
&= -\left(g_{20}\frac{z^2}{2} + g_{11}z\overline{z} + g_{02}\frac{\overline{z}^2}{2} + g_{21}\frac{z^2\overline{z}}{2} + \cdots\right)q(\theta) \\
&\quad - \left(\overline{g}_{20}\frac{z^2}{2} + \overline{g}_{11}z\overline{z} + \overline{g}_{02}\frac{z^2}{2} + \overline{g}_{21}\frac{\overline{z}^2z}{2} + \cdots\right)\overline{q}(\theta)
\end{aligned} \tag{5.2.37}
$$

比较方程 (5.2.33) 和方程 (5.2.37) 中 z^2 和 $z\overline{z}$ 的系数，可以得到

$$H_{20}(\theta) = -g_{20}q(\theta) - \overline{g}_{02}\overline{q}(\theta) \tag{5.2.38}$$

和

$$H_{11}(\theta) = -g_{11}q(\theta) - \overline{g}_{11}\overline{q}(\theta) \tag{5.2.39}$$

由方程 (5.2.35) 和方程 (5.2.37)，得到

$$A(0)W_{20}(\theta) = 2\mathrm{i}\omega_0\tau_0 W_{20}(\theta) - H_{20}(\theta)$$

由 $A(0)$ 的定义，有

$$\dot{W}_{20}(\theta) = 2\mathrm{i}\omega_0 W_{20}(\theta) + g_{20}q(\theta) + \overline{g}_{02}\overline{q}(\theta)$$

注意到 $q(\theta) = q(0)\mathrm{e}^{\mathrm{i}\omega_0\tau_0\theta}$，因此

$$W_{20}(\theta) = \frac{\mathrm{i}g_{20}}{\omega_0\tau_0}q(0)\mathrm{e}^{\mathrm{i}\omega_0\tau_0\theta} + \frac{\mathrm{i}\overline{g}_{02}}{3\omega_0\tau_0}\overline{q}(0)\mathrm{e}^{-\mathrm{i}\omega_0\tau_0\theta} + E_1\mathrm{e}^{2\mathrm{i}\omega_0\tau_0\theta} \tag{5.2.40}$$

其中，$E_1 = (E_1^{(1)}, E_1^{(2)}, E_1^{(3)})^{\mathrm{T}}$ 是一个常数向量。类似地，由方程 (5.2.35) 和方程 (5.2.38)，有

$$\dot{W}_{11}(\theta) = g_{11}q(\theta) + \overline{g}_{11}\overline{q}(\theta)$$

和

$$W_{11}(\theta) = -\frac{\mathrm{i}g_{11}}{\omega_0\tau_0}q(0)\mathrm{e}^{\mathrm{i}\omega_0\tau_0\theta} + \frac{\mathrm{i}\overline{g}_{11}}{\omega_0\tau_0}\overline{q}(0)\mathrm{e}^{-\mathrm{i}\omega_0\tau_0\theta} + E_2 \tag{5.2.41}$$

其中，$E_2 = (E_2^{(1)}, E_2^{(2)}, E_2^{(3)})^{\mathrm{T}}$ 也是一个常数向量。下面，分别计算方程 (5.2.40) 和方程 (5.2.41) 中的 E_1 和 E_2。由 A 的定义及方程 (5.2.35) 可以得到

$$\int_{-1}^{0}\mathrm{d}\eta(\theta)W_{20}(\theta) = 2\mathrm{i}\omega_0 W_{20}(\theta) - H_{20}(\theta) \tag{5.2.42}$$

和

$$\int_{-1}^{0}\mathrm{d}\eta(\theta)W_{11}(\theta) = -H_{11}(\theta) \tag{5.2.43}$$

其中，$\eta(\theta) = \eta(0, \theta)$。由方程 (5.2.31)，得到

$$H_{20}(0) = -g_{20}q(0) - \overline{g}_{02}\overline{q}(0) \\ + \tau_0 \begin{pmatrix} -G''(s^*)m^*\eta - 2G'(s^*)v_2\eta \\ \mathrm{e}^{-2\mathrm{i}\omega_0\tau_0}f''(s^*)\gamma - G_1''(p^*)m^*\mu - 2\mu G_1'(p^*)v_1v_2 \\ 0 \end{pmatrix} \tag{5.2.44}$$

和

$$H_{11}(0) = -g_{11}q(0) - \overline{g}_{11}\overline{q}(0) \\ + 2\tau_0 \begin{pmatrix} -G''(s^*)m^*\eta - 2G'(s^*)\eta v_2 \\ f''(s^*)\gamma - G_1''(p^*)m^*\mu - 2\mu G_1'(p^*)v_1v_2 \\ 0 \end{pmatrix} \tag{5.2.45}$$

由于 $\mathrm{i}\omega_0\tau_0$ 是 $A(0)$ 的特征值，而且 $q(0)$ 是相应的特征向量，则有

$$\left[\mathrm{i}\omega_0\tau_0 I - \int_{-1}^{0}\mathrm{e}^{\mathrm{i}\omega_0\tau_0\theta}\mathrm{d}\eta(\theta)\right]q(0) = 0 \tag{5.2.46}$$

和

$$\left[-\mathrm{i}\omega_0\tau_0 I - \int_{-1}^{0}\mathrm{e}^{-\mathrm{i}\omega_0\tau_0\theta}\mathrm{d}\eta(\theta)\right]\overline{q}(0) = 0 \tag{5.2.47}$$

因此，可以得到

$$
\begin{pmatrix} 2\mathrm{i}\omega_0 - C_1 & 0 & -C_2 \\ -C_3 & 2\mathrm{i}\omega_0 - C_4 & -C_5 \\ 0 & -\alpha & 2\mathrm{i}\omega_0 + \mu \end{pmatrix} E_1 = \begin{pmatrix} -G''(s^*)m^*\eta - 2G'(s^*)v_2\eta \\ \mathrm{e}^{-2\mathrm{i}\omega_0\tau_0} f''(s^*)\gamma - G_1''(p^*)m^*\mu - 2\mu G_1'(p^*)v_1 v_2 \\ 0 \end{pmatrix}
$$

(5.2.48)

和

$$
\begin{pmatrix} -C_1 & 0 & -C_2 \\ -C_3 & C_4 & -C_5 \\ 0 & -\alpha & \mu \end{pmatrix} E_2 = \begin{pmatrix} -G''(s^*)m^*\eta - G'(s^*)\eta v_2 - G'(s^*)\eta\overline{v}_2 \\ f''(s^*)\gamma - G_1''(p^*)m^*\mu - \mu G_1'(p^*)\overline{v}_1 v_2 - \mu G_1'(p^*)v_1\overline{v}_2 \\ 0 \end{pmatrix}
$$

(5.2.49)

所以，由方程(5.2.39)~方程(5.2.48)，可以解出 g_{21}。此外，我们可以出计算下列值：

$$
C_1(0) = \frac{\mathrm{i}}{2\omega_0\tau_0}\left[g_{11}g_{20} - 2|g_{11}|^2 - \frac{|g_{02}|^2}{3} \right] + \frac{g_{21}}{2}
$$

$$
\mu_2 = -\frac{\mathrm{Re}[C_1(0)]}{\mathrm{Re}[\lambda'(\tau_0)]}
$$

(5.2.50)

$$
T_2 = -\frac{\mathrm{Im}[C_1(0)] + \mu_2\mathrm{Im}[\lambda'(\tau_0)]}{\omega_0\tau_0}
$$

$$
\beta_2 = 2\mathrm{Re}[C_1(0)]
$$

5.2.4　p53 基因调控网络模型的数值模拟

在本节中，我们对系统进行数值模拟，结合理论方法和数值模拟研究时滞对 p53-Mdm2 网络动力学行为的影响。在下面的数值模拟中，除非特别指定，否则模型参数的所有值都使用表 5.2 中的固定值。因此，很容易验证系统(5.2.2)具有唯一的正平衡点 $E^* = (1.2477, 0.4894, 0.7341)$。显然，如果不考虑系统中的时滞，即 $\tau = 0$，则由图 5.3(a) 可知，系统在平衡点处是渐近稳定的。如果考虑系统中的时滞，根据前面的方法和运用数学软件 Mathematica 10，可以计算出 $\omega_0 = 1.8391$ 和时滞临界值 $\tau_0 = 0.3856$。而且，从图 5.3(b)~(d)中可以清楚地看到时滞对系统动力学行为的影响。我们发现，当 $\tau = 0.3$ 时，系统(5.2.2)在平衡点 E^* 处是渐近稳定的。然而，当 $\tau = 0.5$ 时，系统是振荡的。这些结果表明，当 τ 增加并穿过临界值 τ_0 时，系统(5.2.2)失去稳定性并经历一个 Hopf 分支。此外，根据前面一节的讨论和计算公式，可以得到 $\mu_2 = 0.1781$，$T_2 = 0.6485$ 和 $\beta_2 = -1.1992$。因此，$\mu_2 > 0$ 说明系统在平衡点 E^* 的 Hopf 分支是超临界的；$T_2 > 0$ 说明分支的周期解是增加的；$\beta_2 < 0$ 说明分支的周期解是轨道渐近稳定的。

通过上面的讨论，我们知道了时滞能引起系统的振荡。为了进一步研究时滞对 p53-Mdm2 网络动力学行为的影响，接下来我们研究不同的时滞取值对振荡的振幅和周期的影响。作为一个代表性例子，图 5.4 展示的是不同的 τ 的取值对系统振荡的影响。(a)、(c) 显示了当 $\tau < \tau_0$ 时 p53-Mdm2 网络在前 20 小时的活动。不失一般性，(b)、(d) 中我们同样研究了当 $\tau > \tau_0$ 时 p53-Mdm2 网络在前 40 小时的活动。我们发现，系统振荡的振幅和周期

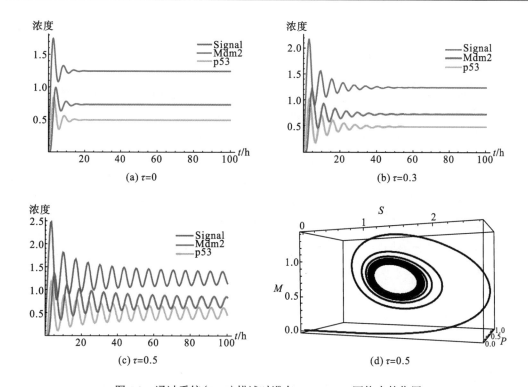

图 5.3 通过系统 (5.2.2) 描述时滞在 p53-Mdm2 网络中的作用

(a) 当 $\tau = 0$ 时, 系统在平衡点处是渐近稳定的; (b) 当 $\tau = 0.3 < \tau_0 = 0.3856$ 时, 系统在平衡点处是渐近稳定的; (c)、(d) 当 $\tau = 0.5 > \tau_0 = 0.3856$ 时, 系统产生稳定的周期解

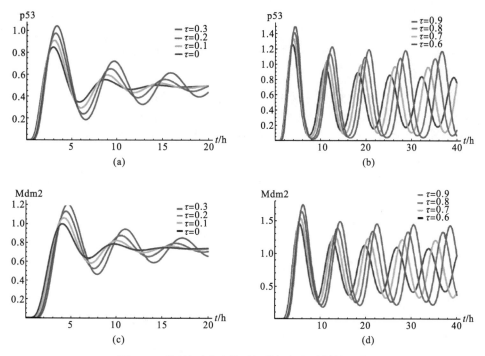

图 5.4 不同的时滞取值对振荡振幅和周期的影响

随着 τ 的增加而增大。因此，通过这些数值模拟，可以发现：Mdm2 翻译和转录的总时滞会影响 p53-Mdm2 网络振荡的振幅和周期，同时也表明，时滞可用来控制 p53-Mdm2 网络振荡的振幅和周期。

　　为了更清楚地说明该时滞对系统的影响，接下来我们考虑当时滞与模型参数共同作用时会对系统产生怎样的影响。为了达到这个目的，我们随机选取了 τ 和 β 的不同取值来进行数值模拟，结果如图 5.5 所示。当 $\tau = 0$ 时，从 (a) 中可以看出，不管参数 β 如何改变，p53 总是渐近稳定的，同时 p53 的稳定状态的水平随着参数 β 的增加而增大。然而，当 $\tau = 0.5$ 时，从 (b) 中可以看出参数 β 可以调节 p53 的活动，使其从一个低水平的稳定状态（当 $\beta = 0.1$ 时，p53 保持在 0.07）转变成稳定的振荡，随着 β 的增大，最后再次达到一个高水平的稳定状态（当 $\beta = 1$ 时，p53 保持在 0.56），这也说明这里存在两个 Hopf 分支点。总的来说，上述结果表明时滞是 p53 振荡的先决条件，并且 p53 的振荡不仅可以由时滞控制，还可以由输入信号强度的恒定激活率控制。

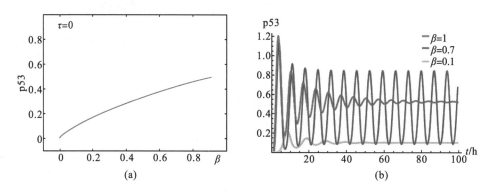

图 5.5　时滞与模型参数共同作用时对系统的影响

　　最后，为了比较系统 (5.2.1) 和系统 (5.2.2) 之间动力学行为的区别，我们结合理论和动力学方法来模拟系统 (5.2.1)。在表 5.2 中的参数值下，系统 (5.2.1) 具有唯一的正平衡点 $E_0 = (0.7268, 0.3058, 0.4586)$。用相同的数学方法，我们可以理论上计算出系统 (5.2.1) 的时滞临界值 $\tau = 0.56$。时滞对系统 (5.2.1) 的动力学行为的影响由图 5.6 给出。显然，当 $\tau = 0.5$ 时，系统在平衡点处是渐近稳定的，而当 $\tau = 0.7$ 时，系统是振荡的。综合比较系统 (5.2.1)

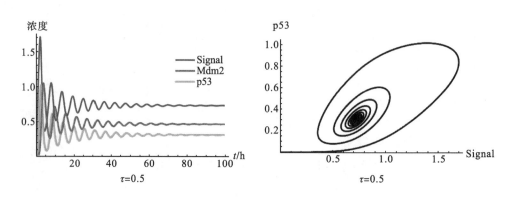

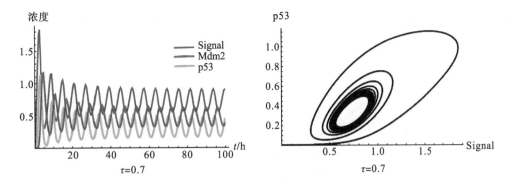

图 5.6　具有时滞的系统 (5.2.1) 的数值模拟

和系统 (5.2.2)，我们发现：时滞确实在系统的动力学行为上起重要作用，即时滞可以引起系统的振荡。同时也可以得出，两个系统都会经历一个超临界的分支。但是，系统 (5.2.2) 的分支点比系统 (5.2.1) 的分支点提前了。这种差异说明了系统 (5.2.2) 对 DNA 损伤更为敏感，这可能会为生物学的研究提供一个新的思路。

5.3　p53 基因网络应对 DNA 损伤的建模与分析

5.2 节主要通过将时滞引入到 p53-Mdm2 网络中，研究 Mdm2 的转录和翻译时滞对系统动力学的影响。在 5.2 节研究的模型中，由图 5.2 可以看到系统中存在一个基因损伤信号的抑制子，但是这个三维模型中并不明确这个抑制子的本质，而只是把它假设成和 Mdm2 有相同的动力学性质。因此，本章主要是在 5.2 节的基础上，对这个三维模型加以改进，得到一个五维的含有两个时滞的 p53 网络数学模型。这个五维模型明确知道在前面三维模型中假设的抑制子是 Wip1。然后通过研究这个五维模型，更加准确地了解 p53 网络的动力学性质。关于 p53 网络的背景和研究意义，在 5.2 节中已经有很详细的介绍，所以本节将不再赘述。

5.3.1　p53 基因调控网络模型的改进

图 5.7(a) 描述了 p53-Mdm2 网络中失活的 p53、有活性的 p53(p53*)、Mdm2 蛋白、Wip1 蛋白和 Signal(代表活性上游激酶，如 ATM) 之间相互作用。当细胞受到 IR 刺激时，会造成 DNA 双链断裂 (DSB)。为了响应由 IR 引起的 DSB，ATM 通过快速自磷酸化而激活，从无活性的二聚体转变为磷酸化的单体[117]。随后，磷酸化的 ATM(ATM*) 作用于 p53 的 Ser15 和 Ser20 处，从而将非活性 p53 转化为活性 p53$^{*[121]}$。同时，ATM*通过增加 Mdm2 自身泛素化和随后的蛋白酶体降解来使其失活和降解。此外，p53 可以驱使 Mdm2 开始转录，从 Mdm2 基因到 Mdm2 蛋白质中的转录和翻译的过程的时间延迟用 τ_1 表示。与 Mdm2 类似，p53 同样可以驱使 Wip1 转录，整个过程的时间延迟用 τ_2 表示。另外，Mdm2 蛋白

会促进 p53 的快速降解和 p53* 的缓慢降解，Wip1 蛋白通过去磷酸化抑制 p53 和 ATM* 的活性。这个复杂的信号通路图可以被简化为图 5.7(b)，图中清晰地描述了 DNA 损伤后 p53 网络的关系和数学模型中的主要组成部分和参数。

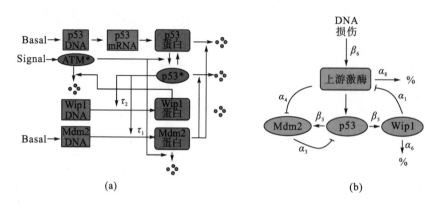

图 5.7   根据文献和实验数据确定 DNA 损伤信号(ATM*)、p53、Mdm2 和 Wip1 蛋白之间的网络相互作用

基于如上所述 p53 网络的特点，可以通过以下方程来描述 p53 网络间的关系：

$$
\begin{cases}
\dfrac{\mathrm{d}x(t)}{\mathrm{d}t} = \beta_1 - \alpha_1 m(t)x(t) - \beta_2 x(t)\dfrac{s(t)^{n_1}}{s(t)^{n_1}+T_1^{n_1}} - \alpha_2 x(t) \\[3mm]
\dfrac{\mathrm{d}y(t)}{\mathrm{d}t} = \beta_2 x(t)\dfrac{s(t)^{n_1}}{s(t)^{n_1}+T_1^{n_1}} - \alpha_3 m(t)y(t) \\[3mm]
\dfrac{\mathrm{d}m(t)}{\mathrm{d}t} = \beta_3 y(t-\tau_1) + \beta_4 - \alpha_4 s(t)m(t) - \alpha_5 m(t) \\[3mm]
\dfrac{\mathrm{d}w(t)}{\mathrm{d}t} = \beta_5 y(t-\tau_2) + \alpha_6 w(t) \\[3mm]
\dfrac{\mathrm{d}s(t)}{\mathrm{d}t} = \beta_6 \theta(t) - \alpha_7 s(t)\dfrac{w(t)^{n_2}}{w(t)^{n_2}+T_2^{n_2}} - \alpha_8 s(t)
\end{cases} \qquad (5.3.1)
$$

其中，x、y、m、w 和 s 分别表示失活的 p53、有活性的 p53、Mdm2、Wip1 和 Signal 的浓度。我们的模型与 Geva-Zatorsky 等[96] 的模型基本相似，但有一个关键的区别。在 Geva-Zatorsky 等的模型中，他们不知道 Signal 抑制剂的本质，所以选择了与 Mdm2 具有相同动力学的抑制剂模型来描述这个假设的抑制剂；相反，在模型中，我们知道这个抑制剂是 Wip1，并且有明确的参数来描述它。其中，β_i 指生成速率；τ_2 指 Wip1 蛋白合成需要的时间；α_i 描述的是降解速率。所有这些都说明它与 Mdm2 是不同的。在我们的模型中，Signal 也负向调节 Mdm2，这对应于通过 ATM 使 Mdm2 失活[122]。从这些方面考虑，我们的模型与文献[110] 中的更相似。另外，$\theta(t)$ 是一个跳跃函数，当基因损伤存在时它等于 1，没有基因损伤时取 0[96]。

结合数值和理论的方法，我们接下来系统地研究 p53 网络的动力学行为。在表 5.3 中给出了所有的速率常数，除非参数是变化的或者特别说明，否则表中的参数适用于下面的所有计算和模拟。

表 5.3　数学模型的参数取值

参数	说明	取值	文献
β_1	无活性 p53 的生成率	$0.9\,\mathrm{h}^{-1}$	[110]
β_2	ATM 对 p53 的激活率	$10\,\mathrm{h}^{-1}$	[110]
β_3	p53 诱导的 Mdm2 生成率	$0.9\,\mathrm{h}^{-1}$	[110]
β_4	不依赖于 p53 的 Mdm2 生成率	$0.2\,\mathrm{h}^{-1}$	[110]
β_5	p53 诱导的 Wip1 生成率	$0.25\,\mathrm{h}^{-1}$	[110]
β_6	Signal 生成率	$10\,\mathrm{h}^{-1}$	[110]
α_1	Mdm2 诱导的非活性 p53 的降解率	$5\,\mathrm{h}^{-1}$	[110]
α_2	非活性 p53 的降解率	$2\,\mathrm{h}^{-1}$	[110]
α_3	Mdm2 诱导的活性 p53 的降解率	$1.4\,\mathrm{h}^{-1}$	[110]
α_4	Signal 诱导的 Mdm2 失活率	$0.5\,\mathrm{h}^{-1}$	[110]
α_5	Mdm2 降解率	$1\,\mathrm{h}^{-1}$	[110]
α_6	Wip1 降解率	$0.7\,\mathrm{h}^{-1}$	[110]
α_7	Wip 诱导的 Signal 失活率	$50\,\mathrm{h}^{-1}$	[110]
α_8	Signal 降解率	$7.5\,\mathrm{h}^{-1}$	[110]
n_1	Signal 抑制活性 p53 产生的 Hill 系数	4	[110]
n_2	Signal 抑制的 Hill 系数	4	[110]
T_1	p53 激活阈值	$1C_s^{-1}$	[110]
T_2	Signal 抑制阈值	$0.2C_s^{-1}$	[110]
τ_1	Mdm2 合成的时滞	0.6h	[96]
τ_2	Wip1 合成的时滞	1.25h	[110]
$\theta(t)$	跳跃函数	0 或 1	[96]

5.3.2　模型正平衡点的稳定性和 Hopf 分支存在性

在本书中，由于原系统中有两个时滞，但经过分析发现只有一个时滞起决定作用，为了降低计算复杂性，假设 $\tau_1 = \tau_2 = \tau$；另外，因为在讨论时，我们始终认为基因损伤信号是存在的，所以我们让 $\theta(t) = 1$。这些假设并不会改变研究结果的准确性，根据这些规定，我们的系统变成

$$\begin{cases} \dfrac{\mathrm{d}x(t)}{\mathrm{d}t} = \beta_1 - \alpha_1 m(t)x(t) - \beta_2 x(t)\dfrac{s(t)^{n_1}}{s(t)^{n_1} + T_1^{n_1}} - \alpha_2 x(t) \\[3mm] \dfrac{\mathrm{d}y(t)}{\mathrm{d}t} = \beta_2 x(t)\dfrac{s(t)^{n_1}}{s(t)^{n_1} + T_1^{n_1}} - \alpha_3 m(t)y(t) \\[3mm] \dfrac{\mathrm{d}m(t)}{\mathrm{d}t} = \beta_3 y(t-\tau) + \beta_4 - \alpha_4 s(t)m(t) - \alpha_5 m(t) \\[3mm] \dfrac{\mathrm{d}w(t)}{\mathrm{d}t} = \beta_5 y(t-\tau) + \alpha_6 w(t) \\[3mm] \dfrac{\mathrm{d}s(t)}{\mathrm{d}t} = \beta_6 - \alpha_7 s(t)\dfrac{w(t)^{n_2}}{w(t)^{n_2} + T_2^{n_2}} - \alpha_8 s(t) \end{cases} \tag{5.3.2}$$

显然，系统 (5.3.2) 存在一个正平衡点，我们用 $P^* = (X^*, Y^*, M^*, W^*, S^*)$ 表示。然后，令 $\overline{x}(t) = x(t) - X^*$，$\overline{y}(t) = y(t) - Y^*$，$\overline{m}(t) = m(t) - M^*$，$\overline{w}(t) = w(t) - W^*$，$\overline{s}(t) = x(t) - S^*$，并仍用 x、y、m、w、s 来表示 $\overline{x}(t)$、$\overline{y}(t)$、$\overline{m}(t)$、$\overline{w}(t)$、$\overline{s}(t)$，则系统 (5.3.2) 变为

$$\begin{cases} \dfrac{\mathrm{d}x(t)}{\mathrm{d}t} = -C_1 x(t) - \alpha_1 X^* m(t) - C_2 s(t) - \beta_2 f_1'(S^*)s(t)x(t) \\[2mm] \qquad\quad - \beta_2 (s(t) + S^*)\sum_{i=2}^{\infty}\dfrac{1}{i!}f_1^i(S^*)s^i(t) \\[3mm] \dfrac{\mathrm{d}y(t)}{\mathrm{d}t} = C_3 x(t) - \alpha_3 M^* y(t) - \alpha_3 Y^* m(t) + C_2 s(t) + \beta_2 f_1'(S^*) \\[2mm] \qquad\quad \times s(t)x(t) - \alpha_3 m(t)y(t) + \beta_2\left[s(t) + S^*\right]\sum_{i=2}^{\infty}\dfrac{1}{i!}f_1^i(S^*)s^i(t) \\[3mm] \dfrac{\mathrm{d}m(t)}{\mathrm{d}t} = \beta_3 y(t-\tau) - C_4 m(t) - \alpha_4 M^* s(t) - \alpha_4 s(t)m(t) \\[3mm] \dfrac{\mathrm{d}w(t)}{\mathrm{d}t} = \beta_5 y(t-\tau) + \alpha_6 w(t) \\[3mm] \dfrac{\mathrm{d}s(t)}{\mathrm{d}t} = -C_5 w(t) - C_6 s(t) - \alpha_7 f_2'(W^*)w(t)s(t) - \alpha_7\left[w(t) + W^*\right] \\[2mm] \qquad\quad \times \sum_{i=2}^{\infty}\dfrac{1}{i!}f_1^i(W^*)w^i(t) \end{cases} \tag{5.3.3}$$

其中，

$$C_1 = \alpha_2 + \alpha_1 M^* + \beta_2 f_1(S^*),\ C_2 = \beta_2 f_1'(S^*)X^*,\ C_3 = \beta_2 f_1(S^*)$$
$$C_4 = \alpha_5 + \alpha_4 S^*,\ C_5 = \alpha_7 f_2'(W^*)S^*,\ C_6 = \alpha_8 + \alpha_7 f_2(w^*)$$

系统 (5.3.2) 的正平衡点 $P^* = (X^*, Y^*, M^*, W^*, S^*)$ 可转化为系统 (5.3.3) 的零点平衡点 $P^0 = (0,\ 0,\ 0,\ 0,\ 0)$。而且系统 (5.3.3) 的线性化方程为

$$\begin{cases} \dfrac{\mathrm{d}x(t)}{\mathrm{d}t} = -C_1 x(t) - \alpha_1 X^* m(t) - C_2 s(t) \\[2mm] \dfrac{\mathrm{d}y(t)}{\mathrm{d}t} = C_3 x(t) - \alpha_3 M^* y(t) - \alpha_3 Y^* m(t) + C_2 s(t) \\[2mm] \dfrac{\mathrm{d}m(t)}{\mathrm{d}t} = \beta_3 y(t-\tau) - C_4 m(t) - \alpha_4 M^* s(t) \\[2mm] \dfrac{\mathrm{d}w(t)}{\mathrm{d}t} = \beta_5 y(t-\tau) + \alpha_6 w(t) \\[2mm] \dfrac{\mathrm{d}s(t)}{\mathrm{d}t} = -C_5 w(t) - C_6 s(t) \end{cases} \tag{5.3.4}$$

线性化方程 (5.3.4) 的特征方程是

$$\det \begin{pmatrix} \lambda + C_1 & 0 & \alpha_1 X^* & 0 & C_2 \\ -C_3 & \lambda + \alpha_3 M^* & \alpha_3 Y^* & 0 & -C_2 \\ 0 & -\beta_3 \mathrm{e}^{-\lambda\tau} & \lambda + C_4 & 0 & \alpha_4 M^* \\ 0 & -\beta_5 \mathrm{e}^{-\lambda\tau} & 0 & \lambda + \alpha_6 & 0 \\ 0 & 0 & 0 & C_5 & \lambda + C_6 \end{pmatrix} = 0 \tag{5.3.5}$$

则可以推出

$$\lambda^5 + k_1 \lambda^4 + k_2 \lambda^3 + k_3 \lambda^2 + k_4 \lambda + k_5 + F_1 \lambda^3 \mathrm{e}^{-\lambda\tau} + F_2 \lambda^2 \mathrm{e}^{-\lambda\tau} + F_3 \lambda \mathrm{e}^{-\lambda\tau} + F_4 \mathrm{e}^{-\lambda\tau} = 0 \tag{5.3.6}$$

其中,

$$k_1 = C_1 + C_4 + C_6 + M^* \alpha_3 + \alpha_6$$

$$k_2 = C_1 C_4 + C_1 C_6 + C_4 C_6 + C_1 M^* \alpha_3 + C_4 M^* \alpha_3 + C_6 M^* \alpha_3 + C_1 \alpha_6 + C_4 \alpha_6 \\ + C_6 \alpha_6 + M^* \alpha_3 \alpha_6$$

$$k_3 = C_1 C_4 C_6 + C_1 C_4 M^* \alpha_3 + C_1 C_6 M^* \alpha_3 + C_4 C_6 M^* \alpha_3 + C_1 C_4 \alpha_6 + C_1 C_6 \alpha_6 \\ + C_4 C_6 \alpha_6 + C_1 M^* \alpha_3 \alpha_6 + C_4 M^* \alpha_3 \alpha_6 + C_6 M^* \alpha_3 \alpha_6$$

$$k_4 = C_1 C_4 C_6 M^* \alpha_3 + C_1 C_4 C_6 \alpha_6 + C_1 C_4 M^* \alpha_3 \alpha_6 + C_1 C_6 M^* \alpha_3 \alpha_6 + C_4 C_6 M^* \alpha_3 \alpha_6$$

$$k_5 = C_1 C_4 C_6 M^* \alpha_3 \alpha_6$$

$$F_1 = Y^* \alpha_3 \beta_3$$

$$F_2 = C_3 X^* \alpha_1 \beta_3 + C_1 Y^* \alpha_3 \beta_3 + C_6 Y^* \alpha_3 \beta_3 + Y^* \alpha_3 \alpha_6 \beta_3 + C_2 C_5 \beta_5$$

$$F_3 = C_3 C_6 X^* \alpha_1 \beta_3 + C_1 C_6 Y^* \alpha_3 \beta_3 + C_3 X^* \alpha_1 \alpha_6 \beta_3 + C_1 Y^* \alpha_3 \alpha_6 \beta_3 + C_6 Y^* \alpha_3 \alpha_6 \beta_3 \\ + C_1 C_2 C_5 \beta_5 - C_2 C_3 C_5 \beta_5 + C_2 C_4 C_5 \beta_5 + C_5 M^* Y^* \alpha_3 \alpha_4 \beta_5$$

$$F_4 = C_3 C_6 X^* \alpha_1 \alpha_6 \beta_3 + C_1 C_6 Y^* \alpha_3 \alpha_6 \beta_3 + C_1 C_2 C_4 C_5 \beta_5 - C_2 C_3 C_4 C_5 \beta_5 \\ + C_3 C_5 M^* X^* \alpha_1 \alpha_4 \beta_5 + C_1 C_5 M^* Y^* \alpha_3 \alpha_4 \beta_5$$

假设 $\mathrm{i}\omega$ 是方程 (5.3.6) 的一个根, 则 ω 必须满足

$$\begin{aligned} & \mathrm{i}\omega^5 + k_1 \omega^4 - \mathrm{i}k_2 \omega^3 - k_3 \omega^2 + \mathrm{i}k_4 \omega + k_5 - \mathrm{i}F_1 \omega^3 (\cos\omega\tau - \mathrm{i}\sin\omega\tau) \\ & - F_2 \omega^2 (\cos\omega\tau - \mathrm{i}\sin\omega\tau) + \mathrm{i}F_3 \omega (\cos\omega\tau - \mathrm{i}\sin\omega\tau) + F_4 (\cos\omega\tau - \mathrm{i}\sin\omega\tau) = 0 \end{aligned} \tag{5.3.7}$$

分离实部和虚部, 得到

$$\begin{cases} k_5 - k_3\omega^2 + k_1\omega^4 = (F_2\omega^2 - F_4)\cos\omega\tau + (F_1\omega^3 - F_3\omega)\sin\omega\tau \\ k_4\omega - k_2\omega^3 + \omega^5 = (F_1\omega^3 - F_3\omega)\cos\omega\tau - (F_2\omega^2 - F_4)\sin\omega\tau \end{cases} \quad (5.3.8)$$

则

$$\begin{cases} \cos\omega\tau = \dfrac{F_4 k_5 + (F_3 k_4 - F_4 k_3 - F_2 k_5)\omega^2 + (F_4 k_1 - F_3 k_2 + F_2 k_3 - F_1 k_4)\omega^4}{(F_4 - F_2\omega^2)(F_2\omega^2 - F_4) - (F_3\omega - F_1\omega^3)^2} \\ \qquad + \dfrac{(F_3 - F_2 k_1 + F_1 k_2)\omega^6 - F_1\omega^8}{(F_4 - F_2\omega^2)(F_2\omega^2 - F_4) - (F_3\omega - F_1\omega^3)^2} \\ \sin w\tau = \dfrac{(F_3\omega - F_1\omega)(k_5 - k_3\omega^2 + k_1\omega^4) - (F_4 - F_2\omega^2)(k_4\omega - K_2\omega^3 + \omega^5)}{(F_4 - F_2\omega^2)(F_2\omega^2 - F_4) - (F_3\omega - F_1\omega^3)^2} \end{cases} \quad (5.3.9)$$

把式(5.3.9)中第一、第二式左右两边的平方分别加起来，则有

$$b_1 + b_2\omega^2 + b_3\omega^4 + b_4\omega^6 + b_5\omega^8 + \omega^{10} = 0 \quad (5.3.10)$$

其中，

$$b_1 = k_5^2 - F_4^2$$
$$b_2 = 2F_2 F_4 + k_4^2 - F_3^2 - 2k_3 k_5$$
$$b_3 = 2k_1 k_5 + 2F_1 F_3 + k_3^2 - F_2^2 - 2k_2 k_4$$
$$b_4 = 2k_4 + k_2^2 - F_1^2 - 2k_1 k_3$$
$$b_5 = k_1^2 - 2k_2$$

如果假设

(H1) $b_1 < 0$ ， $b_2 > 0$ ， $b_3 > 0$ ， $b_4 > 0$ ， $b_5 > 0$

成立，则方程(5.3.10)有唯一的一个正根 w_0 。

定义

$$\tau_0 = \frac{1}{\omega_0}\arccos\left[\frac{F_4 k_5 + (F_3 k_4 - F_4 k_3 - F_2 k_5)\omega^2}{(F_4 - F_2\omega^2)(F_2\omega^2 - F_4) - (F_3\omega - F_1\omega^3)^2}\right.$$

$$\left. + \frac{(F_4 k_1 - F_3 k_2 + F_2 k_3 - F_1 k_4)\omega^4 + (F_3 - F_2 k_1 + F_1 k_2)\omega^6 - F_1\omega^8}{(F_4 - F_2\omega^2)(F_2\omega^2 - F_4) - (F_3\omega - F_1\omega^3)^2}\right] \quad (5.3.11)$$

因此，当 $\tau = \tau_0$ 时，方程(5.3.6)有一对纯虚根 $\pm i\omega_0$ ，其他所有根都有负实部。

进一步，令 $\lambda(\tau) = v(\tau) + i\omega(\tau)$ 是方程(5.3.6)的一个根。当 $\tau = \tau_0$ 时，满足 $v(\tau_0) = 0$ 和 $\omega(\tau_0) = \omega_0$ ，则有 $(d\mathrm{Re}(\lambda)/d\tau)\big|_{\tau=\tau_0} > 0$ 。证明如下：

把 $\lambda(\tau)$ 带入方程(5.3.6)右边并对 τ 求导，则有

$$\left(\frac{d(\lambda)}{d\tau}\right)^{-1} = \frac{5\lambda^4 + 4k_1\lambda^3 + 3k_2\lambda^2 + 2k_3\lambda + k_4 + (3F_1\lambda^2 + 2F_2\lambda + F_3)e^{(-\lambda\tau)}}{-(\lambda^5 + k_1\lambda^4 + k_2\lambda^3 + k_3\lambda^2 + k_4\lambda + k_5)\lambda} - \frac{\tau}{\lambda}$$

然后，得到

$$\left(\frac{d\mathrm{Re}\lambda(\tau)}{d\tau}\right)^{-1}\bigg|_{\tau=\tau_0} = \frac{\omega_0^2(P+Q)+R}{B_1^2 + B_2^2}$$

其中,

$$P = k_4^2 - 2k_3k_5 + \left(2k_3^2 - 4k_2k_4 + 4k_1k_5\right)\omega^2 + \left(3k_2^2 - 6k_1k_3 + 6k_4\right)\omega^3 + \left(4k_1^2 - 8k_2\right)\omega^4 + 5\omega^5$$

$$Q = F_3k_4 - 2F_2k_5 + \left(-F_3k_2 + 2F_2k_3 - 3F_1k_4\right)\omega^2 + \left(F_3 - 2F_2k_1 + 3F_1k_2\right)\omega^3 - 3F_1\omega^4$$

$$R = F_3k\omega + 2F_2k_4 - F_3k_3 - 3F_1k_5)\omega^3 + \left(F_3k_1 - 2F_2k_2 + F_1k_3\right)\omega^5 + \left(2F_2 - 3F_1k_1\right)\omega^7$$

$$B_1 = k_5\omega - k_3\omega^3 + k_1\omega^5$$

$$B_2 = \omega^6 + k_4\omega^2 - k_2\omega^4$$

显然, 若

$$(\text{H2}) \quad \omega_0^2(P+Q) + R > 0$$

满足, 则

$$\text{sign}\left\{\frac{\text{dRe}(\lambda)}{\text{d}\tau}\bigg|\tau = \tau_0\right\} = \text{sign}\left\{\left(\frac{\text{dRe}(\lambda)}{\text{d}\tau}\right)^{-1}\bigg|\tau = \tau_0\right\} > 0$$

结果说明, 当 $0 \leqslant \tau < \tau_0$ 时, 系统平衡点 $P^* = (X^*, Y^*, M^*, W^*, S^*)$ 渐近稳定。当 $\tau > \tau_0$ 时则产生震荡。显然, 系统 (5.3.2) 在平衡点 $P^* = (X^*, Y^*, M^*, W^*, S^*)$ 处当 $\tau = \tau_0$ 时经历了 Hopf 支。

结合以上的讨论, 我们知道, 存在一个临界值 τ_0, 如果 τ_0 小于 p53-Mdm2 网络中的时间延迟, 则说明系统会一直振荡, 反之则只会表现出稳定的状态。显然, 临界值 τ_0 对于确定 p53-Mdm2 网络的稳定性和振荡性是必不可少的。这与 5.2 节的理论结果一致。

5.3.3　p53 基因调控网络 Hopf 分支的方向和稳定性

通过前面的讨论, 我们已经知道时间延迟可以诱导 p53-Mdm2 网络中的基因表达变振荡, 并且在平衡点 $P^* = (X^*, Y^*, M^*, W^*, S^*)$ 处存在 Hopf 分支。在本节中, 为了验证振荡机制的性质, 我们进一步研究系统 (5.3.2) Hopf 分岔的方向和稳定性。为了保证上述 Hopf 分支的存在, 我们总是假定 (H1)、(H2) 都成立。令 $\tau = \gamma + \tau_0$, 则 $\gamma = 0$ 是系统 (5.3.2) 的 Hopf 分支值, 通过时间尺度 $t \to \left(\dfrac{t}{\tau}\right)$ 进行规范化, 则系统 (5.3.2) 变为

$$\begin{cases} \dfrac{\text{d}x(t)}{\text{d}t} = (\tau_0 + \gamma)\left\{-C_1x(t) - \alpha_1X^*m(t) - C_2s(t) - \beta_2f_1'(S^*)s(t)x(t) - \beta_2\left[s(t) + S^*\right]\sum_{i=2}^{\infty}\dfrac{1}{i!}f_1^i(S^*)s^i(t)\right\} \\[3mm] \dfrac{\text{d}y(t)}{\text{d}t} = (\tau_0 + \gamma)\left\{C_3x(t) - \alpha_3M^*y(t) - \alpha_3Y^*m(t) + C_2s(t) + \beta_2f_1'(S^*) \right. \\[3mm] \qquad\qquad\left. \times s(t)x(t) - \alpha_3m(t)y(t) + \beta_2\left[s(t) + S^*\right]\sum_{i=2}^{\infty}\dfrac{1}{i!}f_1^i(S^*)s^i(t)\right\} \\[3mm] \dfrac{\text{d}m(t)}{\text{d}t} = (\tau_0 + \gamma)\left[\beta_3y(t-\tau) - C_4m(t) - \alpha_4M^*s(t) - \alpha_4s(t)m(t)\right] \\[3mm] \dfrac{\text{d}w(t)}{\text{d}t} = (\tau_0 + \gamma)\left[\beta_5y(t-\tau) - \alpha_6w(t)\right] \\[3mm] \dfrac{\text{d}s(t)}{\text{d}t} = (\tau_0 + \gamma)\left\{-C_5w(t) - C_6s(t) - \alpha_7f_2'(W^*)w(t)s(t) - \alpha_7\left[w(t) + W^*\right] \times \sum_{i=2}^{\infty}\dfrac{1}{i!}f_2^i(W^*)w^i(t)\right\} \end{cases}$$

$$(5.3.12)$$

令 $U = (u_1(t), u_2(t), u_3(t), u_4(t), u_5(t))^T$ 并定义 $C = C([-1,0], R^5)$，则系统 (2.3.18) 变为

$$\dot{U} = L_\gamma(U_t) + f(\gamma, U_t) \tag{5.3.13}$$

分别用以下方程定义线性算子 $L_\gamma : C \to R^5$ 和非线性算子 $f : R \times C \to R^5$，

$$
L_\gamma(\phi) = (\tau_0 + \gamma)
\begin{pmatrix}
-C_1 & 0 & -\alpha_1 X^* & 0 & -C_2 \\
C_3 & -\alpha_3 M^* & -\alpha_3 Y^* & 0 & C_2 \\
0 & 0 & -C_4 & 0 & -\alpha_4 M^* \\
0 & 0 & 0 & -\alpha_6 & 0 \\
0 & 0 & 0 & -C_5 & -C_6
\end{pmatrix}
\begin{pmatrix}
\phi_1(0) \\
\phi_2(0) \\
\phi_3(0) \\
\phi_4(0) \\
\phi_5(0)
\end{pmatrix}
$$

$$
+ (\tau_0 + \gamma)
\begin{pmatrix}
0 & 0 & 0 & 0 & 0 \\
0 & 0 & 0 & 0 & 0 \\
0 & \beta_3 & 0 & 0 & 0 \\
0 & \beta_5 & 0 & 0 & 0 \\
0 & 0 & 0 & 0 & 0
\end{pmatrix}
\begin{pmatrix}
\phi_1(-1) \\
\phi_2(-1) \\
\phi_3(-1) \\
\phi_4(-1) \\
\phi_5(-1)
\end{pmatrix}
\tag{5.3.14}
$$

和

$$
f(\gamma, \phi) = (\tau_0 + \gamma)
\begin{pmatrix}
-\beta_2 f_1'(S^*) \phi_1(0) \phi_5(0) - \beta_2 \left[\phi_5(0) + S^* \right] \times \sum_{i=2}^{\infty} \frac{1}{i!} f_1^i(S^*) \phi_5(0)^i(t) \\[2mm]
\left\{ \beta_2 f_1'(S^*) \times \phi_1(0) \phi_5(0) - \alpha_3 \phi_2(0) \phi_3(0) + \beta_2 \left[\phi_5(0) + S^* \right] \sum_{i=2}^{\infty} \frac{1}{i!} f_1^i(S^*) \phi_5(0)^i(t) \right\} \\[2mm]
-\alpha_4 \phi_3(0) \phi_5(0) \\[2mm]
0 \\[2mm]
\left\{ -\alpha_7 f_2'(W^*) \phi_4(0) \phi_5(0) - \alpha_7 \left[\phi_4(0) + W^* \right] \times \sum_{i=2}^{\infty} \frac{1}{i!} f_2^i(W^*) \phi_4(0)^i(t) \right\}
\end{pmatrix}
\tag{5.3.15}
$$

其中 $\phi = (\phi_1(t), \phi_2(t), \phi_3(t), \phi_4(t), \phi_5(t))^T \in C$。通过 Riesz 表示定理，存在一个 5×5 矩阵函数 $\eta(\theta, \gamma)$，$-1 \leqslant \theta \leqslant 0$ 使得

$$L_\gamma \phi = \int_{-1}^{0} d\eta(\theta, \gamma) \phi(\theta), \ \theta \in C([-1,0], R^5) \tag{5.3.16}$$

因此，我们可以选择

$$
\eta(\theta, \gamma) = (\tau_0 + \gamma)
\begin{pmatrix}
-C_1 & 0 & -\alpha_1 X^* & 0 & -C_2 \\
C_3 & -\alpha_3 M^* & -\alpha_3 Y^* & 0 & C_2 \\
0 & 0 & -C_4 & 0 & -\alpha_4 M^* \\
0 & 0 & 0 & -\alpha_6 & 0 \\
0 & 0 & 0 & -C_5 & -C_6
\end{pmatrix}
\delta(\theta)
$$

$$
+ (\tau_0 + \gamma)
\begin{pmatrix}
0 & 0 & 0 & 0 & 0 \\
0 & 0 & 0 & 0 & 0 \\
0 & \beta_3 & 0 & 0 & 0 \\
0 & \beta_5 & 0 & 0 & 0 \\
0 & 0 & 0 & 0 & 0
\end{pmatrix}
\delta(\theta + 1)
\tag{5.3.17}
$$

其中，$\delta(\theta)$ 是狄拉克函数。对于 $\phi \in C^1([-1,0],R^5)$，定义

$$A(\gamma)\phi = \begin{cases} \dfrac{\mathrm{d}\phi(\theta)}{\mathrm{d}\theta}, & \theta \in [-1,0) \\ \displaystyle\int_{-1}^0 \mathrm{d}\eta(\gamma,\theta)\phi(\theta), & \theta = 0 \end{cases} \tag{5.3.18}$$

且

$$R(\gamma)\phi = \begin{cases} 0, & \theta \in [-1,0) \\ f(\gamma,\theta), & \theta = 0 \end{cases} \tag{5.3.19}$$

为了研究 Hopf 分支，将方程 (5.3.13) 转化为如下算子方程

$$\dot{U} = A(\gamma)U_t + R(\gamma)U_t \tag{5.3.20}$$

其中，$U_t(\theta) = U(t+\theta)$。对于 $\phi \in C^1([-1,0](R^5)^*)$，定义

$$A^*\psi(s) = \begin{cases} \dfrac{-\mathrm{d}\psi(s)}{\mathrm{d}s}, & s \in (0,-1] \\ \displaystyle\int_{-1}^0 \psi(-t)\mathrm{d}\eta^T(t,0)\psi(-t), & s = 0 \end{cases} \tag{5.3.21}$$

以及一个双线性内积

$$\langle \psi(s),\phi(\theta)\rangle = \bar{\psi}(0)\phi(0) - \int_{-1}^0\int_{\xi=0}^\theta \bar{\psi}(\xi-\theta)\mathrm{d}\eta(\theta)\phi(\xi)\mathrm{d}\xi \tag{5.3.22}$$

其中，$\eta(\theta) = \eta(\theta,0)$。然后 $A(0)$ 和 $A^*(0)$ 是伴随算子。另外，由 5.2 节内容，我们知道 $\pm i\omega_0\tau_0$ 是 $A(0)$ 的特征值。因此，它们也是 $A^*(0)$ 的特征值。令 $q(\theta)$ 是对应于 $i\omega\tau_0$ 的 $A(0)$ 的特征向量，$q^*(s)$ 是对应于 $-\omega\tau_0$ 的 $A^*(0)$ 的特征向量。又令 $q(\theta) = (1,v_1,v_2,v_3,v_4)e^{i\omega_0\tau_0\theta}$ 和 $q^*(s) = (1,v_1^*,v_2^*,v_3^*,v_4^*)e^{i\omega_0\tau_0 s}$，可以得到 $A(0)q(0) = i\omega_0\tau_0 q(0)$ 和 $A^*(0)q^*(0) = -i\omega_0\tau_0 q^*(0)$，则有

$$q(\theta) = e^{i\omega_0\tau_0\theta}\left(1,\frac{D_2(i\omega_0+\alpha_6)}{D_1\beta_5},\frac{C_2C_5D_2e^{-i\omega_0\tau_0}}{(C_6+iw_0X^*\alpha_1D_1)}-\frac{C_1+i\omega_0}{X^*\alpha_1},\frac{D_2e^{-i\omega_0\tau_0}}{D_1},\frac{-C_5D_2e^{-i\omega_0\tau_0}}{D_1(C_6+iw_0)}\right)$$

$$q^*(s) = Ge^{i\omega_0\tau_0 s}\left(1,\frac{C_1-i\omega_0}{C_3},\frac{C_3\alpha_1X^*+C_1\alpha_3Y^*-\alpha_3Y^*i\omega_0}{C_3(i\omega_0-C_4)},\frac{C_5D_3}{D_4(\omega+i\alpha_6)},\frac{D_3}{D_4}\right)$$

其中，

$$D_1 = (C_6+i\omega_0)X^*\alpha_1(i\omega_0+M^*\alpha_3)(i\omega_0+\alpha_6)+C_2C_5(X^*\alpha_1+Y^*\alpha_3)\beta_5 e^{-i\omega_0\tau_0}$$
$$D_2 = (C_6+i\omega_0)[C_3X^*\alpha_1+(C_1+i\omega_0)Y^*\alpha_3]\beta_5$$
$$D_3 = C_2(C_4-i\omega_0)(C_3-C_1+i\omega_0)-M^*[C_3X^*\alpha_1+(C_1-i\omega_0)Y^*\alpha_3]\alpha_4$$
$$D_4 = C_3(iC_4+\omega_0)(iC_6+\omega_0)$$

因为

$$\langle q^*,q\rangle = \bar{q}^*(0)\cdot q(0) - \int_{-1}^0\int_{\xi=0}^\theta \bar{q}^*(\xi-\theta)\mathrm{d}\eta(\theta)q(\xi)\mathrm{d}\xi$$
$$= \bar{G}[(1+v_1\bar{v}_1^*+v_2\bar{v}_2^*+v_3\bar{v}_3^*+v_4\bar{v}_4^*)+v_1\tau_0 e^{-i\omega_0\tau_0}(\beta_3\bar{v}_2^*+\beta_5\bar{v}_3^*)]$$

我们可以分别让 $\bar{G}$ 和 G 取

$$\overline{G} = \frac{1}{(1 + v_1\overline{v_1}^* + v_2\overline{v_2}^* + v_3\overline{v_3}^* + v_4\overline{v_4}^*) + v_1\tau_0\mathrm{e}^{-\mathrm{i}\omega_0\tau_0}(\beta_3\overline{v_2}^* + \beta_5\overline{v_3}^*)} \tag{5.3.23}$$

$$G = \frac{1}{(1 + \overline{v_1}v_1^* + \overline{v_2}v_2^* + \overline{v_3}v_3^* + \overline{v_4}v_4^*) + \overline{v_1}\tau_0\mathrm{e}^{-\mathrm{i}\omega_0\tau_0}(\beta_3 v_2^* + \beta_5 v_3^*)}$$

它们可以确保 $\langle q^*(s), q(\theta)\rangle = 1$。用与 Hassard 等[51]同样的方法,我们首先通过计算在 $\gamma = 0$ 的坐标来描述中心流形 C_0。当 $\gamma = 0$ 时,令 U_t 是方程 (5.3.13) 的一个解。定义

$$\begin{cases} z(t) = <q^*, x_t> \\ W(t, \theta) = U_t(\theta) - 2\mathrm{Re}\{z(t)q(\theta)\} \end{cases} \tag{5.3.24}$$

在中心流形 C_0 上,有 $W(t, \theta) = W(z(t), \overline{z}(t), \theta)$,其中,

$$W(z, \overline{z}, \theta) = W_{20}(\theta)\frac{z^2}{2} + W_{11}(\theta)z\overline{z} + W_{02}(\theta)\frac{\overline{z_2}}{2} + \cdots \tag{5.3.25}$$

事实上,$z(t)$ 和 $\overline{z}(t)$ 分别是中心流行 C_0 在 q^* 和 $\overline{q}^*$ 方向上的局部坐标。注意到若 $W(t, \theta)$ 是实数,则我们只需要求出一个实根。

对于方程 (5.3.23) 的解 $u_t \in C_0$,由于 $\gamma = 0$,结合方程 (5.3.24),可以得到

$$\begin{aligned}
\dot{z}(t) &= <q^*, \dot{U}_t> = <q^*, A(0)U_t + R(0)U_t> \\
&= <A^*(0)q^*, U_t> + <q^*, f(0, U_t)> \\
&= \mathrm{i}\omega_0\tau_0 z(t) + \overline{q}^*(0)f[0, W(z, \overline{z}, \theta)] + 2\mathrm{Re}\{z(t), q(\theta)\} \\
&= \mathrm{i}\omega_0\tau_0 z(t) + \overline{q}^*(0)f_0
\end{aligned} \tag{5.3.26}$$

等价于

$$\dot{z}(t) = \mathrm{i}\omega_0\tau_0 z(t) + g(z, \overline{z}) \tag{5.3.27}$$

其中,

$$g(z, \overline{z}) = g_{20}\frac{z^2}{2} + g_{11}z\overline{z} + g_{02}\frac{\overline{z}^2}{2} + g_{21}\frac{z^2\overline{z}}{2}\cdots \tag{5.3.28}$$

因此,根据方程 (5.3.24) 和方程 (5.3.25),有

$$U_t = W(t, \theta) + 2\mathrm{Re}z(t)q(\theta)$$

$$= W_{20}(\theta)\frac{z^2}{2} + W_{11}(\theta)z\overline{z} + W_{02}(\theta)\frac{\overline{z}^2}{2} + (1, v_1, v_2, v_3, v_4)\mathrm{e}^{\mathrm{i}\omega_0\tau_0\theta}z \tag{5.3.29}$$

$$+ (1, \overline{v_1}, \overline{v_2}, \overline{v_3}, \overline{v_4})\mathrm{e}^{-\mathrm{i}\omega_0\tau_0\theta}\overline{z} + \cdots$$

把方程 (5.3.15) 和方程 (5.3.29) 代入方程 (5.3.28),有

$$g(z, \overline{z}) = \overline{q}^* f_0(z, \overline{z}) = \overline{q}^* f(0, U_t) = \overline{G}\tau_0(1, \overline{v_1}^*, \overline{v_2}^*, \overline{v_3}^*, \overline{v_4}^*)$$

$$\times \begin{pmatrix} -\beta_2 f_1'(S^*)\phi_1(0)\phi_5(0) - \beta_2[\phi_5(0) + S^*] \times \sum_{i=2}^{\infty}\frac{1}{i!}f_1^i(S^*)\phi_5(0)^i(t) \\ \beta_2 f_1'(S^*) \times \phi_1(0)\phi_5(0) - \alpha_3\phi_2(0)\phi_3(0) + \beta_2[\phi_5(0) + S^*]\sum_{i=2}^{\infty}\frac{1}{i!}f_1^i(S^*)\phi_5(0)^i(t) \\ -\alpha_4\phi_3(0)\phi_5(0) \\ 0 \\ -\alpha_7 f_2'(W^*)\phi_4(0)\phi_5(0) - \alpha_7[\phi_4(0) + W^*] \times \sum_{i=2}^{\infty}\frac{1}{i!}f_2^i(W^*)\phi_4(0)^i(t) \end{pmatrix} \tag{5.3.30}$$

比较方程 (5.3.30) 与方程 (5.3.28) 的系数,可以得到

$$g_{20} = \bar{G}\tau_0 \Big[\beta_2 S^* f_1''(S^*) v_4^2 \bar{v}_1^* + 2f_1'(S^*) v_4 \beta_2 \bar{v}_1^* - 2f_1'(S^*) v_4 \beta_2 - S^* f_1''(S^*) v_4^2$$
$$- 2\alpha_4 v_2 v_4 \bar{v}_2^* - Z^* f_2''(W^*) v_3^2 \alpha_7 \bar{v}_4^* - 2f_2'(W^*) v_3 v_4 \alpha_7 \bar{v}_4^* - 2v_1 v_2 \alpha_3 \bar{v}_1^* \Big]$$

$$g_{11} = \bar{G}\tau_0 \Big[\beta_2 S^* f_1''(S^*) v_4 \bar{v}_4 \bar{v}_1^* + f_1'(S^*) v_4 \beta_2 \bar{v}_1^* - v_2 \alpha_3 \bar{v}_1 \bar{v}_1^* - v_1 \alpha_3 \bar{v}_2 v_1^*$$
$$+ \beta_2 f_1'(S^*) \bar{v}_4 \bar{v}_1^* - \beta_2 f_1'(S^*) v_4 - \beta_2 f_1'(S^*) \bar{v}_4 - \beta_2 S^* f_1''(S^*) v_4 \bar{v}_4 - v_4 \alpha_4 \bar{v}_2 \bar{v}_2^*$$
$$- v_2 \alpha_4 \bar{v}_4 \bar{v}_2^* - Z^* f_2''(W^*) v_3 \alpha_7 \bar{v}_3 \bar{v}_4^* - f_2'(W^*) v_4 \alpha_7 \bar{v}_3 \bar{v}_4^* - f_2'(W^*) v_3 \alpha_7 \bar{v}_4 \bar{v}_4^* \Big]$$

$$g_{02} = \bar{G}\tau_0 \Big[2f_1'(S^*) \beta_2 v_4 \bar{v}_1^* + \beta_2 S^* f_1''(S^*) \bar{v}_4^2 \bar{v}_1^* - 2f_1'(S^*) \beta_2 v_4 - S^* f_1''(S^*) \beta_2 \bar{v}_4^2$$
$$- 2\alpha_4 \bar{v}_4 \bar{v}_2 \bar{v}_2^* - Z^* f_2''(W^*) v_3^2 \alpha_7 \bar{v}_4^* - 2f_2'(W^*) v_3 v_4 \alpha_7 \bar{v}_4^* - 2\alpha_3 \bar{v}_2 \bar{v}_1 \bar{v}_1^* \Big]$$

$$g_{21} = \bar{G}\tau_0 \Big[-2\beta_2 f_1'(S^*) v_4 W_{11}^1(0) - \beta_2 f_1'(S^*) W_{20}^5(0) - 2\beta_2 f_1'(S^*) W_{11}^5(0) - 2S^* \beta_2^2 v_4 f_1''(S^*) W_{11}^5(0)$$
$$- 3\beta_2 v_4^2 f_1''(S^*) \bar{v}_4 - 2S^* \beta_2 v_4^2 f_1''(S^*) \bar{v}_4 - \beta_2 f_1'(S^*) \bar{v}_4 W_{20}^1(0)$$
$$- S^* \beta_2 f_1''(S^*) \bar{v}_4 W_{20}^5(0) - 2v_2 \alpha_3 \bar{v}_1^* W_{11}^2(0) - 2v_1 \alpha_3 \bar{v}_1^* W_{11}^3(0) + 2\beta_2 f_1'(S^*) v_4 \bar{v}_1^* W_{11}^1(0)$$
$$+ \beta_2 f_1'(S^*) v_4 \bar{v}_1^* W_{20}^5(0) + 2\beta_2 f_1'(S^*) v_4 \bar{v}_1^* W_{11}^5(0) + 2\beta_2 S^* f_1''(S^*) v_4 \bar{v}_1^* W_{11}^5(0)$$
$$+ \alpha_3 \bar{v}_1 \bar{v}_1^* W_{20}^3(0) - \alpha_3 \bar{v}_2 \bar{v}_1^* W_{20}^3(0) + 3\beta_2 f_1''(S^*) v_4^2 \bar{v}_4 \bar{v}_1^* + 2S^* \beta_2 f_1'''(S^*)$$
$$- 2v_4 \alpha_4 \bar{v}_2^* W_{11}^5(0) - \alpha_4 \bar{v}_2 \bar{v}_2^* W_{20}^5(0) - \alpha_4 \bar{v}_4 \bar{v}_2^* W_{20}^3(0) - 2Z^* f_2''(W^*) v_3 \alpha_7 \bar{v}_4^* W_{11}^4(0) v_4^2 \bar{v}_4 \bar{v}_1^*$$
$$+ \beta_2 f_1'(S^*) \bar{v}_4 \bar{v}_1^* W_{20}^1(0) + S^* \beta_2 f_1''(S^*) \bar{v}_4 \bar{v}_1^* W_{20}^5(0) - 2f_2'(W^*) v_4 \alpha_7 \bar{v}_4^* W_{11}^4(0)$$
$$- 2f_2'(W^*) v_3 \alpha_7 \bar{v}_4^* W_{11}^5(0) - 3f_2''(W^*) v_3^2 \alpha_7 \bar{v}_3 \bar{v}_4^* - 2Z^* 2f_2'''(W^*) v_3^2 \alpha_7 \bar{v}_3 \bar{v}_4^*$$
$$- f_2'(W^*) \alpha_7 \bar{v}_3 \bar{v}_4^* W_{20}^5(0) - f_2'(W^*) \alpha_7 \bar{v}_4 \bar{v}_4^* W_{20}^4(0) \Big]$$

由于 g_{21} 中 $W_{20}(\theta)$ 和 $W_{11}(\theta)$ 未知，所以仍需进一步计算。根据方程 (5.3.13) 和方程 (5.3.24)，有

$$\dot{W} = \dot{U}_t - \dot{z}q - \dot{\bar{z}}q$$
$$= A(0)U_t + R(0)U_t - \Big[i\omega_0 \tau_0 z(t) + \bar{q}^*(0) f_0(z,\bar{z}) \Big] q(\theta)$$
$$- \Big\{ -\Big[i\omega_0 \tau_0 \bar{z}(t) + \bar{q}^*(0) \bar{f}(z,\bar{z}) \Big] \bar{q}(\theta) \Big\}$$
$$= \begin{cases} A(0)W - 2R\bar{q}^*(0) f_0 q(\theta), & \theta \in [-1,0) \\ A(0)W - 2R\bar{q}^*(0) f_0 q(\theta) + f_0, & \theta = 0 \end{cases} \tag{5.3.31}$$
$$= AW + H(z,\bar{z},\theta)$$

其中，

$$H(z,\bar{z},\theta) = H_{20}(\theta)\frac{z^2}{2} + H_{11}(\theta)z\bar{z} + H_{02}(\theta)\frac{\bar{z}^2}{2} + \cdots \tag{5.3.32}$$

再根据方程 (5.2.26)，可以得到

$$\dot{W} = \dot{W}_z \dot{z}(t) + \dot{W}_{\bar{z}} \dot{\bar{z}},$$
$$= \Big[W_{20}(\theta)z + W_{11}(\theta)\bar{z} + \cdots \Big]\Big[i\omega_0 \tau_0 z(t) + g(z,\bar{z}) \Big]$$
$$+ \Big[W_{11}(\theta)z + W_{02}(\theta)\bar{z} + \cdots \Big]\Big[-i\omega_0 \tau_0 \bar{z}(t) + \bar{g}(z,\bar{z}) \Big] \tag{5.3.33}$$

然后将相应的项代入方程 (5.3.31)，可以得到下列结果：

$$\dot{W} = A(0)\left[W_{20}(\theta)\frac{z^2}{2} + W_{11}(\theta)z\bar{z} + W_{02}(\theta)\frac{\bar{z}^2}{2} + \ldots \right] + H_{20}(\theta)\frac{z^2}{2} + H_{11}(\theta)z\bar{z} + H_{02}(\theta)\frac{\bar{z}^2}{2} + \cdots$$

$$= \left[A(0)W_{20}(\theta) + H_{20}(\theta) \right]\frac{z^2}{2} + \left[A(0)W_{11}(\theta) + H_{11}(\theta) \right]z\bar{z} + \left[A(0)W_{02}(\theta) + H_{02}(\theta) \right]\frac{\bar{z}^2}{2} + \cdots$$

$$(5.3.34)$$

比较方程(5.3.33)和方程(5.3.34)的系数，则有

$$\begin{cases} \left[A(0) - 2\mathrm{i}\omega_0\tau_0 \right]W_{20}(\theta) = -H_{20}(\theta) \\ A(0)W_{11}(\theta) = -H_{11}(\theta) \end{cases} \tag{5.3.35}$$

基于方程(5.3.31)，对于 $\theta \in [-1,0)$，有

$$\begin{aligned} H(z,\bar{z},\theta) &= -\bar{q}^*(0)f_0 q(\theta) - q^*(0)\bar{f}_0\bar{q}(\theta) \\ &= -g(z,\bar{z})q(\theta) - \bar{g}(z,\bar{z})\bar{q}(\theta) \\ &= -\left(g_{20}\frac{z^2}{2} + g_{11}z\bar{z} + g_{02}\frac{\bar{z}^2}{2} + g_{21}\frac{z^2\bar{z}}{2} + \cdots \right)q(\theta) \\ &\quad - \left(\bar{g}_{20}\frac{z^2}{2} + \bar{g}_{11}z\bar{z} + \bar{g}_{02}\frac{\bar{z}^2}{2} + \bar{g}_{21}\frac{\bar{z}^2 z}{2} + \cdots \right)\bar{q}(\theta) \end{aligned} \tag{5.3.36}$$

比较方程(5.3.32)和方程(5.3.36)里 z^2 和 $z\bar{z}$ 的系数，则有

$$H_{20}(\theta) = -g_{20}q(\theta) - \bar{g}_{02}\bar{q}(\theta) \tag{5.3.37}$$

和

$$H_{11}(\theta) = -g_{11}q(\theta) - \bar{g}_{11}\bar{q}(\theta) \tag{5.3.38}$$

因此，根据方程(5.3.35)和方程(5.3.37)，得到：

$$A(0)W_{20}(\theta) = 2\mathrm{i}\omega_0\tau_0 W_{20}(\theta) - H_{20}(\theta)$$

根据 $A(0)$ 的定义，有

$$\dot{W}_{20}(\theta) = 2\mathrm{i}\omega_0 W_{20}(\theta) + g_{20}q(\theta) + \bar{g}_{02}\bar{q}(\theta)$$

由于 $q(\theta) = q(0)\mathrm{e}^{\mathrm{i}\omega_0\tau_0\theta}$，因此

$$W_{20}(\theta) = \frac{\mathrm{i}g_{20}}{\omega_0\tau_0}q(0)\mathrm{e}^{\mathrm{i}\omega_0\tau_0\theta} + \frac{\mathrm{i}\bar{g}_{02}}{3\omega_0\tau_0}\bar{q}(0)\mathrm{e}^{-\mathrm{i}\omega_0\tau_0\theta} + E_1\mathrm{e}^{2\mathrm{i}\omega_0\tau_0\theta} \tag{5.3.39}$$

其中，$E_1 = (E_1^{(1)}, E_1^{(2)}, E_1^{(3)}, E_1^{(4)}, E_1^{(5)})^{\mathrm{T}}$ 是一个常数向量。同理，根据方程(5.3.35)和方程(5.3.38)，得到

$$\dot{W}_{11}(\theta) = g_{11}q(\theta) + \bar{g}_{11}\bar{q}(\theta)$$

和

$$W_{11}(\theta) = -\frac{\mathrm{i}g_{11}}{\omega_0\tau_0}q(0)\mathrm{e}^{\mathrm{i}\omega_0\tau_0\theta} + \frac{\mathrm{i}\bar{g}_{11}}{\omega_0\tau_0}\bar{q}(0)\mathrm{e}^{-\mathrm{i}\omega_0\tau_0\theta} + E_2 \tag{5.3.40}$$

其中，$E_2 = (E_1^{(1)}, E_1^{(2)}, E_1^{(3)}, E_1^{(4)}, E_1^{(5)})^{\mathrm{T}}$ 也是一个常数向量。接下来，分别计算方程(5.3.39)和方程(5.3.40)里的 E_1 和 E_2。由 A 的定义和方程(5.3.35)，可以得到

$$\int_{-1}^{0}\mathrm{d}\eta(\theta)W_{20}(\theta) = 2\mathrm{i}\omega_0 W_{20}(\theta) - H_{20}(\theta) \tag{5.3.41}$$

和

$$\int_{-1}^{0}\mathrm{d}\eta(\theta)W_{11}(\theta) = -H_{11}(\theta) \tag{5.3.42}$$

其中 $\eta(\theta) = \eta(0,\theta)$。根据方程 (5.3.31)，则有

$$H_{20}(0) = -g_{20}q(0) - \overline{g}_{02}\overline{q}(0) + \tau_0 \begin{pmatrix} -2f_1'(S^*)v_4\beta_2 - S^*f_1''(S^*)v_4^2 \\ \beta_2 S^* f_1''(S^*)v_4^2 + 2f_1'(S^*)v_4\beta_2 - 2v_1v_2\alpha_3 \\ -2\alpha_4 v_2 v_4 \\ 0 \\ -Z^* f_2''(W^*)v_3^2\alpha_7 - 2f_2'(W^*)v_3v_4\alpha_7 \end{pmatrix} \quad (5.3.43)$$

和

$$H_{11}(0) = -g_{11}q(0) - \overline{g}_{11}\overline{q}(0)$$
$$+ 2\tau_0 \begin{pmatrix} -\beta_2 f_1'(S^*)v_4 - \beta_2 f_1'(S^*)\overline{v}_4 - \beta_2 S^* f_1''(S^*)v_4\overline{v}_4 \\ \beta_2 S^* f_1''(S^*)v_4\overline{v}_4 + f_1'(S^*)v_4\beta_2 - v_2\alpha_3\overline{v}_1 - v_1\alpha_3\overline{v}_2 + \beta_2 f_1'(S^*)\overline{v}_4 \\ -v_4\alpha_4\overline{v}_2 - v_2\alpha_4\overline{v}_4 \\ 0 \\ -Z^* f_2''(W^*)v_3\alpha_7\overline{v}_3 - f_2'(W^*)v_4\alpha_7\overline{v}_3 - f_2'(W^*)v_3\alpha_7\overline{v}_4 \end{pmatrix} \quad (5.3.44)$$

因为 $i\omega_0\tau_0$ 是 $A(0)$ 的特征值，$q(0)$ 是相应的特征向量，则有

$$\left(i\omega_0\tau_0 I - \int_{-1}^{0} e^{i\omega_0\tau_0\theta} d\eta(\theta)\right)q(0) = 0 \quad (5.3.45)$$

和

$$\left(-i\omega_0\tau_0 I - \int_{-1}^{0} e^{-i\omega_0\tau_0\theta} d\eta(\theta)\right)\overline{q}(0) = 0 \quad (5.3.46)$$

因此，可以得到

$$\begin{pmatrix} 2i\omega_0 + C_1 & 0 & \alpha_1 X^* & 0 & C_2 \\ -C_3 & 2i\omega_0 + \alpha_3 M^* & \alpha_3 Y^* & 0 & -C_2 \\ 0 & -\beta_3 e^{-2i\omega_0\tau} & 2i\omega_0 + C_4 & 0 & \alpha_4 M^* \\ 0 & -\beta_5 e^{-2i\omega_0\tau} & 0 & 2i\omega_0 + \alpha_6 & 0 \\ 0 & 0 & 0 & C_5 & 2i\omega_0 + C_6 \end{pmatrix} \times E_1$$
$$= \begin{pmatrix} -2f_1'(S^*)v_4\beta_2 - S^*f_1''(S^*)v_4^2 \\ \beta_2 S^* f_1''(S^*)v_4^2 + 2f_1'(S^*)v_4\beta_2 - 2v_1v_2\alpha_3 \\ -2\alpha_4 v_2 v_4 \\ 0 \\ -Z^* f_2''(W^*)v_3^2\alpha_7 - 2f_2'(W^*)v_3v_4\alpha_7 \end{pmatrix} \quad (5.3.47)$$

和

$$\begin{pmatrix} C_1 & 0 & \alpha_1 X^* & 0 & C_2 \\ -C_3 & \alpha_3 M^* & \alpha_3 Y^* & 0 & -C_2 \\ 0 & -\beta_3 e^{-2i\omega_0\tau} & C_4 & 0 & \alpha_4 M^* \\ 0 & -\beta_5 e^{-2i\omega_0\tau} & 0 & \alpha_6 & 0 \\ 0 & 0 & 0 & C_5 & C_6 \end{pmatrix} \times E_2$$

$$= \begin{pmatrix} -\beta_2 f_1'(S^*)v_4 - \beta_2 f_1'(S^*)\overline{v}_4 - \beta_2 S^* f_1''(S^*)v_4\overline{v}_4 \\ \beta_2 S^* f_1''(S^*)v_4\overline{v}_4 + f_1'(S^*)v_4\beta_2 - v_2\alpha_3\overline{v}_1 - v_1\alpha_3\overline{v}_2 + \beta_2 f_1'(S^*)\overline{v}_4 \\ -v_4\alpha_4\overline{v}_2 - v_2\alpha_4\overline{v}_4 \\ 0 \\ -Z^* f_2''(W^*)v_3\alpha_7\overline{v}_3 - f_2'(W^*)v_4\alpha_7\overline{v}_3 - f_2'(W^*)v_4\alpha_7\overline{v}_4 \end{pmatrix} \qquad (5.3.48)$$

综上，根据方程(5.3.45)～方程(5.3.48)，可以解出 g_{21}。因此可以得到下面的结果：

$$C_1(0) = \frac{\mathrm{i}}{2\omega_0\tau_0}\left(g_{11}g_{20} - 2|g_{11}|^2 - \frac{|g_{02}|^2}{3}\right) + \frac{g_{21}}{2}$$

$$\mu_2 = -\frac{\mathrm{Re}C_1(0)}{\mathrm{Re}\lambda'(\tau_0)}$$

$$T_2 = -\frac{\mathrm{Im}(C_1(0)) + \mu_2\mathrm{Im}(\lambda'(\tau_0))}{\omega_0\tau_0}$$

$$\beta_2 = 2\mathrm{Re}C_1(0)$$

5.3.4 结果分析

5.3.4.1 时滞对系统的影响

在本节中，我们结合理论方法和数值模拟来研究时间延迟对 p53 网络振荡的影响。在接下来的数值模拟和计算中，所有的参数取值如果不做特殊说明，都与表 5.3 中一致。

因此，通过数学软件 Mathematica 10 计算，很容易验证系统(5.3.2)具有唯一的正平衡点 $E^* = (0.1699, 0.3718, 0.4088, 0.1328, 0.6151)$。通过数值模拟，图 5.8 描述了系统的动力学行为，其中详细描述了系统主要组成部分(总的 p53，Mdm2，Wip1 和 Signal)的变化。显然，图 5.8(a)说明了如果不考虑系统中的时滞，系统总是稳定的。但是时滞是不可避免的，把时滞加入系统中，首先通过第 3 章第 2 节的内容，我们可以计算出时滞的临界值 $\tau_0 = 0.4325$。因此，图 5.8(b)～(d)可以说明时滞对系统动力学的影响。(b)表示当 $\tau = 0.4 < \tau_0 = 0.4325$ 时，系统在平衡点 E^* 处是渐近稳定的；(c)和(d)表示当 $\tau = 0.6 > \tau_0 = 0.4325$ 时，系统在平衡点 E^* 处是不稳定的。这些结果表明，当 τ 增加并穿过临界值 τ_0 时，系统失去稳定性并经历 Hopf 分支。可以计算出 $\mu = 2662.49$，$T_2 = 720.86$ 和 $\beta_2 = -4788.28$。由定理 3.2 可知，$\mu_2 > 0$ 说明系统在平衡点 E^* 的 Hopf 分支是超临界的；$T_2 > 0$ 说明分支的周期解是增加的；$\beta_2 < 0$ 说明分支的周期解是轨道渐近稳定的。

为了进一步研究时滞对系统的影响，我们接下来考虑不同的时滞对系统周期和振幅的影响。通过把不同的 τ 值代入系统，通过数值模拟，图 5.9 画出了不同时滞对系统前 40 个小时的作用。很容易看出，随着 τ 的增加，振荡的振幅和周期都会增加。因此，通过这些模拟，我们可以得出结论：p53-Mdm2 网络振荡的振幅和周期受 Mdm2 和 Wip1 转录和翻译的时间延迟影响，也表明这种延迟可能被用来控制 p53-Mdm2 网络振荡。这些结果与 5.2 节的结果保持一致。

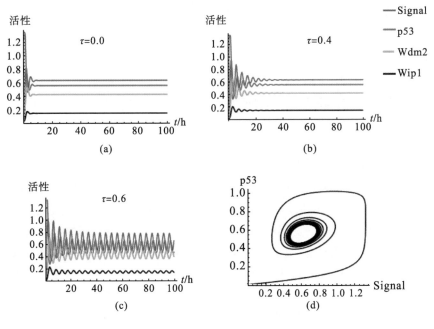

图 5.8　时滞对系统的动力学行为的影响

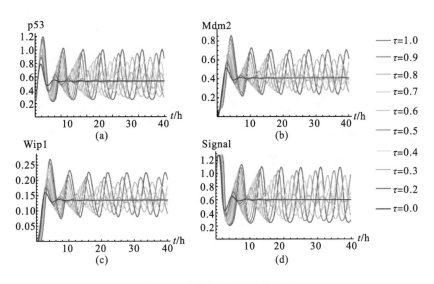

图 5.9　不同时滞对系统的影响

5.3.4.2　模型参数对系统的影响

在前面一节，我们研究了时滞在 p53 系统动力学中的作用。我们发现时滞是系统产生振荡的先决条件，并且时滞的变化能改变系统振荡的振幅和周期。同时在文献[123]里提到了系统数学模型的参数对系统动力学行为也有很大的影响。为了验证我们模型的有效性和确定模型参数对系统会产生怎样的影响，本节通过对模型的数值模拟研究了五个模型参数对系统的影响，分别是：Mdm2 的降解率(α_5)；Wip1 的降解率(α_6)；无活性 p53 的生成率（β_1）；Mdm2 不依赖 p53 的生成率（β_4）；Signal 的生成率（β_6）。下面给出讨论的细节。

如图 5.7 所示，在 p53 网络中有两个负反馈环路，即 Signal-p53-Mdm2 负反馈环和 Signal-p53-Wip1 负反馈环。Mdm2 是最著名的 p53 调节因子。据报道，当细胞对急性应激反应时，一定范围的 Mdm2 产生率会抑制 p53 活性，甚至可能导致肿瘤发生[124]。同时，我们还知道系统中 Signal 的动力学是受 Wip1 影响的。在 Geva-Zatorsky 等[96]的工作中，Wip1 被假设和 Mdm2 有相同的性质，但是在我们的模型中，它们两者是不同的。受这些结果的启发，我们首先研究 Mdm2 的降解率和 Wip1 的降解率对 p53 系统动力学行为的影响。为了达到这个目的，我们固定时滞的取值 $\tau = 0.6$，然后分别取 3 组不同的 α_5 和 α_6 来进行数值模拟，结果如图 5.10 所示。我们发现，在改变两个参数时，系统动力学会有类似变化，即随着参数由小到大的变化，系统会从一个低水平的稳定状态发展到持续振荡最后再达到一个高水平的稳定状态。因此，Mdm2 的降解率和 Wip1 的降解率的改变会改变系统的状态，同时一定范围的参数取值是系统振荡的条件。另外，两个参数变化产生的结果有一个重要的不同之处。当 $\alpha_5 = 0.3$ 时，系统达到一个稳定状态，并且可以看到此时系统主要组件的水平高低关系是：Signal＞Mdm2＞p53＞Wip1。然而，当 $\alpha_5 = 2$ 时系统再次稳定，此时各组件的水平高低关系是：p53＞Signal＞Mdm2＞Wip1。因此，Mdm2 的降解率的变化还会引起系统各组件水平高低的变化。与 Mdm2 的降解率不同，Wip1 的降解率则不会有这种作用。如图 5.10 所示，在 α_6 的变化过程中，系统组件水平始终保持 Signal＞p53＞Mdm2＞Wip1。总之，这些结果清楚地说明了 Mdm2 和 Wip1 在确定系统水平及其稳定性和振荡性方面的重要性，这些结果有助于探索更安全、更有效的抗癌治疗药物。

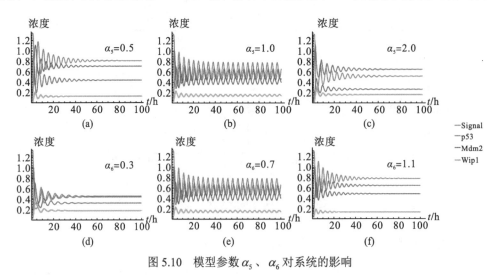

图 5.10 模型参数 α_5、α_6 对系统的影响

前面已经介绍了 Mdm2 的重要性，同时研究了 Mdm2 的降解率对系统的影响。但是 Mdm2 的生成率特别是不依赖于 p53 的生成率对系统的稳定性会有怎样的影响仍不明确。另外，文献[125]中提到，太低浓度的 p53 不会引起系统的震荡。我们又知道，p53 的生成率会影响 p53 的浓度水平，所以研究 p53 的生成率如何影响整个系统也是非常重要的。

基于这些考虑，接下来通过数值模拟研究模型中 Mdm2 不依赖于 p53 的生成率 β_4 和非活跃的 p53 的生成率 β_1 是如何影响系统动力学行为的。为了达到这个目的，我们同样固定时滞的取值 $\tau = 0.6$，然后分别取不同的 β_1 和 β_4 来进行数值模拟，结果如图 5.11 所示。(a)、(b) 描述了 β_1 的作用，由图可以看出当 $\beta_1 = 0.6$ 时，系统显示稳定的稳定状态，而 $\beta_1 = 1.2$ 时系统展现出持续的振荡。另外，(c)、(d) 描述了 β_4 的作用，由图可以看出当 $\beta_4 = 0.2$ 时系统展现出持续的振荡，而 $\beta_4 = 0.6$ 时系统显示稳定的稳定状态。如预期的那样，这些结果很好地概括了非活性 p53 产生的速率会导致 Hopf 分支点，并且需要确定的参数范围才会产生系统振荡，这与文献[125]的研究结果一致。同时，研究还表明，Mdm2 不过度依赖于 p53 的生产率则不会产生系统振荡，这可能为癌症的诊断和治疗提供新的线索。

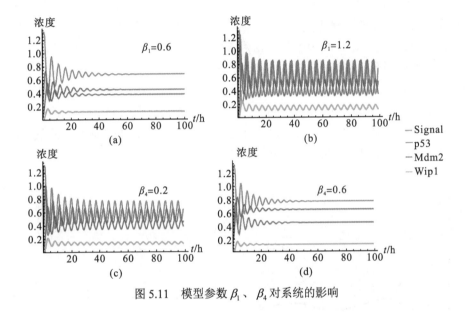

图 5.11　模型参数 β_1、β_4 对系统的影响

ATM 充当 DNA 损伤信号的传感器，其控制 p53 振荡的产生。为了解释 ATM 在 p53 系统振荡中的作用，我们接着研究 p53 系统动力学如何响应不同水平的 Signal 产生速率 β_6。为此，我们同样固定时滞的取值 $\tau = 0.6$，然后分别取不同的 β_6 来进行数值模拟，结果如图 5.12 所示。很容易看到参数 β_6 可以调节 p53 和 Signal 的活性从低水平的稳定状态

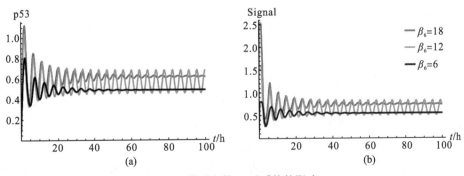

图 5.12　模型参数 β_6 对系统的影响。

到一系列持续的振荡，然后再到一个高水平的稳定状态，即存在两个 Hopf 分岔点。这些发现与文献[96，123]中的结果一致。更重要的是，这些结果提供了合理的机制来解释实验观察结果，即 p53 显示出一系列具有固定幅度和频率的脉冲以响应由 IR 引起的 DNA 损伤。

5.3.4.3　系统各组件水平的动态分析

如前所示，我们已经就非活性 p53 的生成速率、Mdm2 不依赖 p53 的生成速率、Signal 生成速率、Mdm2 的降解率以及 Wip1 的降解率进行了一些关于 p53 网络动力学的研究。为了进一步测试我们的模型，我们使用表 5.1 中给出的模型参数值对系统的动态进行数值模拟。图 5.13(a)显示了在最初 10 小时内系统主要组件的表达水平，可以看到 Signal 的水平迅速上升，在 0.66 小时达到第一个峰值，然后在稳定 0.8 小时后又迅速下降。经过足量的 ATM 累积后，p53 的水平迅速上升，在 2.1 小时达到第一个峰值，然后在 7.1 小时达到第二个峰值。相比之下，抑制因子 Mdm2 和 Wip1 的水平则缓慢增长，经过 3.3 小时后它们同时达到第一个峰值。同时比较主要组件的水平，我们发现在同一时刻始终有：Signal＞p53＞Mdm2＞Wip1。此外，我们还模拟了不同状态的 p53 的动态。图 5.13(b)显示了非活性 p53(p53a)和活性 p53(p53i)随时间变化的水平，我们发现 p53i 的平均水平远低于 p53a 的平均水平，而且它们具有相反的动力学行为，p53i 水平升高则 p53a 水平降低。特别的，当 p53i 达到最低水平时，p53a 在 18 分钟后才达到最高水平。

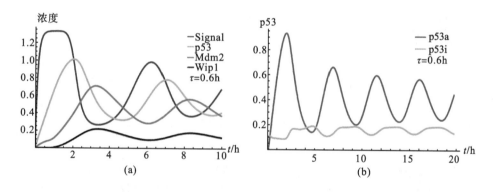

图 5.13　(a)最初 10 小时系统的主要组成部分的水平以及(b)活性 p53(p53a)
和非活性 p53(p53i)随时间的进化过程

5.4　总　　结

在本章中，主要通过 Hopf 分支理论和数学模拟研究了 p53 网络的动力学行为。5.2 节中，我们研究了一个含有双时滞的三维数学模型，在此基础上，结合实验数据和大量文献，在 5.3 节把模型加以改进得到了一个含有双时滞的五维数学模型，把 p53 网络中的相互作用描述得更加清楚了。通过 5.2 节和 5.3 节的研究，我们可以得到以下结论：

（1）转录和翻译是基因表达过程中的基本步骤，这个过程复杂而缓慢，所以时间延迟是不可避免的。通过研究我们发现，Mdm2 和 Wip1 基因表达过程中转录和翻译的总时滞能够改变 p53 系统状态，驱使系统振荡。进一步研究发现，这些时滞也是 p53 系统振荡的基本条件。另外，通过把不同的时滞加入系统中进行数值模拟，我们还发现，时滞能影响振荡的振幅和周期，而且振幅和周期随时滞的增加而变大。所以，我们可以通过控制 Mdm2 和 Wip1 基因表达过程中的时滞来控制 p53 系统的动态。

(2) 模型参数是构建生物数学模型中非常重要的内容。本章中，通过数值模拟我们还研究了 p53 数学模型中几个主要的参数对系统的影响。我们发现，模型参数的变化能改变系统状态，同时，参数的确定范围值是 p53 网络振荡的基本条件。这些结论与很多实验结果保持一致，证明了我们模型的有效性。

总之，通过研究时间延迟和模型参数对 p53 网络的影响，可以加深对 p53 网络功能和动态机制的认识，为癌症治疗提供新的视角。

参 考 文 献

[1] Al S F. Stability and bifurcation of pan chaotic system by using Routh-Hurwitz and Gardan methods. Applied Mathematics. Computation, 2012, 219(3): 1144-1152

[2] Hale J K, Lunel S M V. Introduction to Functional Differential Equations. New York: Springer, 1933

[3] Hirsch W M, Hanisch H, Gabriel J P. Differential equation models of some parasitic infections: Methods for the study of asymptotic behavior. Communications on Pure and Applied Mathematics, 1985, 38(6): 733-753

[4] Hannon B, Ruth M. Law of Mass Action. New York: Springer International Publishing, 2014

[5] Hadeler P. Michaelis-Menten kinetics, the operator-repressor system, and least squares approaches. Mathematical Biosciences Engineering Mbe, 2013, 10(5-6): 1541

[6] Klipp E, Herwig R, Kowald A, et al. Systems Biology in Practice: Concepts, Implementation and Application. Weinheim: Wiley-VCH, 2005

[7] Richter A, Hicks K A, Earnshaw Sr, et al. Allocating HIV prevention resources: A tool for state and local decision making. Health Policy, 2008, 87(3): 342

[8] Murray J M, Wieland R H, Purcell S F, et al. Dynamics of hepatitis B virus clearance in chimpanzees. Proceedings of the National Academy of Sciences of the United States of America, 2005, 102(49): 17780-17785

[9] Hattaf Khalid, Yousfi N, Tridane A. A delay virus dynamics model with general incidence rate. Differential Equations and Dynamical Systems, 2014, 22(2): 181-190

[10] Yang Y, Zou L, Ruan S. Global dynamics of a delayed within-host viral infection model with both virus-to-cell and cell-to-cell transmissions. Mathematical Biosciences, 2015, 270(Pt B): 183-191

[11] Li M Y, Muldowney J S. Global stability for the SEIR model in epidemiology. Mathematical Biosciences, 1995, 125(2): 155-164

[12] Kermack W O, Mckendrick A G. Contributions to the mathematical theory of epidemics. Epidemiology and Infection, 1937, 37(2): 172-187

[13] Nowak M A, Bangham C R. Population dynamics of immune responses to persistent viruses. Science, 1996, 272(5258): 74-79

[14] Korobeinikov A. Global properties of basic virus dynamics models. Bulletin of Mathematical Biology, 2004, 66(4): 879

[15] Wang J L, Pang J M, Kuniya T, et al. Global threshold dynamics in a five-dimensional virus model with cell-mediated, humoral immune responses and distributed delays. Applied Mathematics and Computation, 2014, 241(3): 298-316

[16] Yuan Z, Zou X. Global threshold dynamics in an HIV virus model with nonlinear infection rate and distributed invasion and production delays. Mathematical Biosciences and Engineering Mbe, 2013, 10(2): 483-498

[17] Yuan Z H, Ma Z J, Tang X H. Global stability of a delayed HIV infection model with nonlinear incidence rate. Nonlinear Dynamics, 2012, 68(1-2): 207-214

[18] Perelson A S, Nelson P W. Mathematical Analysis of HIV-1 Dynamics in Vivo. Society for Industrial and Applied Mathematics, 1999, 41(1): 3-44

[19] Wang K, Wang W D, Liu X N. Global stability in a viral infection model with lytic and nonlytic immune response. Computers and Mathematics with Applications, 2006, 51 (9) : 1593-1610

[20] Culshaw R V, Ruan S, Spiteri R J. Optimal HIV treatment by maximising immune response. Journal of Mathematical Biology, 2004, 48 (5) : 545-562

[21] Chan B S, Yu P. Bifurcation analysis in a model of cytotoxic T-lymphocyte response to viral infections. Nonlinear Analysis Real World Applications, 2012, 13 (1) : 64-77

[22] Yu P, H J N, J J. Dynamics of an HIV-1 infection model with cell mediated immunity. Communications in Nonlinear Science and Numerical Simulation, 2014, 19 (10) : 3827-3844

[23] Summers J, O' Connell A, Millman I. Genome of hepatitis B virus: restriction enzyme cleavage and structure of DNA extracted from Dane particles. Proceedings of the National Academy of Sciences of the United States of America, 1975, 72 (11) : 4597-601

[24] Lewin S, Walters T, Locarnini S. Hepatitis B treatment: rational combination chemotherapy based on viral kinetic and animal model studies. Antiviral Research, 2002, 55 (3) : 381-396

[25] Lentz T B, Loeb D D. Development of cell cultures that express hepatitis B virus to high levels and accumulate cccDNA. Journal of Virological Methods, 2010, 169 (1) : 52-60

[26] Nowak M A, Bonhoeffer S, Hill A M, et al. Viral dynamics in hepatitis B virus infection. Proc Natl Acad Sci U S A, 1996, 93 (9) : 4398-4402

[27] Murray J M, Purcell R H, Wieland S F. The half-life of hepatitis B virions. Hepatology, 2006, 44 (5) : 1117-1121

[28] Manna K, Chakrabarty S P. Chronic hepatitis B infection and HBV DNA-containing capsids: Modeling and analysis. Communications in Nonlinear Science and Numerical Simulation, 2015, 22 (1-3) : 383-395

[29] Manna K, Chakrabarty S P. Global stability of one and two discrete delay models for chronic hepatitis B infection with HBV DNA-containing capsids. Computational and Applied Mathematics, 2015, 36 (1) : 1-12

[30] Xu R. Global stability of an HIV-1 infection model with saturation infection and intracellular delay. Computers and Mathematics with Applications, 2011, 61 (9) : 2799-2805

[31] Ebert D, Zschokke-Rohringer C D, Carius H J. Dose Effects and Density-Dependent Regulation of Two Microparasites of Daphnia magna. Oecologia, 2000, 122 (2) : 200-209

[32] Herz A V M, Bonhoeffer S, Anderson R M, et al. Viral Dynamics in vivo: Limitations on Estimates of Intracellular Delay and Virus Decay. Proceedings of the National Academy of Sciences of the United States of America, 1996, 93 (14) : 7247-7251

[33] Zhu H, Zou X. Impact of delays in cell infection and virus production on HIV-1 dynamics. Mathematical Medicine and Biology-a Journal of the Ima, 2008, 25 (2) : 99-112

[34] Canabarro A A, Gléria I M, Lyra M L. Periodic solutions and chaos in a non-linear model for the delayed cellular immune response. Physica A Statistical Mechanics and Its Applications, 2004, 342 (1) : 234-241

[35] Wang K F, Wang W D, Pang H Y, et al. Complex dynamic behavior in a viral model with delayed immune response. Physica D Nonlinear Phenomena, 2007, 226 (2) : 197-208

[36] Guo T, L H H, Xu C L, et al. Dynamics of a delayed HIV-1 infection model with saturation incidence rate and CTL immune response. International Journal of Bifurcation and Chaos, 2017, 26 (14) : 2321-2351.

[37] Hattaf K, Yousfi N. A generalized HBV model with diffusion and two delays. Computers and Mathematics with Applications, 2015, 69 (1) : 31-40

[38] Min L, and Su Y M, Kuang Y. Mathematical analysis of a basic virus infection model with application to HBV infection. Rocky

Mountain Journal of Mathematics, 2008, 38(5): 1573-1585

[39] Chen X, Min L, Zheng Y, et al. Dynamics of acute hepatitis B virus infection in chimpanzees. Emerging Technologies and Factory Automation(ETFA), 2010 IEEE Conference on, 1946: 1-8

[40] Turing A M. The chemical basis of morphogenesis. Bulletin of Mathematical Biology, 1990, 52(1-2): 153-197

[41] Xu Y, Jin X, Zhang H. Parallel logic gates in synthetic gene networks induced by non-Gaussian noise. Physical Review E Statistical Nonlinear and Soft Matter Physics, 2013, 88(5): 052721

[42] Levine E, Zhang Z G, Kuhlman T, et al. Quantitative characteristics of gene regulation by small RNA. Plos Biology, 2008, 6(1): e229

[43] Cao X, Song Y L, Zhang T H. Hopf Bifurcation and delay-induced turing instability in a diffusive lac operon model. International Journal of Bifurcation and Chaos, 2016, 26(10): 177-193

[44] Sturrock M, Terry A J, Xirodimas D P, et al. Spatio-temporal modelling of the Hes1 and p53-Mdm2 intracellular signalling pathways. Journal of Theoretical Biology, 2011, 273(1): 15-31

[45] Petrovskii S V, Malchow H. A minimal model of pattern formation in a prey-predator system ☆. Mathematical and Computer Modelling, 1999, 29(8): 49-63

[46] Ding J M, Buchanan G F, Tischkau S A, et al. A neuronal ryanodine receptor mediates light-induced phase delays of the circadian clock. Nature, 1998, 394(6691): 381-384

[47] Hood L. Systems biology: integrating technology, biology, and computation. Mechanisms of Ageing and Development, 2003, 124(1): 9-16

[48] Bernard S, Gonze D, Ajavec, et al. Synchronization-induced rhythmicity of circadian oscillators in the suprachiasmatic nucleus. Plos Computational Biology, 2007, 3(4): e68

[49] Jiang Y J, Aerne B L, Smithers L, et al. Notch signalling and the synchronization of the somite segmentation clock. Nature, 2000, 408(6811): 475-479

[50] Kim J R, Shin D, Jung S H, et al. A design principle underlying the synchronization of oscillations in cellular systems. Journal of Cell Science, 2010, 123(4): 537-543

[51] Hassard B D, Kazarinoff N D, Wan Y H. Theory and applications of Hopf bifurcation. Cambrideg: Cambridge University Press, 1981: 961-969

[52] Bartel D P. MicroRNAs: genomics, biogenesis, mechanism, and function. Cell, 2004, 116(2): 281-297

[53] Ambros V. The functions of animal microRNAs. Nature, 2004, 431(7006): 350-355

[54] Choudhuri S. Small noncoding RNAs: Biogenesis, function, and emerging significance in toxicology. Journal of Biochemical and Molecular Toxicology, 2010, 24(3): 195-216

[55] Cho W C. OncomiRs: the discovery and progress of microRNAs in cancers. Molecular Cancer, 2007, 6(1): 60

[56] Shimoni Y, Friedlander G, Hetzroni G, et al. Regulation of gene expression by small non-coding RNAs: a quantitative view. Molecular Systems Biology, 2007, 3(1): 1-9

[57] Liu D Y, Chang X, Liu Z R, et al. Bistability and oscillations in gene regulation mediated by small noncoding RNAs. Plos One, 2011, 6(3): e17029

[58] Liu H H, Yan F, Liu Z R. Oscillatory dynamics in a gene regulatory network mediated by small RNA with time delay. Nonlinear Dynamics, 2014, 76(1): 147-159

[59] Li C X, Liu H H, Zhang T H, et al. Hopf bifurcation analysis of a gene regulatory network mediated by small noncoding RNA

with time delays and diffusion. International Journal of Bifurcation and Chaos, 2017, 27(13): 175-194

[60] Descartes R, Sutcliffe F E. Discourse on method and the meditations. Peguin Books, 1968: 11-25

[61] Zhang X B, Zhao H Y. Bifurcation and optimal harvesting of a diffusive predator–prey system with delays and interval biological parameters ☆. Journal of Theoretical Biology, 2014, 363(7): 390-403

[62] Wu J H. Theory and Applications of Partial Functional Differential Equations. New York: Springer, 1996: 746-747

[63] Kopell N, Ermentrout G B, Whittington M A, et al. Gamma rhythms and beta rhythms have different synchronization properties. Proc Natl Acad Sci U S A, 2000, 97(4): 1867-72

[64] Wang R, Liu H, Feng F, et al. Bogdanov-takens bifurcation in a neutral bam neural networks model with delays. Iet Systems Biology, 2017, 11(6): 163-173

[65] Hopfield J J. Neural networks and physical systems with emergent collective computational abilities. Proc Natl Acad Sci U S A, 1982, 79(8): 2554-2558

[66] Fitzhugh R. Impulses and physiological states in theoretical models of nerve membrane. Biophysical Journal, 1961, 1(6): 445-466

[67] Nagumo J, Arimoto S, Yoshizawa S. An active pulse transmission line simulating nerve axon. Proceedings of the Ire, 1962, 50(10): 2061-2070

[68] Sun C J, Han M A. Global Hopf bifurcation analysis on a BAM neural network with delays. Mathematical and Computer Modelling, 2007, 45(1-2): 61-67

[69] Jia J Y, Liu H H, Xu C L, et al. Dynamic effects of time delay on a coupled FitzHugh–Nagumo neural system. Alexandria Engineering Journal, 2015, 54(2): 241-250

[70] Fan D J, Hong L. Hopf bifurcation analysis in a synaptically coupled FHN neuron model with delays. Communications in Nonlinear Science and Numerical Simulation, 2010, 15(7): 1873-1886

[71] Wang Q Y, Lu Q S, Chen G Rong, et al. Bifurcation and synchronization of synaptically coupled FHN models with time delay. Chaos Solitons and Fractals, 2009, 39(2): 918-925

[72] Liu M, Xu X F. Bifurcation analysis in a two-dimensional neutral differential equation. Abstract and Applied Analysis, 2013, 2013(1): 112-128

[73] Yang Y, Ye J. Stability and bifurcation in a simplified five-neuron BAM neural network with delays. Chaos Solitons and Fractals, 2009, 42(4): 2357-2363

[74] Liu D Y, Du Y. New results of stability analysis for a class of neutral-type neural network with mixed time delays. International Journal of Machine Learning and Cybernetics, 2014, 6(4): 1-12

[75] Orman Z. New sufficient conditions for global stability of neutral-type neural networks with time delays ☆. Neurocomputing, 2012, 97(1): 141-148

[76] Zeng X C, Xiong Z L, Wang C J. Hopf bifurcation for neutral-type neural network model with two delays. Elsevier Science Inc., 2016: 17-31

[77] Ueta T, Miyazaki H, Kousaka T, et al. Bifurcation and chaos in coupled BVP oscillatorys. International Journal of Bifurcation and Chaos, 2004, 14(4): 1305-1324

[78] Song Y L, Han M A, Wei J J. Stability and Hopf bifurcation analysis on a simplified BAM neural network with delays. Physica D Nonlinear Phenomena, 2005, 200(3-4): 185-204

[79] Wiggins S. Introduction to Applied Nonlinear Dynamical Systems and Chaos. New York: Springer-Verlag, 2013: 843

[80] Hale J K. Theory of Functional Differential Equations. New York: Springer-Verlag, 1977, 3(1-2): 81–88

[81] Wang R X, Liu H H, Yan F, et al. Hopf-pitchfork bifurcation analysis in a coupled FHN neurons model with delay. Discrete and Continuous Dynamical Systems - Series S, 2017, 10(3): 523-542

[82] Xu Y, Huang M. Homoclinic orbits and Hopf bifurcations in delay differential systems with T–B singularity. Journal of Differential Equations, 2008, 244(3): 582-598

[83] Vousden K H, Lu X. Live or let die: the cell' s response to p53. Nature Reviews Cancer, 2002, 2(8): 594-604

[84] Lane D P. p53, guardian of the genome. Nature, 1992, 362(6381): 15-16

[85] Levine A J. p53, the cellular gatekeeper review for growth and division. Cell, 1997, 88(3): 323-331

[86] Kirn D, Hermiston T, Mccormick F. ONYX-015: clinical data are encouraging. Nature Medicine, 1998, 4(12): 1341

[87] Vassilev L T, Vu B T, Graves B, et al. In-vivo activation of the p53 pathway by small-molecule antagonists of MDM2. Tanpakushitsu Kakusan Koso Protein Nucleic Acid Enzyme, 2004, 52(13S): 844-848

[88] Su W J, Fang J S, Cheng F, et al. RNF2/Ring1b negatively regulates p53 expression in selective cancer cell types to promote tumor development. Proceedings of the National Academy of Sciences of the United States of America, 2013, 110(5): 1720

[89] Park J H, Yang S W, Park J M, et al. Positive feedback regulation of p53 transactivity by DNA damage-induced ISG15 modification. Nature Communications, 2016, 7: 12513

[90] Zhang X P, Liu F, Cheng Z, et al. Cell fate decision mediated by p53 pulses. Proceedings of the National Academy of Sciences of the United States of America, 2009, 106(30): 12245-12250

[91] Grnlund A, Ltstedt P, Elf J. Delay-induced anomalous fluctuations in intracellular regulation. Nature Communications, 2011, 2(1): 419

[92] Antti H, Jaakko P, Hande T, et al. Genome-wide modeling of transcription kinetics reveals patterns of RNA production delays. Proceedings of the National Academy of Sciences of the United States of America, 2015, 112(42): 13115-13120

[93] Lewis J. Autoinhibition with transcriptional delay: a simple mechanism for the zebrafish somitogenesis oscillator. Current Biology Cb, 2003, 13(16): 1398

[94] Zhang Y, Liu H H, Yan F, et al. Oscillatory dynamics of p38 activity with transcriptional and translational time delays. Scientific Reports, 2017, 7(1): 11495

[95] Wagner J, Ma L, Rice J J, et al. p53-Mdm2 loop controlled by a balance of its feedback strength and effective dampening using ATM and delayed feedback. IEE Proceedings-Systems Biology, 2005, 2(3): 109-118

[96] Geva-Zatorsky N, Rosenfeld N, Itzkovitz S, et al. Oscillations and variability in the p53 system. Molecular Systems Biology, 2006, 2(1): 33

[97] Mihalas G I, Simon Z, Balea G, et al. Possible oscillatory behavior in P53-MDM2 interaction computer simulation. Journal of Biological Systems, 2000, 8(1): 21-29

[98] Tiana G, Jensen M H, Sneppen K. Time delay as a key to apoptosis induction in the p53 network. The European Physical Journal B-Condensed Matter and Complex Systems, 2002, 29(1): 135-140

[99] Monk N A. Oscillatory expression of Hes1, p53, and NF-kappaB driven by transcriptional time delays. Current Biology, 2003, 13(16): 1409-1413

[100] Chickarmane Vi, Ray A, Sauro H M, et al. A model for p53 dynamics triggered by DNA damage. Siam Journal on Applied Dynamical Systems, 2007, 6(1): 61-78

[101] Zhang T, Brazhnik P, Tyson J J. Exploring mechanisms of the DNA-damage response: p53 pulses and their possible relevance

to apoptosis. Cell Cycle, 2007, 6(1): 85

[102]Batchelor E, Mock C S, Bhan I, et al. Recurrent initiation: a mechanism for triggering p53 pulses in response to DNA damage. Molecular Cell, 2008, 30(3): 277.

[103]Proctor C J, Gray D A. Explaining oscillations and variability in the p53-Mdm2 system. Bmc Systems Biology, 2008, 2(1): 1-20

[104]Cai X, Yuan Z M. Stochastic modeling and simulation of the p53-MDM2/MDMX loop. Journal of Computational Biology A Journal of Computational Molecular Cell Biology, 2009, 16(7): 917-933

[105]Kim D H, Rho K, Kim S. A theoretical model for p53 dynamics: identifying optimal therapeutic strategy for its activation and stabilization. Cell Cycle, 2009, 8(22): 3707-3716

[106]Pu T, Zhang X P, Liu F, et al. Coordination of the nuclear and cytoplasmic activities of p53 in response to DNA damage. Biophysical Journal, 2010, 99(6): 1696-1705

[107]Zhang X P, Liu F, Wang W. Coordination between cell cycle progression and cell fate decision by the p53 and E2F1 pathways in response to DNA damage. Journal of Biological Chemistry, 2010, 285(41): 31571-31580

[108]Liu B, Yan S W, Wang Qi, et al. Oscillatory expression and variability in p53 regulatory network. Physica D Nonlinear Phenomena, 2011, 240(3): 259-264

[109]Batchelor E, Loewer A, Mock C, et al. Stimulus-dependent dynamics of p53 in single cells. Molecular Systems Biology, 2011, 7(1): 488

[110]Purvis J E, Karhohs K W, Mock C, et al. p53 dynamics control cell fate. Science, 2012, 336(6087): 1440-1444

[111]Tian X J, Liu F, Zhang X P, et al. A two-step mechanism for cell fate decision by coordination of nuclear and mitochondrial p53 activities. Plos One, 2012, 7(6): e38164

[112]Kyoung K J, Jackson T L. Mechanisms that enhance sustainability of p53 pulses. Plos One, 2013, 8(6): e65242

[113]Dimitrio L, Clairambault J, Natalini R. A spatial physiological model for p53 intracellular dynamics. Journal of Theoretical Biology, 2013, 316(1): 9-24

[114]Ideker T, Galitski T, Hood L. A new approach to decoding life: systems biology. Annual Review of Genomics, Human Genetics, 2001, 2(1): 343

[115]Lahav G, Rosenfeld N, Sigal A, et al. Dynamics of the p53-Mdm2 feedback loop in individual cells. Nature Genetics, 2004, 36(2): 147

[116]YamaguchiIwai Y, Sonoda E, Sasaki M S, et al. Mre11 is essential for the maintenance of chromosomal DNA in vertebrate cells. Embo Journal, 1999, 18(23): 6619

[117]Bakkenist C J, Kastan M B. DNA damage activates ATM through intermolecular autophosphorylation and dimer dissociation. Nature, 2003, 421(6922): 499-506

[118]Ma L, Wagner J, Rice J J, et al. A plausible model for the digital response of p53 to DNA damage. Proceedings of the National Academy of Sciences of the United States of America, 2005, 102(40): 14266-14271

[119]Wagner J, Stolovitzky G. Stability and time-delay modeling of negative feedback loops. Proceedings of the IEEE, 2008, 96(8): 1398-1410

[120]Reuveni S, Urbakh M, Klafter J. The role of substrate unbinding in michaelis-menten enzymatic reactions. Proceedings of the National Academy of Sciences of the United States of America, 2014, 111(12): 4391-4396

[121]Banin S, Moyal L, Shieh S Y, et al. Enhanced phosphorylation of p53 by ATM in response to DNA damage. Science, 2000,

281(5383): 1674-1677

[122] Stommel J M, Wahl G M. Accelerated MDM2 auto-degradation induced by DNA-damage kinases is required for p53 activation. Embo Journal, 2004, 23(7): 1547-1556

[123] Sneyd J, Han J M, Wang L, et al. On the dynamical structure of calcium oscillations. Proc Natl Acad Sci U S A, 2017, 114(7): 1456

[124] Bond G L, Hu W W, Bond E E, et al. A single nucleotide polymorphism in the MDM2 promoter attenuates the p53 tumor suppressor pathway and accelerates tumor formation in humans. Cell, 2004, 119(5): 591

[125] Hu W, Feng Z, Ma L, et al. A single nucleotide polymorphism in the MDM2 gene disrupts the oscillation of p53 and MDM2 levels in cells. Cancer Research, 2007, 67(6): 2757